普通高等教育创新型人才培养系列教材

工业机器人操作与应用教程

▶ 王忠策　王海波　主编

▶ 吕庆军　林　森　齐明洋　副主编

GONGYE JIQIREN CAOZUO YU
YINGYONG JIAOCHENG

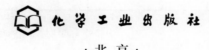 化学工业出版社

·北京·

内 容 简 介

《工业机器人操作与应用教程》讲述了机器人系统组成、机器人坐标系统、机器人示教盒介绍、机器人虚拟示教编程、机器人输入/输出信号、机器人在线示教编程、机器视觉在机器人生产线上的应用、机器人运动学分析、机器人动力学分析、机器人应用生产线的规划与设计、机器人应用生产线的安装与调试等内容。书中以实际应用基本规律为主线,理论知识与具体操作相结合,并且运用大量的图表,将各个知识点展示出来,便于学生认知。为方便教学,配套电子课件和视频微课,电子课件可登录化学工业出版社教育网站 www.cipedu.com.cn 下载。

本书可作为高等院校机械类、电气类相关专业的教材,并可供相关技术人员参考。

图书在版编目(CIP)数据

工业机器人操作与应用教程/王忠策,王海波主编. —北京:化学工业出版社,2023.9
ISBN 978-7-122-42469-3

Ⅰ.①工… Ⅱ.①王… ②王… Ⅲ.①工业机器人-操作-高等学校-教材 Ⅳ.①TP242.2

中国版本图书馆 CIP 数据核字(2022)第 206535 号

责任编辑:韩庆利　　　　　　　　　　　文字编辑:蔡晓雅　师明远
责任校对:边　涛　　　　　　　　　　　装帧设计:史利平

出版发行:化学工业出版社(北京市东城区青年湖南街 13 号　邮政编码 100011)
印　　刷:三河市航远印刷有限公司
装　　订:三河市宇新装订厂
787mm×1092mm　1/16　印张 17¾　字数 451 千字　2023 年 9 月北京第 1 版第 1 次印刷

购书咨询:010-64518888　　　　　　　　售后服务:010-64518899
网　　址:http://www.cip.com.cn
凡购买本书,如有缺损质量问题,本社销售中心负责调换。

定　　价:55.00 元　　　　　　　　　　　　　　　　　版权所有　违者必究

工业机器人是面向工业领域的多关节机械手或多自由度的机器人，是一种仿人操作、自动控制、可重复编程，能在三维空间完成各种作业的机电一体化自动化生产设备，特别适合于多品种、小批量柔性生产。工业机器人在工业生产中能代替人做某些单调、频繁和重复的长时间作业，或是危险、恶劣环境下的作业。工业机器人主要应用于汽车、现代制造、电子生产企业、塑料制品、食品、饮料、医药、烟草、家政服务、电力设施、自动化办公等行业。尤其在毛坯制造、冲压、压铸、锻造、焊接、热处理、表面涂覆、上下料、装配、运输、检测及仓库堆垛等作业中，工业机器人更是作为标准设备得到广泛应用。

中国是全球最大的机器人市场，机器人产业的发展需要强力的机器人技术支撑，机器人及其智能装备发展创造了更多的工作机会，工业机器人及其智能装备的集成设计、编程操作以及日常维护、修理等方面都需要各方面的专业人才，为了适应人才培养需要，我们编写了本书。

本书内容包括机器人系统组成、机器人坐标系统、机器人示教盒介绍、机器人虚拟示教编程、机器人输入／输出信号、机器人在线示教编程、机器视觉在机器人生产线上的应用、机器人运动学分析、机器人动力学分析、机器人应用生产线的规划与设计、机器人应用生产线的安装与调试等，以实际应用基本规律为主线，理论知识与具体操作相结合，教材内容丰富。

本书可作为高等院校机械类、电气类相关专业的教材，并可供相关技术人员参考。通过本教材的学习和训练，使学生掌握工业机器人现场编程相关专业知识，具有工业机器人基本操作与应用、工业机器人编程、工业机器人生产线规划、工业机器人基本系统维护等能力。

本书由王忠策、王海波主编，吕庆军、林森、齐明洋副主编，钟闻宇、陈立秋、刘长龙、张晨参编。

由于编者水平有限，不足之处在所难免，请读者批评指正。

编　者

目 录

第7章 机器人在线示教编程

第8章 机器视觉在机器人生产线上的应用

第1章

工业机器人概述

学习目标：
(1) 了解工业机器人的由来和发展、定义、研究领域和学科范围；
(2) 掌握机器人操作安全注意事项。

1.1 ⊘ 工业机器人的定义

对于机器人，不同国家、不同组织及不同学者在不同时期给出了不同的定义，目前机器人的定义仍然是仁者见仁、智者见智，没有统一的标准。人们并不是不想给机器人一个完整的定义，自机器人出现起，人们就不断地尝试着定义机器人到底是什么。但随着机器人技术的飞速发展，及信息技术与机器人技术的结合，机器人所涵盖的内容越来越丰富，同时机器人涉及人的概念，使得机器人的定义上升为哲学问题。

对于机器人，在不同时期有不同的具有代表性的定义。1967年，在日本召开的第一届机器人学术会议上，提出了两个有代表性的定义。一个是森政弘与合田周平提出的：机器人是一种具有移动性、个体性、智能性、通用性、半机械半人性、自动性、奴隶性等7个特征的柔性机器。另一个是加藤一郎提出的，具有如下3个条件的机器称为机器人：

① 具有脑、手、脚等三要素的个体；
② 具有非接触传感器（用眼、耳接收远方信息）和接触传感器；
③ 具有平衡觉和固有觉的传感器。

1987年，国际标准化组织对工业机器人做出了定义：工业机器人是一种具有自动控制的操作和移动功能，能完成各种作业的可编程操作机。

在国际上，对于机器人的定义主要有以下几种：

(1) 国际标准化组织（ISO）的定义
① 机器人的动作机构具有类似于人或其他生物体某些器官（肢体、感官等）的功能；
② 机器人具有通用性，工作种类多样，动作程序灵活易变；
③ 机器人具有不同程度的智能性，如记忆、感知、推理、决策、学习等；
④ 机器人具有独立性，完整的机器人系统在工作中可以不依赖于人。

(2) 美国机器人协会（RIA）的定义
机器是一种用于移动各种材料、零件、工具或专用装置的，通过可编程的动作来执行种种任务的具有编程能力的多功能机械手。

(3) 美国国家标准局（NBS）的定义
机器人是一种能够进行编程并在自动控制下能执行某些操作和移动作业任务的机械装置。

（4）日本工业机器人协会（JIRA）的定义

工业机器人是一种能够执行与人体上肢（手和臂）类似动作的多功能机器；智能机器人是一种具有感觉和识别能力，并能控制自身行为的机器。

（5）我国对机器人的定义

机器人是一种自动化的机器，与传统机器所不同的是这种机器具备一些与人或生物相似的智能能力，如感知能力、规划能力、动作能力和协同能力，是一种具有高度灵活性的自动化机器。2013 年 11 月发布的国家标准《机器人与机器人装备　词汇》（GB/T 12643—2013）中指出，机器人是具有两个或两个以上可编程的轴，以及一定程度的自主能力，可在其环境内运动以执行预期的任务的执行机构。

随着机器人技术的发展，机器人的定义将会不断地进行修改完善，最终将会趋于统一。

1.2 ◯ 工业机器人的分类和应用

机器人画方
与外接圆

1.2.1　工业机器人的分类

（1）按坐标形式分

① 直角坐标式（代号 PPP）。机器人末端执行器（手部）空间位置的改变是通过沿着三个互相垂直的直角坐标 x、y、z 的移动来实现的。

② 圆柱坐标式（代号 RPP）。机器人末端操作器空间位置的改变是由两个移动坐标和一个旋转坐标实现的。

③ 球坐标式（代号 RRP）。又称极坐标式，机器人手臂的运动由一个直线运动和两个转动组成，即沿 x 轴的伸缩，绕 y 轴的俯仰和绕 z 轴的回转。

④ 关节坐标式（代号 RRR）。又称回转坐标式，分为垂直关节坐标和平面（水平）关节坐标。

（2）按驱动方式分

① 电力驱动。使用最多，驱动元件可以是步进电动机、直流伺服电动机和交流伺服电动机。目前交流伺服电动机是主流。

② 液压驱动。有很大的抓取能力（可抓取力高达上千牛），液压力可达 7MPa，液压传动平稳，防爆性好，动作也较灵敏，但对密封性要求高，对温度敏感。

③ 气压驱动。结构简单、动作迅速、价格低，但由于空气可压缩而使工作速度稳定性差，气压一般为 0.7MPa，因而抓取力小（几十牛至一百牛）。

（3）按控制方式分

① 点位控制。只控制机器人末端执行器目标点的位置和姿态，而对从空间的一点到另一点的轨迹不进行严格控制。该种控制方式简单，适用于上下料、点焊、卸运等作业。

② 连续轨迹控制。不仅要控制目标点的位置精度，而且还要对运动轨迹进行控制，比较复杂。采用这种控制方式的机器人，常用于焊接、喷漆和检测等作业。

（4）按使用范围分

① 可编程序的通用机器人。其工作程序可以改变，通用性强，适用于多品种，中小批量的生产系统中。

② 固定程序专用机器人。根据工作要求设计成固定程序，多采用液动或气动驱动，结

构比较简单。

1.2.2　工业机器人的应用

历史上第一台工业机器人是用于通用汽车的材料处理工作，随着机器人技术的不断进步与发展，它们可以做的工作也变得多样化，如喷涂、码垛、搬运、冲压、上下料、包装、焊接、装配等。

(1) 机械加工应用

机械加工行业机器人应用量并不高，只占了 2%，原因大概是市面上有许多自动化设备可以胜任机械加工的任务。机械加工机器人主要应用的领域包括零件铸造、激光切割以及水射流切割。

(2) 机器人喷涂应用

这里的机器人喷涂主要指的是涂装、点胶、喷漆等工作，只有 4% 的工业机器人从事喷涂的应用。

(3) 机器人装配应用

装配机器人主要从事零部件的安装、拆卸以及修复等工作。由于近年来机器人传感器技术的飞速发展，导致机器人应用越来越多样化，直接导致机器人装配应用比例的下滑，常见的应用在装配上的机器人包括冲压机械手、上下料机械手。

(4) 机器人焊接应用

机器人焊接应用主要包括在汽车行业中使用的点焊和弧焊，虽然点焊机器人比弧焊机器人更受欢迎，但是弧焊机器人近年来发展势头十分迅猛。许多加工车间都逐步引入焊接机器人，用来实现自动化焊接作业。

(5) 机器人搬运应用

目前搬运仍然是机器人的第一大应用领域，约占机器人应用整体的 40%。许多自动化生产线需要使用机器人进行上下料、搬运以及码垛等操作。近年来，随着协作机器人的兴起，搬运机器人的市场份额一直呈增长态势。

1.3 ⊙ 工业机器人的安全知识

1.3.1　工业机器人的主要危险

(1) 设施失效或产生故障引起的危险
① 安全保护设施的移动或拆卸。
② 动力源或配电系统失效或故障。如掉电、突然短路、断路等。
③ 控制电路、装置或元器件失效或发生故障。

(2) 机械部件运动引起的危险
① 机器人部件运动。如大臂回转、俯仰，小臂弯曲，手腕旋转等引起的挤压、撞击和夹住；夹住工件的脱落、抛射。
② 与机器人系统的其他部件或工作区内其他设备相连部件运动引起的挤压、撞击和夹住，或工作台上夹具所夹持工件的脱落、抛射形成刺伤、扎伤，或末端执行器如喷枪、高压水切割枪的喷射，焊炬焊接时熔渣的飞溅等。

（3）储能和动力源引起的危险

① 在机器人系统或外围设备的运动部件中弹性元件能量的积累引起元件的损坏而形成的危险。

② 在电力传输或流体的动力部件中形成的危险，如触电、静电、短路，液体或气体压力超过额定值而使运动部件加速、减速形成意外伤害。

（4）危险气体、材料或条件

① 易燃、易爆环境，如机器人用于喷漆、搬运炸药。

② 腐蚀或侵蚀，如接触各类酸、碱等腐蚀性液体。

③ 放射性环境，如在辐射环境中应用机器人进行各种作业，采用激光工具切割的作业。

④ 极高温或极低温环境，如在高温炉边进行搬运作业，由热辐射引起燃烧或烫伤。

（5）由噪声产生的危险

如导致听力损伤和对语言通信及听觉信号产生干扰。

（6）干扰产生的危险

① 电磁、静电、射频干扰。由于电磁干扰、射频干扰和静电放电，使机器人及其系统和周边设备产生误动作，意外启动或控制失效而形成的各种危险运动。

② 振动、冲击。由于振动和冲击，使连接部分断裂、脱开，使设备破坏，或产生对人员的伤害。

（7）人因差错产生的危险

① 设计、开发、制造（包括人类工效学考虑）。如在设计时，未考虑对人员的防护；末端夹持器没有足够的夹持力，容易滑脱夹持件；动力源和传输系统没有考虑动力消失或变化时的预防措施；控制系统没有采取有效的抗干扰措施；系统构成和设备布置时，设备间没有足够的间距；布置不合理等形成潜在的、无意识的启动、失控等。

② 安装和试运行（包括通道、照明和噪声）。由于机器人系统及外围设备和安全装置安装不到位，或安装不牢固，或未安装过渡阶段的临时防护装置，形成试运行期间运动的随意性，造成对调试和示教人员的伤害；通道太窄，照明达不到要求，使人员遇见紧急事故时，不能安全迅速撤离，而对人员造成伤害。

③ 功能测试。机器人系统和外围设备包括安全器件及防护装置，在安装到位后，要进行各项功能的测试，但由于人员的误操作，或未及时检测各项安全及防护功能而使设备及系统在工作时发生故障和失效，从而对操作、编程和维修人员造成伤害。

④ 应用和使用。未按制造厂商的使用说明书进行应用和使用，而造成对人员或设备的损伤。

⑤ 编程和程序验证。当示教人员和程序验证人员在安全防护空间内进行工作时，要按照制造厂商的操作说明书的步骤进行。但由于示教或验证人员的疏忽而造成误动作、误操作，或安全防护空间内进入其他人员时，启动机器人运动而引起对人员的伤害，或按规定应采用低速示教，由于疏忽而采用高速造成对人员的伤害等，特别是系统中具有多台机器人时，在安全防护区内有数人进行示教和程序校验而造成对其他设备和人员的伤害。

⑥ 组装（包括工件搬运、夹持和切削加工）。是应用和使用中产生危险的一种潜在因素，一般是由于误操作或由于工人与机器人系统相互干涉、人为差错造成的对设备和人员的伤害。如人工上、下料与机器人作业节拍不协调等。

⑦ 故障查找和维护。在查找故障和维修时，未按操作规程进行操作而产生对设备和人员的伤害。

⑧ 安全操作规程。规程内容不齐全，条款不具体，未规定对各类人员的培训等而引起潜在的危险。

⑨ 机器人系统或辅助部件的移动、搬运或更换而产生的潜在危险。由于机器人用途的变更或作业对象的变换，或机器人系统及其外围设备产生故障，经过修复、更换部件而使整个系统或部件重新设置、连接、安装等形成的对设备和人员伤害的潜在危险。

1.3.2 工业机器人的安全使用要求

① 请勿在下面所示的情形下使用机器人。否则，不仅会给机器人和外围设备造成不良影响，而且还可能导致作业人员受重伤。

a. 在有可燃性危险的环境下使用。

b. 在有爆炸性危险的环境下使用。

c. 在存在大量辐射的环境下使用。

d. 在水中或高湿度环境下使用。

e. 以运送人或动物为目的而将其作为脚蹬使用（爬到机器人上，或悬挂到机器人上）。

② 使用机器人的作业人员应佩戴下面所示的安全用具后再进行作业。

a. 适合于作业内容的工作服。

b. 安全鞋。

c. 安全帽。

③ 在使用机器人操作时，务必在确认安全栅栏内没有人员后再进行操作。同时，检查是否存在潜在的危险，当确认存在潜在危险时，必须排除危险之后再进行操作。

④ 在使用操作面板和示教操作盘时，由于戴上手套操作有可能出现操作上的失误，因此，务必在摘下手套后再进行作业，编程时应尽可能在安全栅栏的外边进行，因不得已情形而需要在安全栅栏内进行时，应注意下列事项。

a. 要做到随时都可以按下急停按钮。

b. 应以低速运行机器人。

c. 应在确认整个系统的状态安全后进行作业，以避免由于针对外围设备的遥控指令和动作等而导致作业人员陷入危险境地。

在编程结束后，必须按照规定的步骤进行测试运转。此时，作业人员必须在安全栅栏的外边进行操作。

d. 应尽可能在断开机器人和系统电源的状态下进行作业。在通电状态下进行时，有的作业有触电的危险。此外，应根据需要上好锁，以使其他人员不能接通电源。即使是在迫不得已需要接通电源后再进行作业的情形下，也应尽量按下急停按钮后再进行作业。

e. 在更换部件时，必须事先阅读控制装置或机构的说明书，在理解操作步骤的基础上再进行作业。若以错误的步骤进行作业，则会导致意想不到的事故，致使机器人损坏，或作业人员受伤。

f. 在进入安全栅栏内部时，要仔细察看整个系统，确认没有危险后再入内。如果在存在危险的情形下不得不进入栅栏，则必须把握系统的状态，同时要十分小心谨慎地入内。

g. 要更换的部件，必须使用指定部件。若使用指定部件以外的部件，则有可能导致机器人的错误操作和破损。特别是熔丝，切勿使用指定以外的熔丝，以避免引起火灾。

h. 在拆卸电机和制动器时，应在采取用起重机等来吊运等措施后再拆除，以避免机臂等落下来。

i. 进行维修作业时，因迫不得已而需要移动机器人时，应注意如下事项。

务必确保逃生退路。应在把握整个系统的操作情况下再进行作业，以避免机器人和外围设备堵塞退路。

时刻注意周围是否存在危险，做好准备，以便在需要的时候可以随时按下急停按钮。

j. 在使用电机和减速机等具有一定重量的部件和单元时，应使用起重机等辅助装置进行辅助操作，以避免给作业人员带来过大的作业负担。需要注意的是，如果错误操作，将导致作业人员受重伤。

习　题

1.1　国际标准化组织（ISO）对机器人的定义是什么？

1.2　按坐标形式划分，工业机器人分为哪几种？

1.3　工业机器人的主要危险有哪些？

第2章 ▶▶
机器人系统组成

学习目标：

(1) 掌握工业机器人的本体构成，主要包括机械臂的结构和机器人的作业范围；

(2) 掌握机器人控制系统的组成、特点、功能、分类；

(3) 掌握机器人控制系统操作面板的操作控制方法，与主机的连接通信方式等内容。

2.1 ➡ 机器人本体的构成

工业机器人按照技术等级划分可以分为三代机器人，分别是第一代示教再现机器人、第二代感知机器人、第三代智能机器人。第一代工业机器人由操作机（或称机器人本体）、控制器和示教器等部分组成。第二代和第三代工业机器人还包括感知系统和分析决策系统，它们分别由传感器和软件实现。机器人本体是用于完成各种作业任务的主体，主要包含机械臂、驱动单元、传动单元等部分。图2-1是机器人本体结构图，供读者参考。

2.1.1 机械臂的结构

一般关节形工业机器人的机械臂是由关节连在一起的许多机械连杆的集合体，实质上是一个拟人手臂的空间开链式机构，一端固定在基础机座上，另一端可自由运动。

机器人必须安装在基础机座上。工业机器人机座有固定式和行走式两种。固定式机器人的机座直接地面安装，也可以固定在机身上；机座往往与机身做成一体，机身与臂部相连，机身支承臂部，臂部又支承腕部和手部。

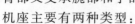

图 2-1　机器人本体结构

机座主要有两种类型：

(1) 固定式机座

固定式机座结构比较简单。固定机器人的安装方法分为直接地面安装、架台安装和底板安装三种形式。

① 机器人机座直接安装在地面上时，是将底板埋入混凝土中或用地脚螺栓固定。底板要求尽可能稳固以经受得住机器人手臂运动时的反作用力。底板与机器人机座用高强度螺栓连接。

② 机器人架台安装在地面上与机器人机座直接安装在地面上的要领基本相同。机器人机座与台架用高强度螺栓固定连接，台架与底板用高强度螺栓固定连接。

③ 机器人机座用底板安装在地面上时，用螺栓孔安装底板在混凝土地面或钢板上。机器人机座与底板用高强度螺栓固定连接。

（2）移动式机座

移动式机座充当了机器人的行走机构，它是行走机器人的重要执行部件，由驱动装置、传动机构、位置检测元件、传感器、电缆及管路等组成。它一方面支承机器人的机身、臂部和手部；另一方面带动机器人按照工作任务的要求进行运动。机器人的行走机构按运动轨迹分为固定轨迹式行走机构和无固定轨迹式行走机构。

① 固定轨迹式行走机构　固定轨迹式工业机器人的机身底座安装在一个可移动的拖板座上，靠丝杠螺母驱动，整个机器人沿丝杠纵向移动。这类机器人除了采用这种直线驱动方式外，有时也采用类似起重机梁行走的方式。这种可移动机器人主要用在作业区域大的场合，比如大型设备装配、立体化仓库中的材料搬运、材料堆垛和储运，大面积喷涂等。

② 无固定轨迹式行走机构　一般而言，无固定轨迹式行走机构主要有车轮式行走机构、履带式行走机构、足式行走机构。此外，还有适合于各种特殊场合的步进式行走机构、蠕动式行走机构、混合式行走机构和蛇行式行走机构等。下面主要介绍轮式行走机构、履带式行走机构和足式行走机构。

a. 轮式行走机构。轮式行走机器人是应用最多的一种机器人，主要行走在平坦的地面上。车轮的形状和结构形式取决于地面的性质和车辆的承载能力。在轨道上运行的多采用实心钢轮，室外路面行驶多采用充气轮胎，室内平坦地面上行驶可采用实心轮胎。

b. 履带式行走机构。履带行走机构由履带、驱动链轮、支承轮、托带轮和张紧轮组成，如图 2-2 所示。

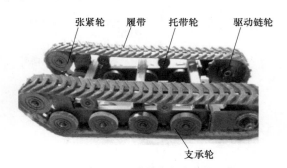

张紧轮　履带　托带轮　驱动链轮

支承轮

图 2-2　履带式行走机构

履带行走机构的形状有很多种，主要是一字形、倒梯形等。一字形履带行走机构，驱动轮及张紧轮兼作支承轮，增大支承地面面积，改善了稳定性。倒梯形履带行走机构，不作支承轮的驱动轮与张紧轮装得高于地面，适合于穿越障碍，另外因为减少了泥土夹入引起的损伤和失效，可以提高驱动轮和张紧轮的寿命。

c. 足式行走机构。车轮式行走机构只有在平坦坚硬的地面上行驶才有理想的运动特性。如果地面凸凹和车轮直径相当或地面很软，则它的运动阻力将大大增加。履带式行走机构虽然可行走于不平的地面，但它的适应性不够，行走时晃动太大，在软地面上行驶运动慢。据调查，地球上大部分地面不适合传统的轮式或履带式车辆行走。但是，足式动物却能在这些地方行动自如，显然足式与轮式和履带式行走方式相比具有独特的优势。

现有的步行机器人的足数有单足、双足、三足、四足、六足、八足甚至更多。足的数目越多，越适合于重载和慢速运动。双足和四足具有良好的适应性和灵活性。足式行走机构如图 2-3 所示。

六足式行走机构步行机器人是模仿六足昆虫行走的机器人。如图 2-4 所示为六足机器人结构图，每条腿有三个转动关节。行走时，三条腿为一组，足部端以相同位移移动，固定时

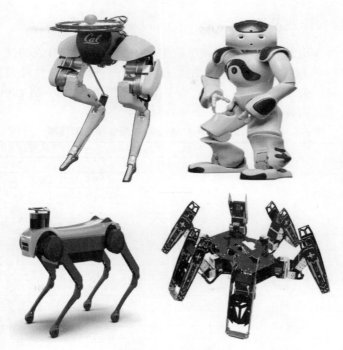

图 2-3　足式行走机构

间间隔进行移动，可以实现 XY 平面内任意方向的行走和原地转动。

　　两足行走式机器人具有良好的适应性，也称为类人双足行走机器人。类人双足行走机构是多自由度的控制系统，是现代控制理论很好的应用对象。这种机构除结构简单外，在保证静、动行走性能及稳定性和高速运动等方面都是很困难的。

　　两足步行式机器人在行走过程中，行走机构始终满足静力学的静平衡条件，也就是机器人的重心始终落在接触地面的一只脚上。步行机器人，典型特征是不仅能在平地上运动，而且能在凹凸不平的地上步行，能跨越沟壑、上下台阶，具有广泛的适应性。难点是机器人跨步时自动转移重心而保持平衡的问题。为了能变换方向和上下台阶，一定要具备多自由度，如图 2-5 所示。

图 2-4　六足式行走机构

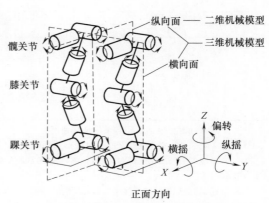

图 2-5　两足式行走机构

2.1.2 机器人作业范围

作业范围是机器人运动时手臂末端或手腕中心所能到达的所有点的集合。由于末端执行器的形状与尺寸多样，为真实反映机器人的特征参数，一般机器人作业范围是指不安装末端执行器时的工作区域。表2-1、表2-2所示为 FANUC 工业机器人 M-2000iA 不同型号工业机器人各轴运动范围，供读者参考。

表 2-1　FANUC 工业机器人 M-2000iA 型各轴运动范围（一）

规格一览表			
型号		M-2000iA/1200	M-2000iA/900L
机构		多关节型机器人	
控制轴数		6轴(J1,J2,J3,J4,J5,J6)	
回转半径		3734mm	4683mm
安装方式		地面安装	
动作范围（上限/下限）	J1轴	165°(2.87rad)/−165°(−2.87rad)	
	J2轴	100°(1.47rad)/−60°(−1.05rad)	
	J3轴	35°(0.61rad)/−130°(−2.27rad)	
	J4轴	360°(6.28rad)/−360°(−6.28rad)	
	J5轴	120°(2.09rad)/−120°(−2.09rad)	
	J6轴	360°(6.28rad)/−360°(−6.28rad)	
最大动作速度[1]	J1轴	45(°)/s(0.79rad/s)	
	J2轴	30(°)/s(0.52rad/s) 25(°)/s(0.44rad/s)[2]	
	J3轴	30(°)/s(0.52rad/s)	
	J4轴	50(°)/s(0.87rad/s)	
	J5轴	50(°)/s(0.87rad/s)	
	J6轴	70(°)/s(1.22rad/s)	
可搬运重量	手腕部	1200kg 1350kg[2]	900kg
	J2基座部	550kg	
	J3手臂部	50kg	
手腕部允许负载力矩	J4轴	14700N·m(1500kgf·m)	
	J5轴	14700N·m(1500kgf·m)	
	J6轴	4900N·m(500kgf·m)	
手腕部允许负载转动惯量	J4轴	2989kg·m^2(30500kgf·cm·s^2)	
	J5轴	2989kg·m^2(30500kgf·cm·s^2)	
	J6轴	2195kg·m^2(22400kgf·cm·s^2)	
驱动方式		使用 AC 伺服电机进行电气伺服驱动	
重复定位精度		±0.3mm	±0.5mm
机器人质量		8600kg	9600kg
噪声		72.8dB[3]	
安装条件		环境温度：0～45℃[4] 环境湿度：通常在 75%RH 以下（无结露现象） 通常在 95%RH 以下（一个月之内） 允许高度：海拔 1000m 以下 振动加速度：4.9m/s^2(0.5G)以下 不应有腐蚀性气体[5]	

① 短距离移动时可能达不到各轴的最高速度。

② 指定 M-2000iA/1200 的 1350kg 可搬运选项时。

③ 此值为根据 ISO11201（EN31201）测得的 A 载荷等价噪声级。测量在下列条件下进行：A. 最大载荷，最高速度；B. 自动运转（AUTO方式）。

④ 在接近0℃的低温环境下使用机器人的情形，还是在休息日或者夜间低于0℃的环境下长时间让机器人停止运转的情形，在刚刚开始运动时，因为可动部的抵抗很大，碰撞检测报警（SRVO-050）等会发生。此时，建议进行几分钟的暖机运转。

⑤ 在高温、低温环境，振动、尘埃、切削油等浓度比较高的环境下使用注意相关事项。

表 2-2 FANUC 工业机器人 M-2000iA 型各轴运动范围（二）

规格一览表			
型号		M-2000iA/2300	M-2000iA/1700L
机构		多关节型机器人	
控制轴数		6 轴(J1,J2,J3,J4,J5,J6)	
回转半径		3734mm	4683mm
安装方式		地面安装	
动作范围 （上限/下限）	J1 轴	165°(2.87rad)/−165°(−2.87rad)	
	J2 轴	100°(1.47rad)/−60°(−1.05rad)	
	J3 轴	35°(0.61rad)/−130°(−2.27rad)	
	J4 轴	360°(6.28rad)/−360°(−6.28rad)	
	J5 轴	120°(2.09rad)/−120°(−2.09rad)	
	J6 轴	360°(6.28rad)/−360°(−6.28rad)	
最大动作速度[①]	J1 轴	20(°)/s(0.35rad/s)	
	J2 轴	14(°)/s(0.24rad/s)	
	J3 轴	14(°)/s(0.24rad/s)	
	J4 轴	18(°)/s(0.31rad/s)	
	J5 轴	18(°)/s(0.31rad/s)	
	J6 轴	40(°)/s(0.77rad/s)	
可搬运重量	手腕部	2300kg	1700kg
	J2 基座部	550kg	
	J3 手臂部	50kg	
手腕部允许 负载力矩	J4 轴	29400N·m(3000kgf·m)	
	J5 轴	29400N·m(3000kgf·m)	
	J6 轴	8820N·m(900kgf·m)	
手腕部允许负载 转动惯量	J4 轴	7500kg·m²(76531kgf·cm·s²)	
	J5 轴	7500kg·m²(76531kgf·cm·s²)	
	J6 轴	5500kg·m²(56122kgf·cm·s²)	
驱动方式		使用 AC 伺服电机进行电气伺服驱动	
重复定位精度		±0.3mm	±0.5mm
机器人质量		11000kg	12500kg
噪声		72.8dB[②]	
安装条件		环境温度：0～45℃[③] 环境湿度：通常在 75%RH 以下（无结露现象） 通常在 95%RH 以下（一个月之内） 允许高度：海拔 1000m 以下 振动加速度：4.9m/s²(0.5g)以下 不应有腐蚀性气体[④]	

① 短距离移动时可能达不到各轴的最高速度。

② 此值为根据 ISO11201（EN31201）测得的 A 载荷等价噪声级。测量在下列条件下进行：A. 最大载荷，最高速度；B. 自动运转（AUTO 方式）。

③ 在接近 0℃的低温环境下使用机器人的情形，还是在休息日或者夜间低于 0℃的环境下长时间让机器人停止运转的情形，在刚刚开始运动时，因为可动部的抵抗很大，碰撞检测报警（SRVO-050）等会发生。此时，建议进行几分钟的暖机运转。

④ 在高温、低温环境，振动、尘埃、切削油等浓度比较高的环境下使用时，请与厂家洽询。

2.1.3 末端执行器

机器人的手部是指安装于机器人手臂末端，直接作用于工作对象的装置。工业机器人所要完成的各种操作，最终都必须通过手部来实现；同时手部的结构、质量等对于机器人整体的运动学和动力学性能，又有着直接的、显著的影响。如图 2-6 所示为焊枪的末端执行机构，图 2-7 所示为喷涂枪的末端执行机构。

2.1.3.1　手部的分类

人体的手是由具有许多关节的多个手指组成的，可以巧妙地完成许多复杂的作业，如制作物品、使用工具、作各种手势等。在这些功能中，机器人技术中主要关心的是手的作业功能。人手的作业功能大致可分为"抓取"和"操作"两类，而抓取又分为捏、夹、握三小类。每一小类又可分为多种形态。机器人手部设计中，由于机构和控制系统方面的限制，很难设计出像人手那样的通用装置；同时对多数工作现场来说，对机器人的工作要求是有限的，因此机器人手部的设计主要是针对一定的工作对象来进行设计的。

根据手部的结构和在工作中完成的功能，常见的工业机器人手部一般分为三大类：

① 按夹持方式分类，工业机器人手部可以分为外夹式、内撑式和内外夹持式三类。

② 按智能化分类，工业机器人手部可以分为普通式手爪和智能化手爪两类。

普通式手爪不具备传感器。智能化手爪具备一种或多种传感器，如压力传感器、触觉传感器及滑觉传感器等。手爪与传感器集成在一起成为智能化手爪。

③ 按工作原理分类，工业机器人手部可分为夹持类手部和吸附类手部。

图 2-6　末端执行器（焊枪）

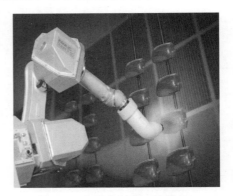

图 2-7　末端执行器（喷涂枪）

2.1.3.2　机械手部

机械手部是目前应用最广的手部形式，可见于多种的生产线机器人中。它主要是利用开闭的机械机构，来实现特定物体的抓取。其主要的组成部分是手指，利用手指的相对运动就可抓取物体。手指一般常采用刚性结构，抓取面按物体外形包络线形成凹陷或 v 形槽。多数的机械手部只有两个手指，有时也使用像三爪卡盘式的三指结构，另外还有利用连杆机构使手指形状随手指开闭动作发生一定变化的手部。

2.1.3.3　特殊手部

机械手部对于特定对象可保证完成规定作业，但能适应的作业种类有限。在要求操作大型、易碎或柔软物体的作业中，采用刚性手指的机械手是无法抓取对象的。同时，机械手部一般来说质量、体积较大，给使用带来局限。在这种情况下，需采用适合所要求作业的特殊装置即特殊手部。同时，根据不同作业要求，准备若干个特殊手部，将它们替换安装，即可以使机器人成为通用性很强的机械，从而使机器人的优越性得以体现。

根据特殊手部的工作原理，常见的特殊手部有以下三种：气吸式、磁吸式和喷射式。

（1）气吸式

气吸式手部按形成真空或负压的方法可将其分为真空吸盘式、气流负压吸盘式和挤气负压吸盘式。在这几种方式中，真空式吸盘吸附可靠、吸力大、结构简单、价格便宜，应用最为广泛。在目前的电视机生产线中，电视机半成品在制造和装配过程中的搬运和位置调整，主要采用真空吸盘的手部。工作过程中，吸盘靠近电视机屏幕，真空发生器工作使吸盘吸紧屏幕，实现半成品电视机的抓取和搬运。

（2）磁吸式

磁吸式手部主要是利用电磁吸盘来完成工件的抓取，通过电磁线圈中电流的通断来完成吸附操作。它的优点在于不需要真空源，但它有电磁线圈所特有的一些缺点，如只能适用于磁性材料、吸附完成后有残余磁性等，使得其使用受到一定限制。

（3）喷射式

喷射式手部主要用于一些特殊的使用场合，目前在机械制造业、汽车工业等行业中已经使用的喷漆机器人、焊接机器人等，其手部均采用喷射式。

在常见的搬运、码垛等作业中，特殊手部与机械手部相比，结构简单、质量轻，同时手部具有较好的柔顺性；但其对于抓取物体的表面状况和材料有比较高的要求，使用寿命也有一定局限。

2.1.3.4 机器人手部的特点

（1）手部与腕部相连处可拆卸

手部与腕部有机械接口，也可能有电、气、液接头。工业机器人作业时方便拆卸和更换手部。

（2）手部是机器人末端执行器

它可以像人手那样具有手指，也可以不具备手指；可以是类人的手爪，也可以是作业的工具，比如装在机器人腕部上的喷漆枪、焊接工具等。

（3）手部的通用性比较差

机器人手部通常是专用的装置，例如，一种手爪往往只能抓握一种或尺寸、重量等方面相近似的工件，一种工具只能执行一种作业任务。

2.1.3.5 夹持类手部

夹持类手部除常用的夹钳式外，还有钩托式和弹簧式。此类手部按其手指夹持工件时运动方式的不同，又可分为手指回转型和指面平移型。

夹钳式是工业机器人最常用的一种手部形式。夹钳式一般由手指、驱动装置、传动机构、支架等组成，如图 2-8 所示。

手指是直接与工件接触的构件。手部松开和夹紧工件，就是通过手指的张开和闭合来实现的。一般情况下，机器人的手部只有两个手指，少数有三个或多个手指。它们的结构形式取决于被夹持工件的形状和特性。根据工件形状、大小及被夹持部位材质的软硬、表面性质等的不同，手指的指面有光滑、齿形指面和柔性指面三种形式。对于夹钳式手部，其手指材料可选用一般碳素钢和合金钢。为使手指经久耐用，指面可镶嵌硬质合金；高温作业的手指可选耐热钢；在气体环境下工作的手指，可镀铬或进行搪瓷处理，也可选用耐腐蚀的玻璃钢或聚四氟乙烯。

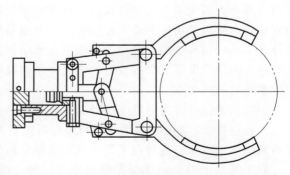

图 2-8　夹钳式手部的手指

2.1.3.6　气吸式手部

吸附式手部靠吸附力取料。根据吸附力的不同有气吸附和磁吸附两种。吸附式手部适用于大平面（单面接触无法抓取）、易碎（玻璃、磁盘）、微小（不易抓取）的物体，因此适用范围也较大。

气吸式手部是工业机器人常用的一种吸持工件的装置。它由吸盘（一个或几个）、吸盘架及进排气系统组成。气吸式手部具有结构简单、质量轻、使用方便可靠等优点，主要用于搬运体积大、质量轻的零件，如冰箱壳体、汽车壳体等，也广泛用于需要小心搬运的物件，如显像管、平板玻璃等，以及非金属材料，如板材、纸张等，或材料的吸附搬运。气吸式手部的另一个特点是对工件表面没有损伤，且对被吸持工件预定的位置精度要求不高，但要求工件上与吸盘接触部位光滑平整、清洁，被吸工件材质致密，没有透气空隙。

气吸式手部是利用吸盘内的压力与大气压之间的压力差工作的。按形成压力差的方法，可分为真空气吸、气流负压气吸、挤压排气气吸三种。

（1）真空吸附手部

采用真空泵能保证吸盘内持续产生负压，所以这种吸盘比其他形式吸盘的吸力大。真空的产生是利用真空泵，真空度较高，主要零件为橡胶吸盘，通过固定环安装在支承杆上，支承杆由螺母固定在基板上。取料时，橡胶吸盘与物体表面接触，橡胶吸盘的边缘起密封和缓冲作用，然后真空抽气，吸盘内腔形成真空，进行吸附取料。放料时，管路接通大气，失去真空，物体放下。为了避免在取放料时产生撞击，有的还在支承杆上配有弹簧缓冲；为了更好地适应物体吸附面的倾斜，在橡胶吸盘背面设计有球铰链。

（2）气流负压吸附手部

气流负压吸附手部，压缩空气进入喷嘴后，利用伯努利效应使橡胶皮腕内产生负压，要取物时，压缩空气高速流经喷嘴时，其出口处的气压低于吸盘腔内的气压，出口处的气体被高速气流带走而形成负压，完成取物动作。当需要释放时，切断负压吸附手部需要的压缩空气。工厂一般都有空压机站或空压机，比较容易获得空压，不需要专为机器人配置真空泵，所以气流负压吸盘在工厂内使用方便，成本较低。

（3）挤压排气气吸吸附手部

挤压排气式手部结构简单，既不需要真空泵系统也不需要压缩空气气源，比较经济方便。但要防止漏气，不宜长期停顿，可靠性比真空吸盘和气流负压吸盘差。挤气负压吸盘的吸力计算是在假设吸盘与工件表面气密性良好的情况下进行的，利用热力学定律和静力平衡公式计算内腔最大负压和最大极限吸力。对市场供应的三种型号耐油橡胶吸盘进行吸力理论计算及实测的结果表明，理论计算误差主要由假定工件表面为理想状况所造成。实验表明，在工件表面清洁度、平滑度较好的情况下牢固吸附时间达到30s时，能满足一般工业机器人工作循环时间的要求。

空吸盘的设计方案有以下两种：

自适应吸盘：如图2-9所示的自适应吸盘具有一个球关节，使吸盘能倾斜自如，适应工件表面倾角的变化，这种自适应吸盘在实际应用中获得了良好的效果。

异形吸盘：图2-10为异形吸盘中的一种。通常吸盘只能吸附一般的平整工件，而该异形吸盘可用来吸附鸡蛋、锥形瓶等物件，扩大了真空吸盘在工业机器人上的应用。

2.1.3.7　磁吸式手部

磁吸式手部是利用永久磁铁或电磁铁通电后产生的磁力来吸附材料工件的，应用较广。磁吸式手部不会破坏被吸件的表面质量。

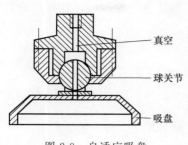

图 2-9 自适应吸盘

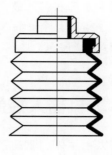

图 2-10 异形吸盘

(1) 磁吸式手部的特点

磁吸式手部比气吸式手部优越的方面是：有较大的单位面积吸力，对工件表面粗糙度及通孔、沟槽等无特殊要求。磁吸式手部的不足之处是：被吸工件存在剩磁，吸附头上常吸附磁性屑（如铁屑等），影响正常工作。因此对那些不允许有剩磁的零件要禁止使用，如钟表零件及仪表零件，不能选用磁力吸盘，可用真空吸盘。电磁吸盘只能吸住铁磁材料制成的工件，如钢铁等黑色金属工件，吸不住有色金属和非金属材料的工件。对钢、铁等材料制品，温度超过 723℃ 就会失去磁性，故在高温时有些机器人无法使用磁吸式手部。磁力吸盘要求工件表面清洁、平整、干燥，以保证可靠地吸附。

(2) 磁吸式手部的原理

磁吸式手部按磁力来源可分为永久磁铁手部和电磁铁手部。电磁铁手部由于供电不同又可分为交流电磁铁手部和直流电磁铁手部。

如图 2-11 所示的是电磁铁手部的结构示意图。在线圈通电的瞬时，由于空气间隙的存在，磁阻很大，线圈的电感和启动电流很大，这时产生磁性吸力将工件吸住，一旦断电，磁吸力消失，工件松开。若采用永久磁铁作为吸盘，则必须强迫性地取下工件。磁力吸盘的计算主要是电磁吸盘中电磁铁吸力的计算以及铁芯截面积、线圈导线直径和其他参数的设计。要根据实际应用环境选择工作情况系数和安全系数。

大部分工业机器人的手部只有两个手指，而且手指上一般没有关节，因此取料不能适应外形的变化，不能使物体表面承受比较均匀的夹持力，因此无法对复杂形体的物体实施夹持。

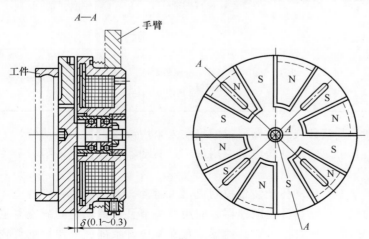

图 2-11 电磁铁手部的结构示意图

图 2-12 多指机械手抓结构

15 ◀◀◀

因此操作机器人手部和腕部最完美的形式是模仿人手的多指灵活手。多指灵活手由多个手指组成，每一个手指有三个回转关节，每一个关节自由度都是独立控制的，这样可对各种复杂动作进行模仿，如图 2-12 所示。

2.2 ● 机器人控制系统的组成

工业机器人由主体、驱动系统和控制系统三个基本部分组成。

2.2.1 主体

即机座和执行机构，包括臂部、腕部和手部，有的机器人还有行走机构。大多数工业机器人有 3～6 个运动自由度，其中腕部通常有 1～3 个运动自由度。控制系统是按照输入的程序对驱动系统和执行机构发出指令信号，并进行控制的。

2.2.2 驱动装置

驱动系统包括动力装置和传动机构，用以使执行机构产生相应的动作，驱使工业机器人运动。它按照控制系统发出的指令信号，借助动力元件使机器人产生动作，相当于人的肌肉、筋络。

机器人常用的驱动方式主要有液压驱动、气压驱动和电气驱动三种。三种驱动方式特点的比较参考表 2-3。

表 2-3 三种驱动方式特点比较

驱动方式	输出力	控制性能	维修使用	结构体积	适用范围	制造成本
液压驱动	压力高,可获得较大输出力	油液不可压缩,压力、流量均容易控制,可无级调速,反应灵敏,可实现连续轨迹控制	维修方便,液体对温度变化敏感,油液泄漏易起火	在输出力相同的情况下,体积比气压驱动方式小	中、小型及重型机器人	液压元件成本较高,油路比较复杂
气压驱动	气体压力低,输出力较小,如需输出力大时,其结构尺寸过大	可高速,冲击较严重,精确定位困难。气体压缩性大,阻尼效果差,低速不易控制,不易与 CPU 连接	维修简单,能在高温、粉尘等恶劣环境中使用,泄漏无影响	体积较大	中、小型机器人	结构简单,能源方便,低成本
电气驱动	输出力较小或较大	容易与 CPU 连接,控制性能好,响应快,可精确定位,但控制系统复杂	维修使用较复杂	需要减速装置,体积较小	高性能、运动轨迹要求严格的机器人	成本较高

目前，除个别运动精度不高、重负载或有防爆要求的机器人采用液压、气压驱动外，工业机器人大多采用电气驱动，而其中属交流伺服电机应用最广，驱动器布置大都采用一个关节一个驱动器。

工业机器人在驱动装置的驱动下，带动传动装置控制机器人运动。

目前工业机器人广泛采用的机械传动单元是减速器，应用在关节型机器人上的减速器主要有两类：RV 减速器和谐波减速器。一般将 RV 减速器放置在基座、腰部、大臂等重负载的位置（主要用于 20kg 以上的机器人关节）；将谐波减速器放置在小臂、腕部或手部等轻负载的位置（主要用于 20kg 以下的机器关节）。此外，机器人还采用齿轮传动、链条（带）传动、直线运动单元等。

2.2.2.1 谐波减速器

通常由 3 个基本构件组成，包括一个有内齿的钢轮，一个工作时可产生径向弹性变形并带有外齿的柔轮和一个装在柔轮内部、呈椭圆形、外圈带有柔性滚动轴承的波发生器，在这 3 个基本结构中可任意固定一个，其余一个为主动件一个为从动件，如图 2-13 所示。

2.2.2.2 RV 减速器

主要由太阳轮（中心轮）、行星轮、转臂（曲柄轴）、转臂轴承、摆线轮（RV 齿轮）、针齿、刚性盘与输出盘等零部件组成。具有较高的疲劳强度和刚度以及较长的寿命，回差精度稳定，高精度机器人传动多采用 RV 减速器，如图 2-14 所示。

图 2-13　谐波减速器（小机械）　　　　图 2-14　RV 减速器（大机械）

2.2.3 机器人的控制系统

控制系统是按照输入的程序对驱动系统和执行机构发出指令信号，并进行控制。

2.2.3.1 工业机器人控制系统所要达到的功能

（1）记忆功能

存储作业顺序、运动路径、运动方式、运动速度和与生产工艺有关的信息。

（2）示教功能

离线编程，在线示教，间接示教。在线示教包括示教盒和导引示教两种。

（3）与外围设备联系功能

输入和输出接口、通信接口、网络接口、同步接口。

（4）坐标设置功能

有关节、绝对、工具、用户自定义四种坐标系。

（5）人机接口

示教盒、操作面板、显示屏。

（6）传感器接口

位置检测、视觉、触觉、力觉等。

（7）位置伺服功能

机器人多轴联动、运动控制、速度和加速度控制、动态补偿等。

（8）故障诊断安全保护功能

运行时系统状态监视、故障状态下的安全保护和故障自诊断。

2.2.3.2 工业机器人控制系统的组成

具体组成示意图如图 2-15 所示。

（1）控制计算机

控制系统的调度指挥机构。一般为微型机、微处理器，有 32 位、64 位等，如奔腾系列 CPU 以及其他类型 CPU。

（2）示教盒

示教机器人的工作轨迹和参数设定，以及所有人机交互操作，拥有自己独立的 CPU 以及存储单元，与主计算机之间以串行通信方式实现信息交互。

（3）操作面板

由各种操作按键、状态指示灯构成，只完成基本功能操作。

（4）硬盘和软盘存储

存储机器人工作程序的外围存储器。

（5）数字和模拟量输入输出

各种状态和控制命令的输入或输出。

（6）打印机接口

记录需要输出的各种信息。

（7）传感器接口

用于信息的自动检测，实现机器人柔顺控制，一般为力觉、触觉和视觉传感器。

（8）轴控制器

完成机器人各关节位置、速度和加速度的控制。

（9）辅助设备控制

控制用于和机器人配合的辅助设备，如手爪变位器等。

（10）通信接口

实现机器人和其他设备的信息交换，一般有串行接口、并行接口等。

（11）网络接口

① Ethernet 接口。可通过以太网实现数台或单台机器人的直接 PC 通信，数据传输速率高达 10Mb/s，可直接在 PC 上用 windows 库函数进行应用程序编程，支持 TCP/IP 通信协议，通过 Ethernet 接口将数据及程序装入各个机器人控制器中。

② Fieldbus 接口。支持多种流行的现场总线规格，如 Device net、AB Remote I/O、Interbus-s、profibus-DP、M-NET 等。

2.2.3.3 FANUC 工业机器人控制系统

控制系统是工业机器人的主要组成部分，其功能类似于人脑，支配着工业机器人按规定的程序运动，并记忆人们给予工业机器人的指令信息（如动作顺序、运动轨迹、运动速度及时间），同时按其控制系统的信息对执行机构发出指令，必要时可对工业机器人的动作进行监视，当动作有错误或发生故障时发出报警信号。

2.2.4 工业机器人控制系统的特点

① 工业机器人有若干个关节。

② 工业机器人的工作任务要求操作机器人的手部进行空间点位运动或连续轨迹运动。

③ 工业机器人的数学模型是一个多变量、非线性和变参数的复杂模型，各变量之间还存在着耦合，因此工业机器人的控制中经常使用前馈、补偿、解耦和自适应等复杂控制

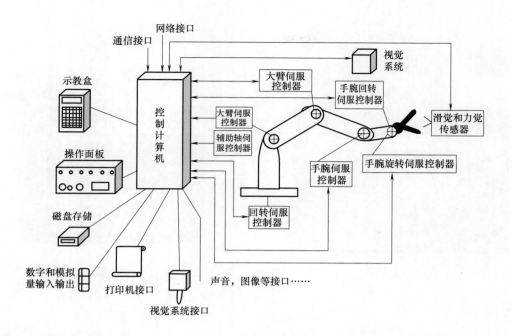

图 2-15　工业机器人控制系统的组成示意图

技术。

④ 较高级的工业机器人要求对环境条件、控制指令进行测定和分析。

⑤ 把多个独立的伺服系统有机地协调起来，使其按照人的意志行动起来，甚至赋予机器人一定的"智能"，这个任务只能由计算机来完成。因此，机器人控制系统必须是一个计算机控制系统。同时，计算机软件肩负着艰巨的任务。

2.2.5　机器人控制系统基本功能

① 具有位置伺服功能，实现对工业机器人的位置、速度、加速度等控制功能，对于连续轨迹运动的工业机器人还必须具有轨迹的规划与控制功能。

② 方便的人-机交互功能，操作人员通过人机接口（示教编程器、操作面板、显示屏等）采用直接指令代码对工业机器人进行作业指示，如图 2-16、图 2-17 所示。

③ 具有对外部环境（包括作业条件）的检测和感觉功能。

④ 具有故障诊断安全保护功能，运行时进行系统状态监视、故障状态下的安全保护和故障自诊断。

2.2.6　工业机器人控制系统的分类

工业机器人控制系统可以从不同角度分类，如按控制运动的方式不同，可分为位置控制方式和作业控制方式；按示教方式的不同，可分为编程方式和存储方式等。如图 2-18、图 2-19 所示。

2.2.6.1　工业机器人控制系统分类

(1) 程序控制系统

一个自由度施加一定规律的控制作用，机器人就可实现要求的空间轨迹。

图 2-16 控制器组成

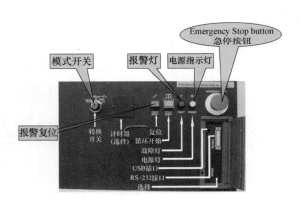

图 2-17 控制器操作面板

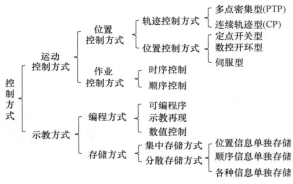

图 2-18 工业机器人控制系统的分类

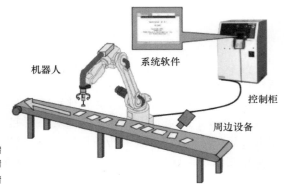

图 2-19 工业机器人控制系统的组成

（2）自适应控制系统

外界条件变化时，为保证所要求的品质或为了随着经验的积累而自行改善控制品质，其过程是基于操作机的状态和伺服误差的观察，再调整非线性模型的参数，一直到误差消失为止。这种系统的结构和参数能随时间和条件自动改变。

（3）人工智能系统

无法编制运动程序，而是要求在运动过程中根据所获得的周围状态信息，实时确定控制作用。

（4）点位式

机器人准确控制末端执行器的位姿，而与路径无关。

（5）轨迹式

机器人按示教的轨迹和速度运动。

（6）控制总线

标准总线控制系统。采用国际标准总线作为控制系统的控制总线，如 VME、MULTI-bus、STD-bus、PC-bus。

(7) 自定义总线控制系统

厂家自行定义使用的总线作为控制系统总线。

(8) 编程方式

由操作者设置固定的限位开关，实现启动、停车的程序操作，只能用于简单的拾起和放置作业。

(9) 在线编程

通过人的示教来完成操作信息的记忆过程的编程方式，包括直接示教（即手把手示教）模拟示教和示教盒示教。

(10) 离线编程

不对实际作业的机器人直接示教，而是脱离实际作业环境，生成示教程序，通过使用高级机器人、编程语言、远程式离线生成机器人作业轨迹。

2.2.6.2 机器人控制系统按其控制方式的分类

(1) 集中控制系统（centralized control system）

用一台计算机实现全部控制功能，结构简单，成本低，但实时性差，难以扩展，在早期的机器人中常采用这种结构。基于 PC 的集中控制系统里，充分利用了 PC 资源开放性的特点，可以实现很好的开放性：多种控制卡、传感器设备等都可以通过标准 PCI 插槽或通过标准串口、并口集成到控制系统中，如图 2-20 所示。

集中式控制系统的优点是：硬件成本较低，便于信息的采集和分析，易于实现系统的最优控制，整体性与协调性较好，基于 PC 的系统硬件扩展较为方便。其缺点也显而易见：系统控制缺乏灵活性，控制危险容易集中，一旦出现故障，其影响面广，后果严重；由于工业机器人的实时性要求很高，当系统进行大量数据计算时，会降低系统实时性，系统对多任务的响应能力也会与系统的实时性相冲突；此外，系统连线复杂，会降低系统的可靠性。

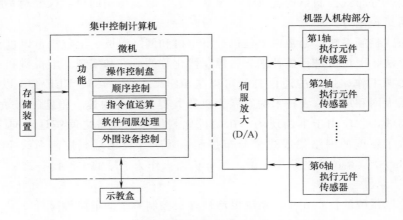

图 2-20 集中控制系统组成

(2) 主从控制系统

采用主、从两级处理器实现系统的全部控制功能。主 CPU 实现管理、坐标变换、轨迹生成和系统自诊断等；从 CPU 实现所有关节的动作控制。主从控制系统实时性较好，适于高精度、高速度控制，但其系统扩展性较差，维修困难。如图 2-21 所示为主从控制系统组成。

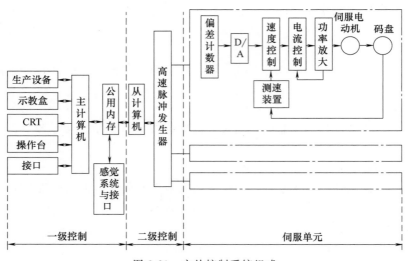

图 2-21　主从控制系统组成

（3）分散控制系统（distribute control system）

按系统的性质和方式将系统控制分成几个模块，每一个模块各有不同的控制任务和控制策略，各模式之间可以是主从关系，也可以是平等关系。这种方式实时性好，易于实现高速、高精度控制，易于扩展，可实现智能控制，是目前流行的方式，如图 2-22 所示。

主要思想是"分散控制，集中管理"，即系统对其总体目标和任务可以进行综合协调和分配，并通过子系统的协调工作来完成控制任务，整个系统在功能、逻辑和物理等方面都是分散的，所以 DCS 系统又称为集散控制系统或分散控制系统。

这种结构中，子系统是由控制器和不同被控对象或设备构成的，各个子系统之间通过网络等相互通信。分布式控制结构提供了一个开放、实时、精确的机器人控制系统。分布式系统中常采用两级控制方式。

两级分布式控制系统，通常由上位机、下位机和网络组成。上位机可以进行不同的轨迹规划和控制算法，下位机进行插补细分、控制优化等的研究和实现。上位机和下位机通过通信总线相互协调工作，这里的通信总线可以是 RS-232、RS-485、EEE-488 以及 USB 总线等。现在，以太网和现场总线技术的发展为机器人提供了更快速、稳定、有效的通信服务。尤其是现场总线，它应用于生产现场，在微机化测量控制设备之间实现双向多节点数字通信，从而形成了新型的网络集成式全分布控制系统——现场总线控制系统 FCS（filed bus control system）。从系统论的角度来说，工业机器人作为工厂的生产设备之一，也可以归纳为现场设备。

分布式控制系统的优点在于：系统灵活性好，控制系统的危险性降低，采用多处理器的分散控制，有利于系统功能的并行执行，提高系统的处理效率，缩短响应时间。

对于具有多自由度的工业机器人而言，集中控制对各个控制轴之间的耦合关系处理得很好，可以很简单地进行补偿。但是，当轴的数量增加到使控制算法变得很复杂时，其控制性能会恶化。而且，当系统中轴的数量或控制算法变得很复杂时，可能会导致系统的重新设计。与之相比，分布式结构的每一个运动轴都由一个控制器处理，这意味着，系统有较少的轴间耦合和较高的系统重构性。

工业机器人控制器可进行多个任务操作，具有丰富的网络通信功能，如 RS-232、RS-

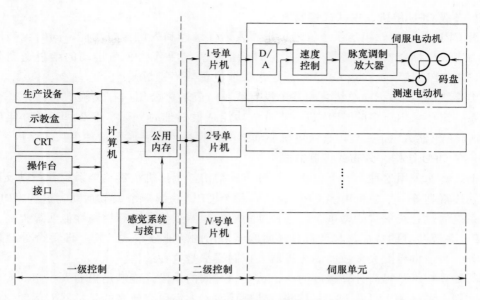

图 2-22　分散控制系统组成

485、以太网通信功能，机器人动作与通信并行处理，无通信时间的浪费，生产效率提高。

2.2.6.3　工业机器人控制器功能

① 多任务功能；

② 一台机器人可进行多个任务的操作；

③ 网络功能；

④ 具有丰富的网络通信功能，如 RS-232、RS-485、以太网通信功能，机器人动作与通信并行处理，无通信时间的浪费，生产效率提高；

⑤ 操作历史记录功能；

⑥ 可记录机器人的工作情况，以便于机器人的管理和维护；

⑦ 海量存储；

⑧ 大容量存储器可存储更多的程序和更多的历史使用信息；

⑨ 用户接口丰富；

⑩ 具有鼠标、键盘、显示器和 USB 接口，控制器可作为一台电脑使用，方便用户操作。

机器人控制器是根据指令以及传感信息控制机器人完成一定的动作或作业任务的装置，它是机器人的心脏，决定了机器人性能的优劣。

2.2.6.4　控制算法

从机器人控制算法的处理方式来看，可分为串行、并行两种结构类型。

所谓的串行处理结构是指机器人的控制算法由串行机来处理。对于这种类型的控制器，从计算机结构、控制方式来划分，又可分为以下几种。

(1) 单 CPU 结构、集中控制方式

用一台功能较强的计算机实现全部控制功能。在早期的机器人中，如 Hero-Ⅰ、Robot-Ⅰ等，就采用这种结构，但控制过程中需要许多计算（如坐标变换），因此这种控制结构速度较慢。

(2) 二级 CPU 结构、主从式控制方式

一级 CPU 为主机，担当系统管理、机器人语言编译和人机接口功能，同时也利用它的运算能力完成坐标变换、轨迹插补，并定时地把运算结果作为关节运动的增量送到公用内存，供二级 CPU 读取；二级 CPU 完成全部关节位置数字控制。

这类系统的两个 CPU 总线之间基本没有联系，仅通过公用内存交换数据，是一个松耦合的关系，想要采用更多的 CPU 进一步分散功能是很困难的。日本于 20 世纪 70 年代生产的 Motoman 机器人（5 关节，直流电机驱动）的计算机系统就属于这种主从式结构。

(3) 多 CPU 结构、分布式控制方式

目前，普遍采用这种上、下位机二级分布式结构，上位机负责整个系统管理以及运动学计算、轨迹规划等。下位机由多 CPU 组成，每个 CPU 控制一个关节运动，这些 CPU 和主控机联系是通过总线形式的紧耦合。这种结构的控制器工作速度和控制性能明显提高。但这些多 CPU 系统共有的特征都是针对具体问题而采用的功能分布式结构，即每个处理器承担固定任务。目前世界上大多数商品化机器人控制器都是这种结构。

并行处理技术是提高计算速度的一个重要而有效的手段，能满足机器人控制的实时性要求。从文献来看，关于机器人控制器并行处理技术，人们研究较多的是机器人运动学和动力学的并行算法及其实现。1982 年 J. Y. S. Luh 首次提出机器人动力学并行处理问题，这是因为关节型机器人的动力学方程是一组非线性强耦合的二阶微分方程，计算十分复杂，而且提高机器人动力学算法计算速度也为实现复杂的控制算法如：计算力矩法、非线性前馈法、自适应控制法等打下基础。开发并行算法的途径之一就是改造串行算法，使之并行化，然后将算法映射到并行结构。一般有两种方式，一是考虑给定的并行处理器结构，根据处理器结构所支持的计算模型，开发算法的并行性；二是首先开发算法的并行性，然后设计支持该算法的并行处理器结构，以达到最佳并行效率。

构造并行处理结构的机器人控制器的计算机系统一般采用以下方式：

(1) 开发机器人控制专用 VLSI

设计专用 VLSI 能充分利用机器人控制算法的并行性，依靠芯片内的并行体系结构易于解决机器人控制算法中大量出现的计算，能大大提高运动学、动力学方程的计算速度。但由于芯片是根据具体的算法来设计的，当算法改变时，芯片不能使用，因此采用这种方式构造的控制器不通用，更不利于系统的维护与开发。

(2) 利用通用的微处理器

利用通用微处理器构成并行处理结构，支持计算，实现复杂控制策略在线实时计算。

2.2.6.5 机器人控制器存在的问题

综合起来，现有机器人控制器存在很多问题，如：

(1) 开放性差

局限于"专用计算机、专用机器人语言、专用微处理器"的封闭式结构。封闭的控制器结构使其具有特定的功能、适应于特定的环境，不便于对系统进行扩展和改进。

(2) 软件独立性差

软件结构及其逻辑结构依赖于处理器硬件，难以在不同的系统间移植。

(3) 容错性差

由于并行计算中的数据相关性、通信及同步等内在特点，控制器的容错性能变差，其中一个处理器出故障可能导致整个系统的瘫痪。

（4）扩展性差

目前，机器人控制器的研究着重于从关节这一级来改善和提高系统的性能。由于结构的封闭性，难以根据需要对系统进行扩展，如增加传感器控制等功能模块。

（5）缺少网络功能

现在几乎所有的机器人控制器都没有网络功能。

总的来看，前面提到的无论串行结构还是并行结构的机器人，控制器都不是开放式结构，无论从软件还是硬件都难以扩充和更改。

例如，商品化的 Motoman 机器人的控制器是不开放的，用户难以根据自己的需要对其修改、扩充功能，通常的做法是对其详细解剖分析，然后对其改造。

2.2.6.6　机器人控制器的展望

针对机器人控制器结构封闭的缺陷，开发"具有开放式结构的模块化、标准化机器人控制器"是当前机器人控制器的一个发展方向。近几年，日本、美国和欧洲一些国家都在开发具有开放式结构的机器人控制器，如日本安川公司基于 PC 开发的具有开放式结构、网络功能的机器人控制器。我国 863 计划智能机器人主题也已对这方面的研究立项。

开放式结构机器人控制器是指：控制器设计的各个层次对用户开放，用户可以方便地扩展和改进其性能。其主要思想是：

① 利用基于非封闭式计算机平台的开发系统，如 Sun、SGI、PC's。有效利用标准计算机平台的软、硬件资源为控制器扩展创造条件。

② 利用标准的操作系统，如 Unix、Vxwork 和标准的控制语言，如 C、C++。采用标准操作系统和控制语言，可以改变各种专用机器人语言并存且互不兼容的局面。

③ 采用标准总线结构，使得为扩展控制器性能而必需的硬件，如各种传感器、I/O 板、运动控制板可以很容易地集成到原系统。

④ 利用网络通信，实现资源共享或远程通信。目前，几乎所有的控制器都没有网络功能，利用网络通信功能可以提高系统变化的柔性。

2.2.6.7　新型的机器人控制器应有的特色

（1）开放式系统结构

采用开放式软件、硬件结构，可以根据需要方便地扩充功能，使其适用不同类型机器人或机器人自动化生产线。

（2）合理的模块化设计

对硬件来说，根据系统要求和电气特性，按模块化设计，这不仅方便安装和维护，而且提高了系统的可靠性，系统结构也更为紧凑。

（3）有效的任务划分

不同的子任务由不同的功能模块实现，以利于修改、添加、配置功能。

（4）实时性、多任务要求

机器人控制器必须能在确定的时间内完成对外部中断的处理，并且可以使多个任务同时进行。

（5）网络通信功能

利用网络通信的功能，以便于实现资源共享或多台机器人协同工作。

（6）形象直观的人机接口

另外，机器人控制器中，运动控制板是必不可少的。由于机器人性能的不同，对运动控制板的要求也不同。美国 Delta Tau 公司推出的 PMAC（programmable multi-axies controller）在国内外引起重视。PMAC 是一种功能强大的运动控制器，它全面地开发了 DSP 技术的强大功能，为用户提供了很强的功能和很大的灵活性。借助于 Motorola 公司的 DSP56001 数字信号处理器，PMAC 可以同时操纵 1～8 轴，比起其他运动控制板来说，有很多可取之处。

2.3 ➲ 机器人本体连接（通信）

机器人本体与控制器的通信方式分为四种，分别是 CC-Link、Profibus-DP、DeviceNET、EterNet/IP 四种总线通信方式，这里着重介绍第一种通信方式。如表 2-4 所示。

表 2-4　CC-Link 从站规格概述

项目	规格
波特率	165kb/s、625kb/s、2.5Mb/s、5Mb/s、10Mb/s
机器人上安装 CC-Link 板的数量	2
CC-Link 远程设备站数量	1,2,3,4 可使用
可交换数据量	Remote In RX：user area112＋ system area 16 Remote Out RX：user area112＋ system area 16 Remote Register RWr：16 Remote Register RWw：16

机器人作为从站，机器人侧的设置按 MENU-6［SETUP］-F1［TYPE］-［CC-Link］，如图 2-23 所示。

```
SETUP CC-Link                    JOINT 10%
Remote device board:1                1/10

1 Error one shot:               DISABLE
2 Station No.:                  1
3 Number of Stations:           4
4 Baudrate:                     [ 10Mbps ]
RWr ( 16 )
5 Number of AOs:                0
6 Number of Registers:          0
7 Reg start index:              1
RWw ( 16 )
8 Number of AIs:                0
9 Number of Registers:          0
10  Reg start index:            10
11  Reg Data:                   [Unsigned Int]
  [ TYPE ]          BOARD              >
CLA_ASG                                >
```

图 2-23　CC-Link 设置界面

针对图 2-23 的内容，翻译过后如表 2-5 所示。

表 2-5　CC-Link 项目设置翻译

项目	描述
Error one shot	ENABLE：即使有错误发生也可以复位 DISABLE：在错误原因未排除前不能复位报警
Station NO.（站号） 设置范围：1～64 （站号＋站数－1≤64）	指明站号 例：Station NO.＝10,Number of station＝4 则站号 10,11,12,13 被占用
Number of Stations（站数量） 设置范围：1～4	指明被占用的站数量

续表

项目	描述
Baudrate(波特率)	156kb/s,625kb/s,2.5Mb/s,5Mb/s,10Mb/s
Number of AOs	指明分配到 RWr 的模拟量输出数量
Number of Registers	指明分配到 RWr 的寄存器数量
设置范围:1~16	以上两个参数设置与站数有关,对应关系为一站不能超过 4 个(R+AO)
Reg start index	寄存器起始号
Reg Date	寄存器数据类型

(1) 信号配置

信号配置步骤:

① 依次按键操作:【MENU】(菜单)—【I/O】(信号)— F1【Type】(类型)—【Digital 】(数字)。显示如图 2-24;

② 按 F2 【CONFIG】(定义),进入图 2-25;

③ 按 F3 【IN/OUT】(输入/输出) 可在输入/输出间切换;

④ 按 F4 【DELETE】(清除) 删除光标所在项的分配;

⑤ 按 F5 【HELP】(帮助);

⑥ 按 F2 【MONITOR】(状态一览) 可返回图 2-24。

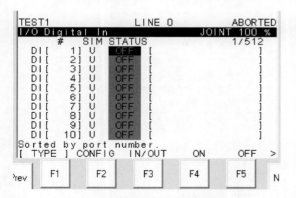
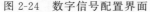

图 2-24 数字信号配置界面

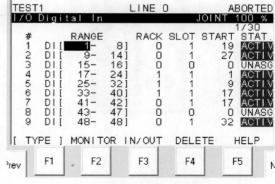

图 2-25 数字信号机架配置界面

RANGE (范围):软件端口的范围,可设置。

RACK:I/O 通信设备种类。92 为 CC-Link 通信方式;Profibus-DP 通信方式 RACK 为 66,67;DeviceNET 通信方式对应 RACK 为 81~84;EterNet/IP 通信方式 RACK 为 89。当 RACK 为 32 时表示为 "1"。0＝Process I/O , board1~16 ＝ I/O Model A/B,48＝CRM15/CRM16 (外围设备接口)。

SLOT:I/O 模块的数量。使用 Process I/O 板时,按与主板的连接顺序定义 SLOT 号;使用 I/O Model A/B 时,SLOT 号由每个单元所连接的模块顺序确定;使用 CRM15/CRM16 时,SLOT 号为 1。

START (开始点):对应于软件端口的 I/O 设备起始信号位。

STAT (状态):ACTIVE——激活;UNASG——未分配;PEND——需要重启生效;Invalid——无效。

设置完成后,重启生效。

（2）PLC 侧设置

CC-Link 接线如图 2-26 所示。

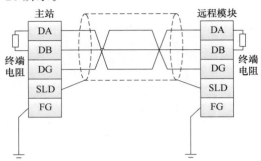

图 2-26　CC-Link 接线图

主站开关设置如图 2-27 所示。

PLC 通信及编程资料请读者自行设置，这里不再赘述。

针对 FANUC R-30iB 的电气接口的连接以及安装方法进行图文说明，如图 2-28～图 2-30 所示。

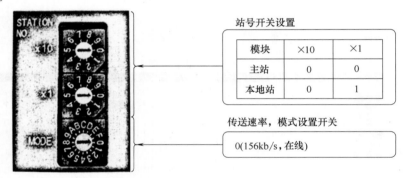

站号开关设置

模块	×10	×1
主站	0	0
本地站	0	1

传送速率，模式设置开关

0(156kb/s，在线)

图 2-27　主开关站设置

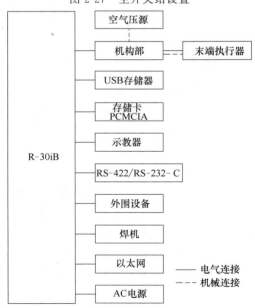

图 2-28　R-30iB 电气接口的连接方框图

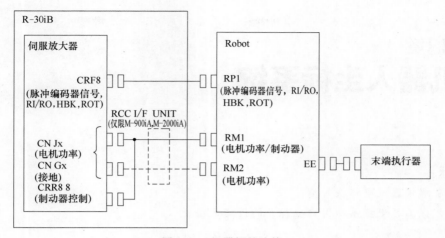

图 2-29　机器间的连接

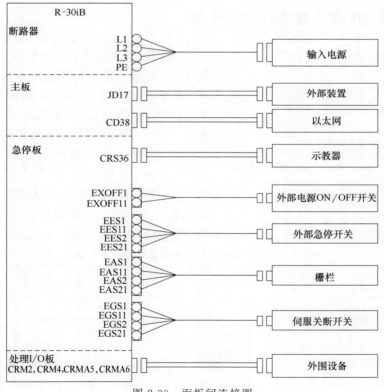

图 2-30　面板间连接图

习　题

2.1　简述工业机器人的基本构成部件。

2.2　工业机器人末端执行器有哪几种方式，请举例说明。

2.3　简述工业机器人控制系统分类。

2.4　工业机器人本体与控制器的通信方式有哪几种？

2.5　简述工业机器人信号配置步骤。

2.6　简述工业机器人数字信号机架配置界面中各个参数配置内容。

第3章 ▶▶
机器人坐标系统

学习目标：

（1）了解机器人坐标系种类；

（2）掌握工具坐标系和用户坐标系的设定方法。

3.1 ● 机器人坐标系的分类

目前，大部分商用工业机器人系统中，均可使用关节坐标系、直角坐标系、工具坐标系和用户坐标系，而工具坐标系和用户坐标系同属于直角坐标系范畴，如图 3-1 所示。

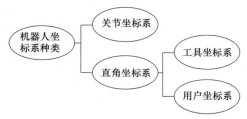

图 3-1　机器人坐标系的分类

TCP 为机器人系统控制点，出厂时默认位于最后一个运动轴或安装法兰的中心，安装工具后 TCP 点将发生改变（需要设定）。

（1）关节坐标系

在关节坐标系下，机器人各轴均可实现单独正向或反向运动。对大范围运动且不要求 TCP 姿态的，可选择关节坐标系。如表 3-1 所示为各品牌工业机器人关节坐标系下各轴动作。

表 3-1　各品牌工业机器人关节坐标系下各轴动作

轴类	轴名				动作说明	动作图示
	AB	FAN	YASKA	KUK		
主 （基本轴）	轴1	J1	S轴	A1	本体左右回转	
	轴2	J2	L轴	A2	大臂上下运动	
	轴3	J3	U轴	A3	小臂前后运动	
次 （腕部轴）	轴4	J4	R轴	A4	手腕回旋运动	
	轴5	J5	B轴	A5	手腕弯曲运动	
	轴6	J6	T轴	A6	手腕扭曲运动	

（2）直角坐标系（世界坐标系、大地坐标系）

机器人示教与编程时经常使用的坐标系之一，原点定义在机器人安装面与第一转动轴的交点处，X 轴向前，Z 轴向上，Y 轴按右手法则确定。如图 3-2、表 3-2 所示。

表 3-2　直角坐标系下各轴动作

轴类型	名称轴	动作说明	动作图	轴类型	名称轴	动作说明	动作图
主轴（基本轴）	X 轴	沿 X 轴行移		次轴（腕部轴）	U 轴	绕 Z 轴旋转	
	Y 轴	沿 Y 轴行移			V 轴	绕 Y 轴旋转	
	Z 轴	沿 Z 轴行移			W 轴	绕末端夹具所指方向旋转	

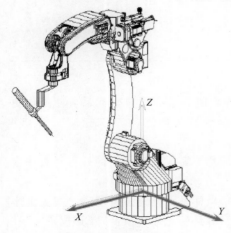

图 3-2　直角坐标系原点

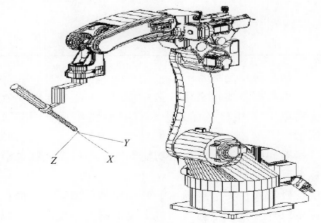

图 3-3　工具坐标系原点

（3）工具坐标系

原点定义在 TCP 点，并且假定工具的有效方向为 X 轴（有些机器人厂商将工具的有效方向定义为 Z 轴），而 Y 轴、Z 轴由右手法则确定。在进行相对于工件不改变工具姿态的平移操作时选用该坐标系最为适宜。如图 3-3、表 3-3 所示。

表 3-3　工具坐标系下各轴动作

轴类型	名称轴	动作说明	动作图	轴类型	名称轴	动作说明	动作图
主轴（基本轴）	X 轴	沿 X 轴行移	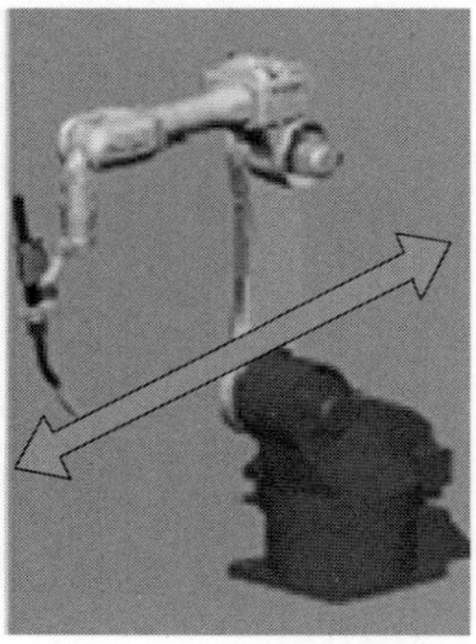	次轴（腕部轴）	Rx 轴	绕 X 轴旋转	
	Y 轴	沿 Y 轴行移			Ry 轴	绕 Y 轴旋转	
	Z 轴	沿 Z 轴行移			Rz 轴	绕 Z 轴旋转	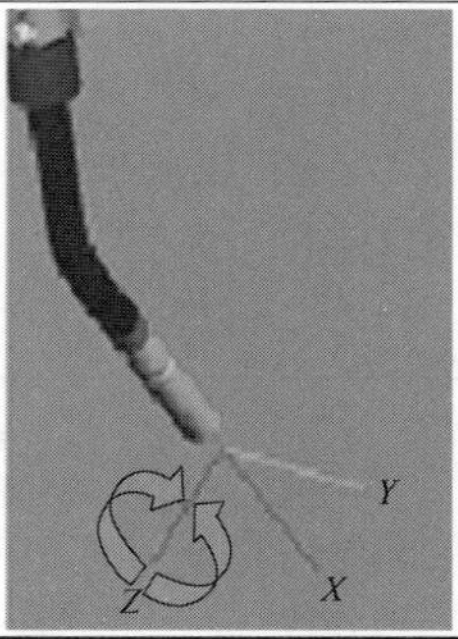

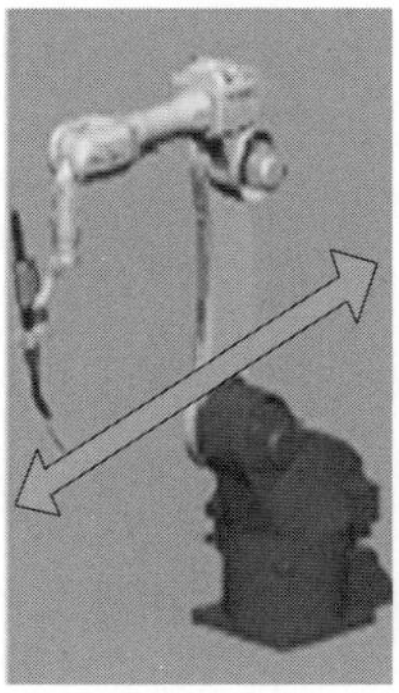

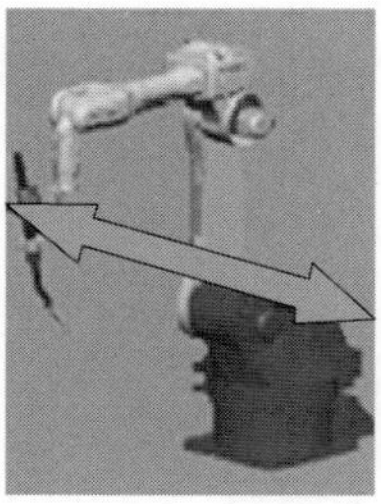

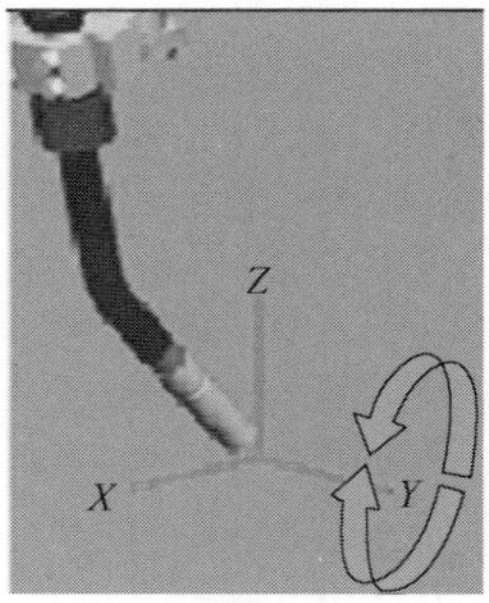

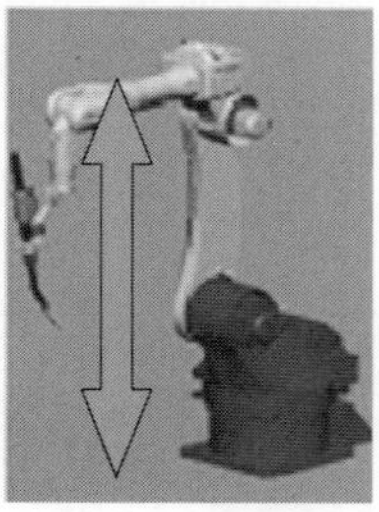

（4）用户坐标系

可根据需要定义用户坐标系。当机器人配备多个工作台时，选择用户坐标系可使操作更为简单 。在用户坐标系中，TCP 点将沿用户自定义的坐标轴方向运动。如图 3-4、表 3-4 所示。

不同的机器人坐标系功能等同，即机器人在关节坐标系下完成的动作，同样可在直角坐标系下实现。

机器人在关节坐标系下的动作是单轴运动，而在直角坐标系下则是多轴联动。除关节坐标系以外，其他坐标系均可实现控制点不变动作（只改变工具姿态而不改变 TCP 位置），在进行机器人 TCP 标定时经常用到。

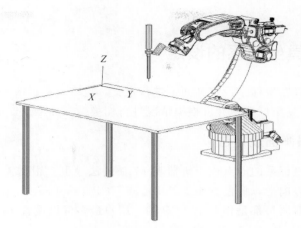

图 3-4 用户坐标系原点

表 3-4 用户坐标系下各轴动作

轴类型	名称轴	动作说明	动作图	轴类型	名称轴	动作说明	动作图
主轴（基本轴）	X 轴	沿 X 轴行移		次轴（腕部轴）	Rx 轴	绕 X 轴旋转	
	Y 轴	沿 Y 轴行移			Ry 轴	绕 Y 轴旋转	
	Z 轴	沿 Z 轴行移			Rz 轴	绕 Z 轴旋转	

3.2 ◑ 工具坐标系的设定

工具坐标系既可以在坐标系设定画面上进行定义，也可以通过改写系统变量的方法来定义。共可定义 10 个工具坐标系，并可根据情况进行切换。

3.2.1 坐标系画面设定法

缺省设定的工具坐标系的原点位于机器人 J6 轴的法兰上。根据需要把工具坐标系的原点移到工作的位置和方向上，该位置叫工具中心点 TCP（tool center point）。

工具坐标系的所有测量都是相对于 TCP 的，用户最多可以设置 10 个工具坐标系，它被存储于系统变量 ＄MNUTOOLNUM 中。

设置方法：三点法；六点法；直接输入法。

(1) 三点法设置

① 依次按键操作：【MENU】(菜单)—【SETUP】(设定)—F1【Type】(类型)—【Frames】(坐标系)，进入坐标系设置界面。

② 按 F3【OTHER】(坐标)，选择【Tool Frame】(工具坐标)，见图 3-5。进入工具坐标系的设置界面，见图 3-6。

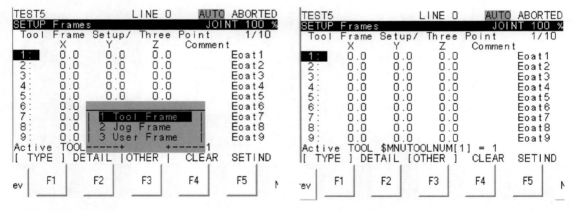

图 3-5　选择工具坐标　　　　　　图 3-6　工具坐标系设置界面

③ 在图 3-6 中移动光标到所需设置的 TCP 点，按键 F2【DETAIL】(细节) 进入详细界面。

④ 按 F2【METHOD】(方法)，见图 3-7，移动光标，选择所用的设置方法【Three point】(3 点记录)——三点法，按【ENTER】(回车) 确认，进入图 3-8。

⑤ 记录三个接近点，用于计算 TCP 点的位置，即 TCP 点相对于 J6 轴法兰盘中心点的 X、Y、Z 的偏移量，标定完成后如图 3-9 所示。

具体步骤如下：

a. 移动光标到每个接近点［Approach point N（参考点 N）］；

b. 示教机器人到需要的点，按【SHIFT】+F5【RECORD】(位置记录) 记录；

c. 记录完成，UNINIT（未示教）变为 RECORDED（记录完成）。

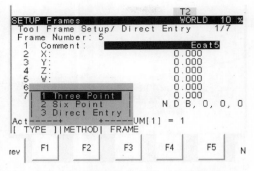

图 3-7　选择三点法定义工具坐标系

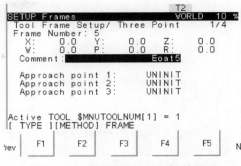

图 3-8　三点法设置工具坐标系界面

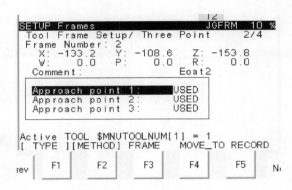

图 3-9　三点法标定完成

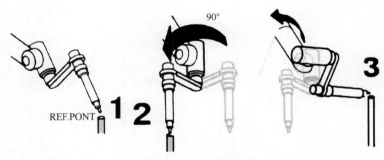

图 3-10　三点法图解

　　三个接近点位置（三点之间各差 90°且不能在一个平面上）如图 3-10 所示。当三个点记录完成，新的工具坐标系被自动计算生成，如图 3-11 所示。

　　注意：如果三个接近点在一个平面上，则 X、Y、Z、W、P、R 中的数据不能生成。

　　（2）六点法设置

　　① 依次按键操作：【MENU】（菜单）—【SETUP】（设定）—F1【Type】（类型）—【Frames】（坐标系），进入坐标系设置界面，见图 3-12。

　　② 按 F3【OTHER】（坐标），选择【Tool Frame】（工具坐标），进入工具坐标系的设置界面，见图 3-13。

　　③ 在图 3-12 中移动光标到所需设置的 TCP 点，按键 F2【DETAIL】（细节）进入图 3-14。

工具坐标系-
六点法

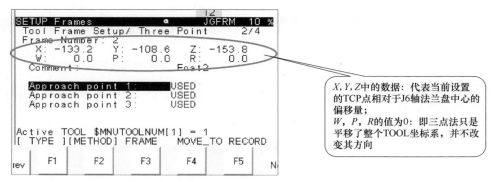

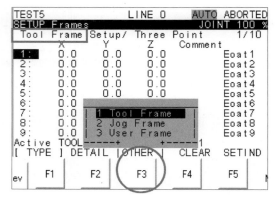

右侧框内文字：

X, Y, Z 中的数据：代表当前设置的 TCP 点相对于 J6 轴法兰盘中心的偏移量；

W, P, R 的值为 0：即三点法只是平移了整个 TOOL 坐标系，并不改变其方向

图 3-11   设定完成之后生成的工具坐标系

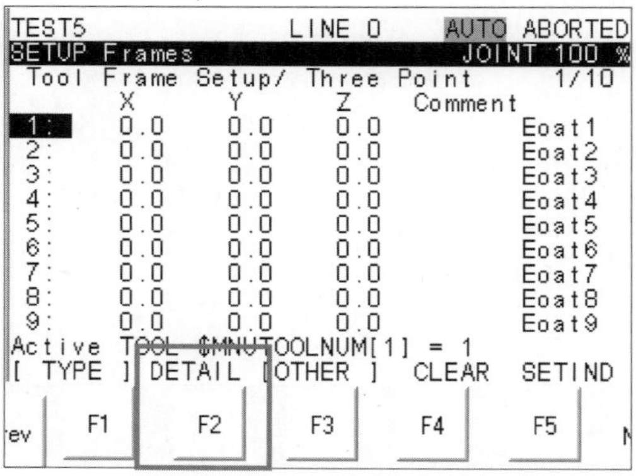

图 3-12   坐标系设置界面

图 3-13   工具坐标系设置界面

④ 按 F2【METHOD】（方法）选择所用的设置方法【Six point】（6 点记录）——六点法，进入图 3-15。

⑤ 为了设置 TCP，首先要记录三个接近点，用于计算 TCP 点的位置，即 TCP 点相对于 J6 轴中心点的 X、Y、Z 的偏移量。

具体步骤如下：

a. 移动光标到每个接近点［Approach point N（参考点 N）］；

b. 示教机器人到需要的点，按【SHIFT】+F5【RECORD】（位置记录）记录；

c. 记录完成，UNINIT（未示教）变为 RECORDED（记录完成）；

d. 移动光标至 Orient Origin Point（坐标原点），示教机器人到该工具坐标原点位置，按【SHIFT】+ F5【RECORD】（位置记录）记录［也可在记录 Approach point 1（参考点 1）的同时记录 Orient Origin Point（坐标原点）］。

⑥ 设置 TCP 点的 X、Z 方向。

具体步骤如下：

a. 按【COORD】键将机器人的示教坐标系切换成全局（WORLD）坐标系；

b. 示教机器人沿用户设定的 +X 方向至少移动 250mm，按【SHIFT】+F5【RECORD】（位置记录）记录；

c. 移动光标至 Orient Origin Point（坐标原点），按【SHIFT】+ F4【MOVE_TO】（位置移动）回到原点位置；

d. 示教机器人沿用户设定的 +Z 方向至少移动 250mm，按【SHIFT】+F5【RE-

CORD】（位置记录）记录，如图 3-16 所示；

　　e. 当记录完成，所有的 UNINIT（未示教）变成 USED（设定完成）；

　　f. 移动光标到 Orient Origin Point（坐标原点）；

　　g. 按【SHIFT】＋F4【MOVE_TO】（位置移动）使示教点回到 Orient Origin Point（坐标原点），注意三个接近点位置（三点之间各差 90°且不能在一个平面上）如图 3-17 所示。

　　⑦ 当六个点记录完成，新的工具坐标系被自动计算生成，如图 3-18、图 3-19 所示。

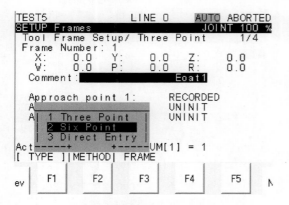

图 3-14　选择六点法界面

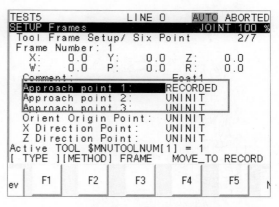

图 3-15　六点法定义工具坐标系界面

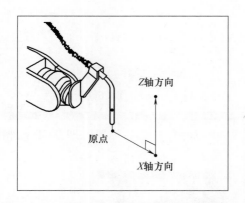

图 3-16　六点法中 X 轴和 Z 轴方向的设定

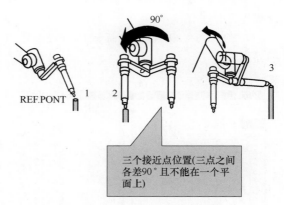

图 3-17　六点法中三点的位置

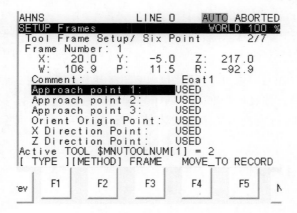

图 3-18　六点法设置完成界面

X、Y、Z 中的数据代表当前设置的 TCP 点相对于 J6 轴法兰盘中心的偏移量；W、P、R 中的数据代表当前设置的工具坐标系与默认工具坐标系的旋转量。如果三个接近点在一个平面上，则 X、Y、Z、W、P、R 中的数据不能生成。

（3）直接输入法设置

① 依次按键操作：MENU（菜单）—【SETUP】（设定）—F1【Type】（类型）—Frames（坐标系），进入坐标系设置界面，见图 3-20。

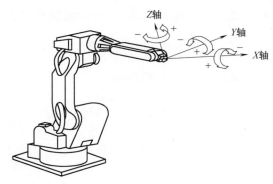

图 3-19　生成工具坐标系

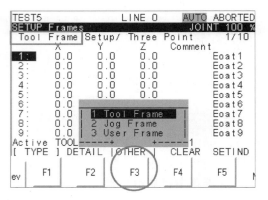

图 3-20　选择工具坐标系

② 按 F3【OTHER】（坐标），选择【Tool　Frame】（工具坐标），进入工具坐标系的设置界面，见图 3-21。

③ 在图 3-21 中移动光标到所需设置的 TCP 点，按键 F2【DETAIL】（细节），进入详细界面。

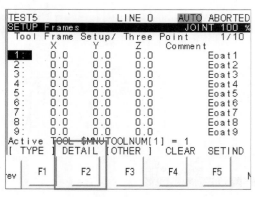

图 3-21　选择设定方法

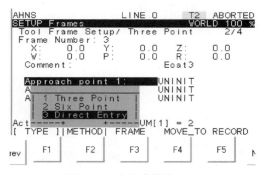

图 3-22　选择直接输入法

④ 按 F2【METHOD】（方法），见图 3-22，移动光标，选择所用的设置方法 Direct Entry（直接数值输入），按【ENTER】（回车）确认，进入图 3-23。

⑤ 移动光标到相应的项，用数字键输入值，按【ENTER】（回车）键确认，重复步骤⑤，完成所有项输入。

3.2.2　激活工具坐标系

（1）方法一

① 按【PREV】（前一页）键回到图 3-24。

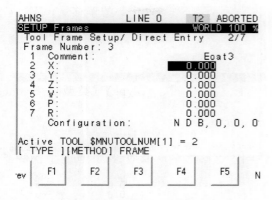

图 3-23　直接输入法设置界面

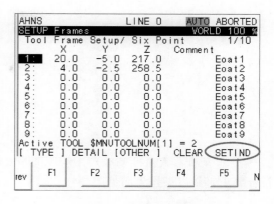

图 3-24　工具坐标系界面

② 按 F5【SETING】（设定号码），屏幕中出现：Enter frame number：（输入坐标系号：），见图 3-25。

③ 用数字键输入所需激活的工具坐标系号，按【ENTER 】（回车）键确认。

④ 屏幕中将显示被激活的工具坐标系号，即当前有效工具坐标系号（见图 3-26）。

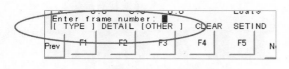

图 3-25　输入坐标系号

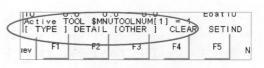

图 3-26　选择被激活的工具坐标系号

(2) 方法二

① 按【SHIFT】+【COORD】键，弹出黄色对话框，见图 3-27。操作界面见图 3-28。

② 把光标移到 Tool（工具）行，用数字键输入所要激活的工具坐标系号即可。

3.2.3　检验工具坐标系

具体步骤如下：

① 检验 X、Y、Z 方向，将机器人的示教坐标系通过【COORD】键切换成工具（TOOL）坐标系，见图 3-29。

② 示教机器人分别沿 X、Y、Z 方向运动，检查工具坐标系的方向设定是否符合要求，见图 3-30。

3.2.4　检验 TCP 位置

具体步骤如下：

① 将机器人的示教坐标系通过【COORD】键切换成世界坐标系，见图 3-31。

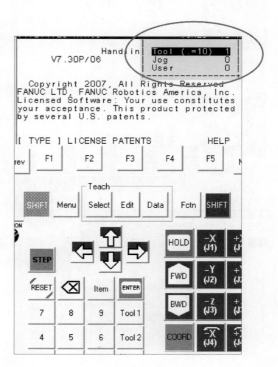

图 3-27　选择工具坐标系

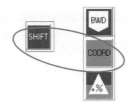

图 3-28　操作界面

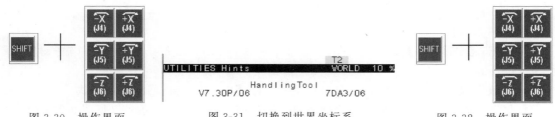

图 3-29　切换到工具坐标系

② 移动机器人对准基准点，示教机器人绕 X、Y、Z 轴旋转，检查 TCP 点的位置是否符合要求，具体操作界面见图 3-32。

图 3-30　操作界面　　　　　图 3-31　切换到世界坐标系　　　　　图 3-32　操作界面

3.3　用户坐标系的设定

用户坐标系-
三点法

用户坐标系-
四点法

用户坐标系是可于任何位置以任何方位设置的坐标系。

最多可以设置 9 个用户坐标系，它被存储于系统变量 $MNUFRAME 中。

设置方法有三点法、四点法、直接输入法。下面以三点法为例进行介绍。

3.3.1　三点法设置用户坐标系

① 依次按键操作：【MENU】（菜单）—【SETUP】（设定）—F1【Type】（类型）—【Frames】（坐标系），进入坐标系设置界面，见图 3-33。

② 按 F3【OTHER】（坐标），选择【User Frame】（用户坐标），进入用户坐标系的设置界面，见图 3-34。

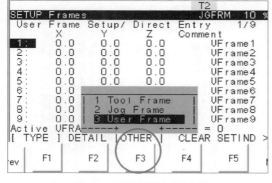

图 3-33　选择用户坐标系

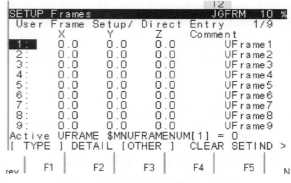

图 3-34　用户坐标系的设置界面

③ 移动光标至想要设置的用户坐标系，按 F2【DETAIL】（细节）进入设置画面，见图 3-35。

④ 按 F2【METHOD】（方法），见图 3-36，移动光标，选择所用的设置方法【Three Point】（3 点记录），按【ENTER】（回车）确认，进入具体设置画面。

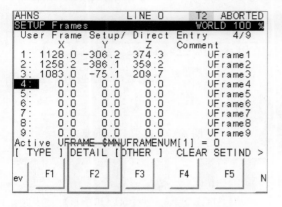

图 3-35　进入用户坐标系设置界面　　　　图 3-36　选择三点法设置用户坐标系

⑤ 记录 Orient Origin Point（坐标原点）：

光标移至 Orient Origin Point（坐标原点），按【SHIFT】＋F5【RECORD】（位置记录）记录，见图 3-37。

当记录完成，UNINIT（未示教）变成 RECORDED（记录完成），见图 3-38。

将机器人的示教坐标切换成全局（WORLD）坐标。

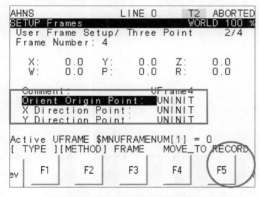
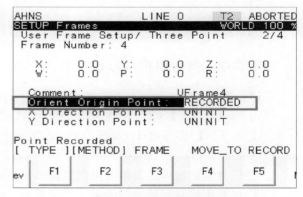

图 3-37　三点法记录界面　　　　　　　图 3-38　原点记录完成

⑥ 记录 X 方向点：

示教机器人沿用户自己希望的＋X 方向至少移动 250mm。

光标移至 X Direction Point（X 轴方向）行，按【SHIFT】＋F5【RECORD】（位置记录）记录，如图 3-39 所示。

记录完成，UNINIT（未示教）变为 RECORDED（记录完成）。

移动光标到 Orient Origin Point（坐标原点）。

按【SHIFT】＋【F4 MOVE_TO】（位置移动），使示教点回到 Orient Origin Point（坐标原点）。

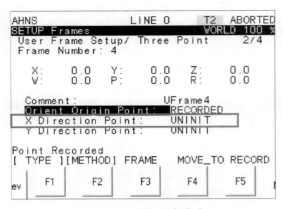

图 3-39　记录 *X* 方向点

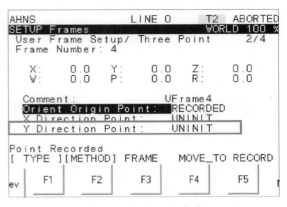

图 3-40　记录 *Y* 方向点

⑦ 记录 *Y* 方向点：

示教机器人沿用户自己希望的＋*Y* 方向至少移动 250mm。

光标移至 Y Direction Point（*Y* 轴方向）行，按【SHIFT】＋F5【RECORD】（位置记录）记录，如图 3-40 所示。

记录完成，UNINIT（未示教）变为 USED（设定完成）。

移动光标到 Orient Origin Point（坐标原点）。

按【SHIFT】＋【F4 MOVE_TO】（位置移动）使示教点回到 Orient Origin Point（坐标原点）。

记录了所有点后，相应的项内有数据生成，如图 3-41 所示。

X、*Y*、*Z* 的数据：代表当前设置的用户坐标系的原点相对于 WORLD 坐标系的偏移量。

W、*P*、*R* 的数据：代表当前设置的用户坐标系相对于 WORLD 坐标系的旋转量。

3.3.2　激活用户坐标系

(1) 方法一

① 按【PREV】（前一页）键回到图 3-42；

② 按 F5【SETIND】（设定号码），屏幕中出现：Enter frame number：（输入坐标系号：）（见图 3-43）；

③ 用数字键输入所需激活用户坐标系号，按【ENTER】（回车）键确认；

④ 屏幕中将显示被激活的用户坐标系号，即当前有效用户坐标系号（见图 3-44）。

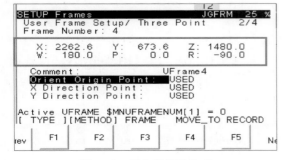

图 3-41　用户坐标系生成

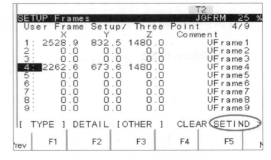

图 3-42　用户坐标系界面

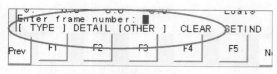

图 3-43 输入用户坐标系号

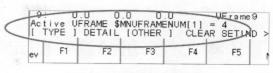

图 3-44 当前有效坐标系号

(2) 方法二

① 按【SHIFT】＋【COORD】键，弹出黄色对话框，如图 3-45 所示。

② 把光标移到 USER（用户）行，用数字键输入所要激活的用户坐标系号即可。

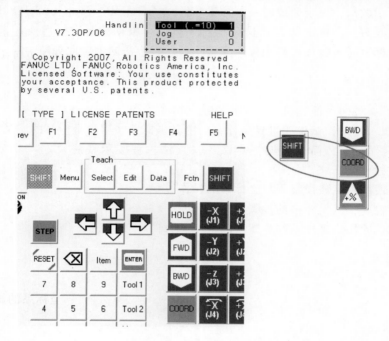

图 3-45 切换用户坐标系

3.3.3 检验用户坐标系

具体步骤如下：

① 将机器人的示教坐标系通过【COORD】键切换成用户坐标系，如图 3-46 所示。

② 示教机器人分别沿 X、Y、Z 方向运动，检查用户坐标系的方向设定是否有偏差，若偏差不符合要求，重复以上所有步骤重新设置。

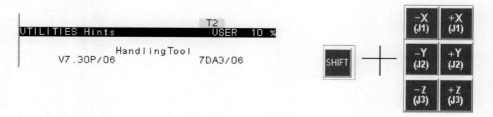

图 3-46 检验用户坐标系

3.4 ➲ 手动坐标系的设定

点动坐标系-
直接输入法

点动坐标系-
三点法

手动（JOG）坐标系只在手动进给坐标系中选择了 JOG 坐标系时才使用，它的原点没有特殊含义。另外，该坐标系不受程序执行以及用户坐标系的切换等影响。

在坐标系设定画面上有两种设置 JOG 坐标系的方法：三点示教法与直接示教法。设定完成时系统标量 $JOG\_GROUP[group]$、$JOGFRAME$ 将被改写。共可定义 5 个 JOG 坐标系，并可根据情况进行切换，未设定 JOG 坐标系时，将由世界坐标系来替代。示教方法同上，此处略。

习　　题

3.1　简述机器人坐标系统的分类。

3.2　试说明世界坐标系，工具坐标系，用户坐标系的定义。

3.3　简述使用三点法、六点法、直接示教法设定工具坐标系的操作过程。

3.4　简述使用三点法设定用户坐标系的操作过程。

3.5　简述检验工具坐标系的步骤。

3.6　简述检验用户坐标系的步骤。

第4章

机器人示教盒介绍

学习目标：

（1）了解 FANUC 机器人示教盒的功能，会给示教盒通电，关电；

（2）能够熟练使用示教盒进行机器人的点动操作。

4.1 ● FANUC 机器人示教盒普通功能的介绍

4.1.1 认识示教盒

如图 4-1 所示为不同种类的示教盒（简称 TP）。

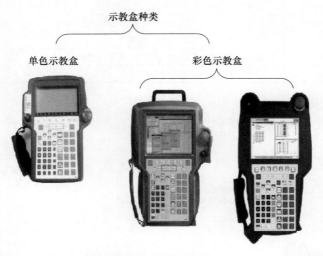

图 4-1　示教盒种类

示教盒的作用：

① 移动机器人；

② 编写机器人程序；

③ 试运行程序；

④ 生产运行；

⑤ 查看机器人状态（I/O 设置，位置信息等）；

⑥ 手动运行。

4.1.1.1 单色示教盒

样式如图 4-2 所示。示教盒顶端会出现 LED 报警信息，这些 LED 指示灯信息如表 4-1 所示。

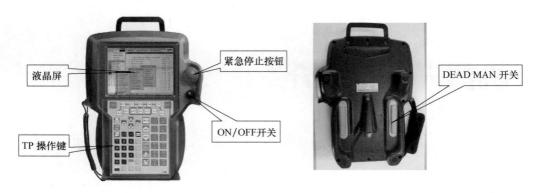

图 4-2　示教盒前后面图示

表 4-1　LED 指示灯功能

LED 指示灯	功能
FAULT(异常)	显示一个报警出现
HOLD(暂停)	显示暂停键被按下
STEP(单段)	显示机器人在单步操作模式下
BUSY(处理)	显示机器人正在工作,或者程序被执行,或者打印机和软盘驱动器正在被操作
RUNNING(实行)	显示程序正在被执行
I/O ENBL	显示信号被允许
PROD MODE(生产模式)	显示系统正处于生产模式,当接收到自动运行启动信号时,程序开始运行
TEST CYCLE(测试循环)	显示 REMOTE/LOCAL 设置为 LOCAL,程序正在测试执行
JOINT(关节)	显示示教坐标系是关节坐标系
XYZ(直角)	显示示教坐标系是通用坐标系或用户坐标系
TOOL(工具)	显示示教坐标系是工具坐标系

4.1.1.2　彩色示教盒

彩色示教盒如图 4-3、图 4-4 所示,顶端出现的报警信息如表 4-2 所示。

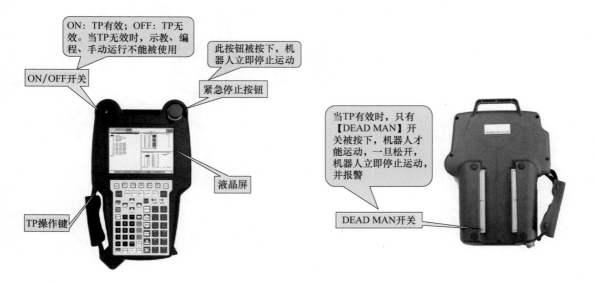

图 4-3　彩色示教盒正面　　　　　　　　　图 4-4　彩色示教盒背面

表 4-2 彩色示教盒指示灯说明

指示灯亮	分别表示
Busy	控制器在处理信息
Step	机器人正处于单步模式
HOLD	机器人正处于 HOLD(暂停)状态,在此状态中,该指示灯不保持常亮
FAULT	有故障发生
Run	正在执行程序
Gun	
Weld	功能根据应用程序而定
I/O	

4.1.2 新示教盒介绍

样式如图 4-5 所示,特点:

① 更高的通信速度,更强的图形显示性能;

② 新增按键,使操作更加简单;

③ 轻巧节能;

④ 集成 USB 接口,方便连接 USB 接口相机。

4.1.3 示教盒操作键介绍

示教盒操作面板如图 4-6 所示,按钮功能在表 4-3 中有所介绍。

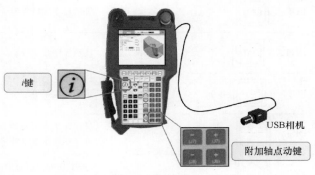

图 4-5 新示教盒

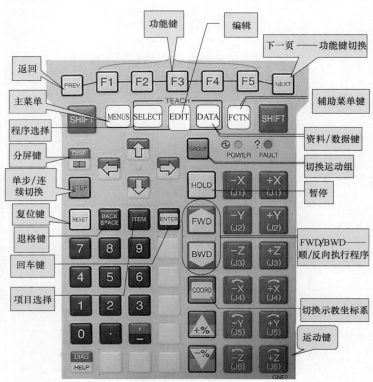

图 4-6 示教盒操作键介绍

47

表 4-3　示教盒按钮介绍

按键	描述
F1 F2 F3 F4 F5	F1~F5 用于选择 TP 屏幕上显示的内容，每个功能键在当前屏幕上有唯一的内容对应
NEXT	功能键下一页切换
MENUS	显示屏幕菜单
SELECT	显示程序选择界面
EDIT	显示程序编辑界面
DATA	显示程序数据界面
FCTN	显示功能菜单
DISP	只存在于彩屏示教盒。与 SHIFT 键组合可显示 DISPLAY 界面，此界面可改变显示窗口数量；单独使用可切换当前显示窗口
FWD	与 SHIFT 键组合使用可从前往后执行程序，程序执行过程中 SHIFT 键松开程序暂停
BWD	与 SHIFT 键组合使用可反向单步执行程序，程序执行过程中 SHIFT 键松开程序暂停
STEP	在单步执行和连续执行之间切换
HOLD	暂停机器人运动
PREV	显示上一屏幕
RESET	消除警告
BACK SPACE	清除光标之前的字符或者数字
ITEM	快速移动光标至指定行
ENTER	确认键
	光标键

续表

按键	描述
 [DIAG/HELP]	单独使用显示帮助界面，与 SHIFT 键组合显示诊断界面
GROUP  [GROUP]	运动组切换
POWER [⊕◐POWER] 	电源指示灯
FAULT  [?◐FAULT]	报警指示灯
SHIFT [SHIFT] 	用于点动机器人，示教位置，执行程序，左右两个按键功能一致
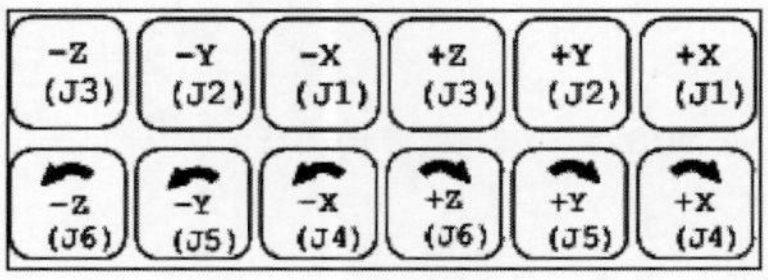 [-Z(J3)] [-Y(J2)] [-X(J1)] [+Z(J3)] [+Y(J2)] [+X(J1)] [-Z(J6)] [-Y(J5)] [-X(J4)] [+Z(J6)] [+Y(J5)] [+X(J4)]	与 SHIFT 键组合使用可点动机器人
COORD [COORD] 	单独使用可选择点动坐标系，每按一次此键，当前坐标系依次显示 JOINT、JGFRM、WORLD、TOOL、USER；与 SHIFT 键组合使用可改变当前 TOOL、JOG、USER 坐标系号
 [+%] [-%]	加减速度倍率键

(1) 屏幕菜单【MENUS】

完整菜单如图 4-7 所示，快速菜单如图 4-8 所示。对应图 4-7 完整菜单界面的翻译可参见表 4-4。

```
1 UTILITIES              1 SELECT           【QUICK MENUS】快速菜单：
2 TEST CYCLE             2 EDIT
3 MANUL FCTNS            3 DATA                1 ALARM          1 USER              Page 2
4 ALARM                 4 STATUS              2 UTILITIES       2 Safety Signal
5 I/O                   5 POSITION            3 TEST CYCLE      3 USER2
6 SETUP                 6 SYSTEM              4 DATA            4 SETUP PASSWORDS
7 FILE                  7 USER2               5 MANAL FCTNS
8 SOFT PANEL            8 BROWSER             6 I/O                                 0 ---NEXT---
9 USER                  9                     7 STATUS
0 ---NEXT---            0 ---NEXT---          8 POSITION
```

图 4-7 完整菜单界面　　　　　　　　　　图 4-8 快速菜单界面

表 4-4 屏幕菜单【MENUS】介绍

项目	功能
UTILITIES(共用程序/功能)	显示提示
TEST CYCLE	为测试操作指定数据
MANUL FCTNS(手动操作功能)	执行宏指令
ALARM(异常履历)	显示报警历史和详细信息
I/O(设定输出、输入信号)	显示和手动设置输出，仿真输入/输出，分配信号
SETUP(设定)	设置系统

续表

项目	功能
FILE(文件)	读取或存储文件
SOFT PANEL	执行经常使用的功能
USER(使用者设定画面1)	显示用户信息
SELECT(程序一览)	列出和创建程序
EDIT(编辑)	编辑和执行程序
DATA(资料)	显示寄存器、位置寄存器和堆码寄存器的值
STATUS(状态)	显示系统状态
POSITION(现在位置)	显示机器人当前的位置
SYSTEM(系统设定)	设置系统变量,Mastering
USER2(使用者设定画面2)	显示 KAREL 程序输出信息
BROWSER(浏览器)	浏览网页,只对 iPendant 有效

(2) 功能菜单【FCTN】

功能菜单界面可参见图 4-9，菜单界面介绍见表 4-5。

功能菜单【FCTN】介绍:

1 ABORT	1 QUICK/FULL MENUS
2 Disable FWD/BWD	2 SAVE
3 CHANGE GROUP	3 PRINT SCREEN
4 TOG SUB GROUP	4 PRINT
5 TOG WRIST JOG	5
6	6 UNSIM ALL I/O
7 RELEASE WAIT	7
8	8 CYCLE POWER
9	9 ENABLE HMI MENUS
0 ---NEXT---	0 ---NEXT---

Page 1   Page 2

图 4-9　功能菜单界面

表 4-5　功能菜单【FCTN】介绍

项目	功能
ABORT(程序结束)	强制中断正在执行或暂停的程序
Disable FWD/BWD(禁止前进/后退)	使用 TP 执行程序时,选择 FWD/BWD 是否有效
CHANGE GROUP(改变群组)	改变组(只有多组被设置时才会显示)
TOG SUB GROUP	在机器人标准轴和附加轴之间选择示教对象
TOG WRIST JOG	机器人手腕微调
RELEASE WAIT(解除等待)	跳过正在执行的等待语句。当等待语句被释放,执行中的程序立即被暂停在下一个语句处等待
QUICK/FULL MENUS(简易/完整菜单)	在快速菜单和完整菜单之间选择
SAVE(备份)	保存当前屏幕中相关的数据到软盘或存储卡中
PRINT SCREEN(打印当前屏幕)	原样打印当前屏幕的显示内容
PRINT(打印)	用于程序,系统变量的打印
UNSIM ALL I/O(所有 I/O 仿真解除)	取消所有 I/O 信号的仿真设置
CYCLE POWER(请再启动)	重新启动(POWER ON/OFF)
ENABLE HMI MENUS(人机接口有效菜单)	用来选择当按住 MENUS 键时,是否需要显示菜单

（3）加减速度倍率键（图 4-10）

方法一：

按【＋％】键（VFINE→FINE→1％→5％→100％），1％～5％之间，每按一下，增加 1％，5％～100％之间，每按一下，增加 5％。

按【－％】键（100％→5％→1％→FINE→VFINE），5％～1％之间，每按一下，减少 1％，100％～5％之间，每按一下，减少 5％。

方法二：

按【SHIFT】＋【＋％】键（VFINE→FINE→5％→50％→100％），VFINE 到 5％之间，经过两次递增；5％～100％之间，经过两次递增。

按【SHIFT】＋【－％】键（100％→50％→5％→FINE→VFINE），5％到 VFINE 之间，经过两次递减；100％～5％之间，经过两次递减。

图 4-10　速度倍率设置

4.2 ◆ 通电/关电

4.2.1　通电

① 接通电源前，检查工作区域包括机器人、控制器等。检查所有的安全设备是否正常。

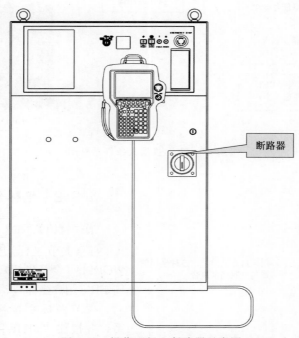

图 4-11　操作面板上断路器示意图

② 将控制柜面板上的断路器置于 ON。若为 R-J3iB 控制柜，还需按下操作面板上的启动按钮。

4.2.2 关电

① 通过 TP 或操作面板上的暂停或急停按钮停止机器人。

② 操作面板上的断路器置于 OFF，如图 4-11 所示。若为 R-J3iB 控制柜应先关掉操作面板上的启动按钮，再将断路器置于 OFF。

注意：如果有外部设备诸如打印机、软盘驱动器、视觉系统等和机器人相连，在关电前，要首先将这些外部设备关掉，以免损坏。

4.3 ⊙ 点动机器人

4.3.1 点动机器人的条件

只有当图 4-12（a）中 5 个条件都满足后，机器人才满足运动的条件，按住运动键后机器人可动作，运动键可参考图 4-12（b）。

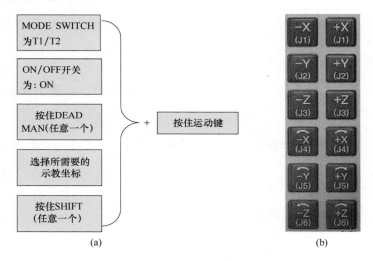

图 4-12 电动机器人条件示意图

图 4-13 机器人坐标系分类

4.3.2 坐标介绍

通过【COORD】选择合适的坐标：JOINT（关节坐标）、JGFRM（手动坐标）、WORLD（全局坐标）、TOOL（工具坐标）、USER（用户坐标），可参考图 4-13。

关节坐标系按键需要选择关节坐标系，并按住"SHIFT"键加运动键后机器人可以动作，见图 4-14。

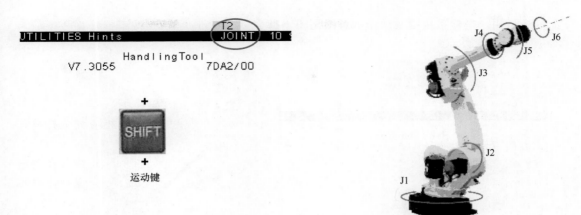

图 4-14　关节坐标系按键及动作示意图

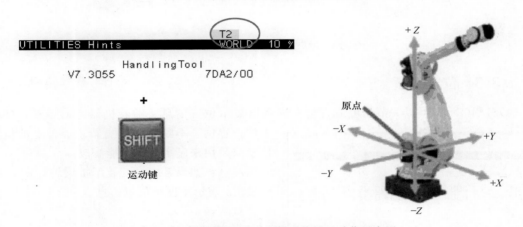

图 4-15　世界坐标/手动坐标系按键及动作示意图

JGFRM 手动坐标/WORLD 全局坐标动作示意图及按键见图 4-15、图 4-16。

TOOL 工具坐标系按键及动作示意图见图 4-17 所示。

图 4-16　运动键示意图

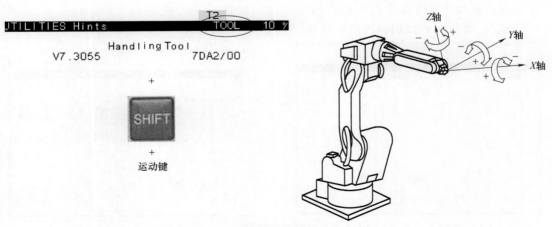

图 4-17　工具坐标系按键及动作示意图

USER 用户坐标系按键及动作示意图见图 4-18 所示。

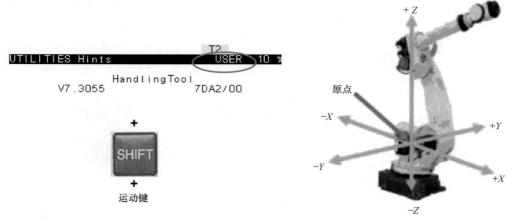

图 4-18　用户坐标系按键及动作示意图

4.3.3　位置状态

POSITION 屏幕以关节角度或直角坐标系值显示位置信息。随着机器人的运动，屏幕上的位置信息不断地动态更新。屏幕上的位置信息只是用来显示的，不能修改。

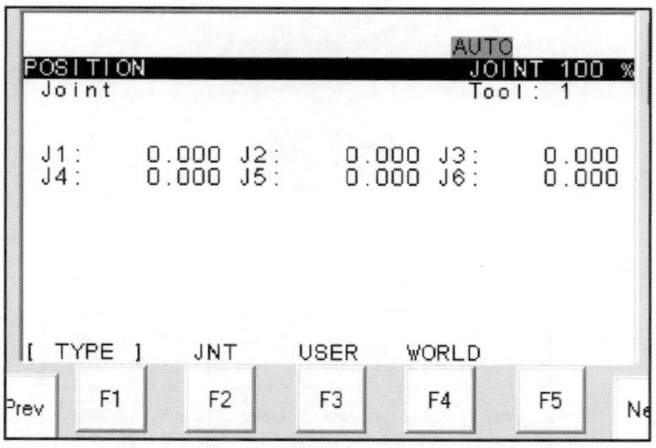

注意：如果系统中安装了扩展轴，E1、E2 以及 E3 表示扩展轴位置信息。

步骤：

① 按下【POSN】键。

② 选择适当的坐标系：

a. 按 F2【JNT】，将看到如下的屏幕，如图 4-19 所示。

b. 按 F3【USER】，将看到如下的类似屏幕，如图 4-20 所示。

图 4-19　关节角度信息值

Tool：表示当前使用的工具坐标号；

Frame：表示当前使用的用户坐标号。

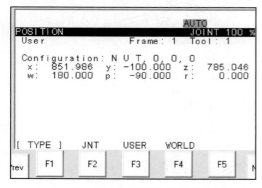

图 4-20　用户坐标系中位置信息值

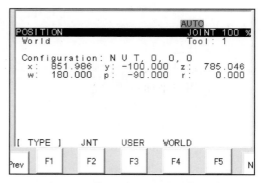

图 4-21　世界坐标系中位置信息值

c. 按 F4【WORLD】，将看到如下的类似屏幕，如图 4-21 所示。

Tool：表示当前使用的工具坐标号。

4.4 ◐ 模式开关与程序动作的关系

模式开关与程序动作的关系如表 4-6 所示。

表 4-6　模式开关与程序动作的关系

模式开关	安全栅栏（＊1）	＊SFSPD	TP 有效/无效	TP Dead-man	机器人的状态	可以启动的设备	程序指定的动作速度
AUTO	开启	ON	有效	握紧	急停（栅栏开启）		
				松开	急停（Deadman、栅栏开启）		
			无效	握紧	急停（栅栏开启）		
				松开	急停（栅栏开启）		
	关闭	ON	有效	握紧	报警、停止（AUTO 下 TP 无效）		
				松开	报警、停止（Deadman）		
			无效	握紧	可以动作	外部启动	程序速度
				松开	可以动作	外部启动	程序速度
T1	开启	ON	有效	握紧	可以动作	仅限 TP	T1 速度
				松开	急停（Deadman）		
			无效	握紧	急停（T1\T2 下 TP 无效）		
				松开	急停（T1\T2 下 TP 无效）		
	关闭	ON	有效	握紧	可以动作	仅限 TP	T1 速度
				松开	急停（Deadman）		
			无效	握紧	急停（T1\T2 下 TP 无效）		
				松开	急停（T1\T2 下 TP 无效）		
T2	开启	ON	有效	握紧	可以动作	仅限 TP	程序速度
				松开	急停（Deadman）		
			无效	握紧	急停（T1\T2 下 TP 无效）		
				松开	急停（T1\T2 下 TP 无效）		
	关闭	ON	有效	握紧	可以动作	仅限 TP	程序速度
				松开	急停（Deadman）		
			无效	握紧	急停（T1\T2 下 TP 无效）		
				松开	急停（T1\T2 下 TP 无效）		

习　　题

4.1　示教盒的作用有哪些？

4.2　简述示教盒 LED 指示灯功能状态。

4.3　简述速度倍率的设置方法。

4.4　点动机器人的条件有哪些？

4.5　在用户坐标系下点动机器人需要怎么操作？

4.6　怎样查看机器人的位置状态？

第5章

机器人虚拟示教编程

学习目标：

（1）了解机器人仿真软件，了解机器人仿真软件的应用；

（2）掌握构建基本仿真工业机器人工作站的方法；

（3）掌握 FANUC 机器人仿真软件 ROBOGUIDE 中的建模功能，能运用所学知识在 ROBOGUIDE 中进行建模；

（4）掌握 FANUC 工业机器人离线轨迹编程方法；

（5）了解 FANUC 机器人仿真软件 ROBOGUIDE 中的其它功能。

5.1 ◆ ROBOGUIDE 简介

ROBOGUIDE 是发那科机器人公司提供的一个仿真软件，它是围绕一个离线的三维世界进行模拟，在这个三维世界中模拟现实中的机器人和周边设备的布局，通过其中的 TP 示教，进一步来模拟它的运动轨迹。通过这样的模拟可以验证方案的可行性，同时获得准确的周期时间。ROBOGUIDE 是一款核心应用软件，具体地还包括搬运、弧焊、喷涂和点焊等其他模块。ROBOGUIDE 的仿真环境界面是传统的 Windows 界面，由菜单栏、工具栏、状态栏等组成。

ROBOGUIDE 提供了一个 3D 的虚拟空间和便于系统搭建的 3D 模型库。模型库中包含 FANUC 机器人的数模、机器人周边设备的数模以及一些典型工件的数模。ROBOGUIDE 可以使用自带的 3D 模型库，也可以从外部导入 3D 数模进行系统搭建。在系统搭建完毕后，需要验证方案布局设计的合理性。一个合理的布局不仅可以有效地避免干涉，同时还能使机器人远离限位位置。ROBOGUIDE 通过显示机器人的可达范围，确定机器人与周边设备摆放的相对位置，保证可达性的同时有效地避免了干涉。此外，ROBOGUIDE 还可以对机器人进行示教，使机器人远离限位位置，保持良好的工作姿态。ROBOGUIDE 能够显示机器人可达范围和它的示教功能，使得方案布局设计更加合理。在进行方案布局时，首先须确保机器人对工件的可达性，也要避免机器人在运动过程中的干涉性。在 ROBOGUIDE 仿真环境中，可以通过调整机器人和工件间的相对位置来确保机器人对工件的可达性。机器人运动过程的干涉性包括：机器人与夹具的干涉、与安全围栏的干涉和其他周边设备的干涉等。ROBOGUIDE 中碰撞冲突选项可以自动检测机器人运动时的干涉情况。

对于较为复杂的加工轨迹，可以通过 ROBOGUIDE 自带的离线编程功能自动地生成离线的程序，然后导入真实的机器人控制柜中，大大减少了编程示教人员的现场工作时间，有效地提高了工作效率。

ROBOGUIDE 贯穿于系统方案设计分析、项目实施的整个过程，是机器人应用领域中工程技术人员不可或缺的工具。

ROBOGUIDE 是一款模拟仿真软件，常用的有 ChamferingPRO、HandlingPRO、WeldPRO、PalletPRO 和 PaintPRO 等模块。ChamferingPRO 用于去毛刺、倒角仿真应用，HandlingPRO 用于机床上下料、冲压、装配、注塑机等物料搬运仿真应用，WeldPRO 用于弧焊、激光切割等仿真应用，PalletPRO 用于各种码垛仿真应用，PaintPRO 用于喷涂仿真应用。每种模块加载的应用工具包是不同的，如图 5-1 所示。

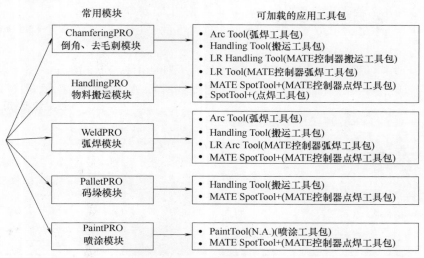

图 5-1　常用模块工具包

除了常用的模块之外，ROBOGUIDE 还包括其他的模块，方便用户快捷创建并优化机器人程序，如图 5-2 所示。例如，4D Edit 编辑模块是将真实的 3D 机器人模型导入示教器中，将 3D 模型和 1D 内部信息结合形成 4D 图像显示功能。MotionPRO 运动优化模块可以对 TP 程序进行优化，包括对节拍和路径的优化，节拍优化要在电机可接受的负荷范围内进行，路径优化需要设定一个允许偏离的距离，使机器人的运动路径在设定的偏离范围内接近示教点。iRPick-PRO 模块可以通过简单设置后创建 Workcell 自动生成布局，并以 3D 视图的形式显示单台或多台机器人抓放工件的过程，自动地生成高速视觉拾取程序，进行高速视觉跟踪仿真。

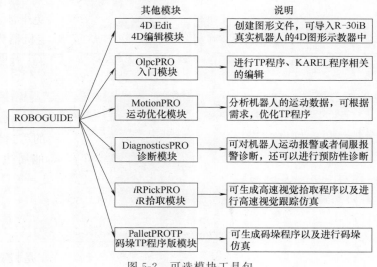

图 5-2　可选模块工具包

5.2 ⊙ 软件安装

本书中所用软件版本号为 V7.7，不同版本的操作界面略有不同。执行安装盘里的 SETUP. EXE，按照提示安装所需的系统组件以及机器人软件版本，选择安装目录。完成安装后，系统会提示需要重启，重启完之后，即可使用 ROBOGUIDE。

打开···\ Roboguide V7.7E，双击文件夹下的 setup. exe，首先会弹出如图 5-3 所示的对话框。

在安装 ROBOGUIDE V7.7E 前，需要先安装图中所列的组件，点击 Install 安装。若点击后无法安装，可打开安装文件下的 Support 文件夹，在其中选择所列的组件手动安装，如图 5-4 所示。

图 5-3　安装对话框

图 5-4　Support 文件夹

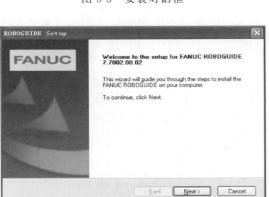
图 5-5　安装界面

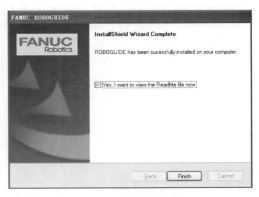
图 5-6　安装结束界面

组件安装后，继续安装 ROBOGU-IDE。点击 Next，如图 5-5 所示。按照操作提示，一步步安装，弹出对话框如图 5-6，点击 Finish 安装结束。

重启电脑，即可使用 ROBOGU-IDE7.7，如图 5-7。

图 5-7　安装结束重启界面

5.3 ➡ 建立 Work cell

打开 ROBOGUIDE 后单击工具栏上的新建按钮 ▢，或点击 File 下拉菜单里的 New Cell，建立一个新的工作环境，出现如图 5-8 所示界面。

在图 5-9 界面的 Name 栏中输入文字即可对仿真进行命名。命名完成后单击 Next 进入下一个选择步骤。

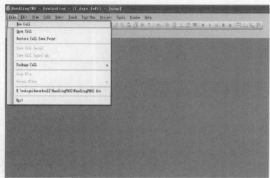

图 5-8 工作环境界面

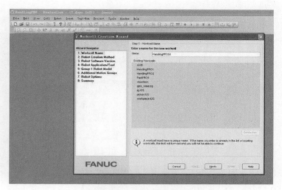

图 5-9 输入仿真案例名

图 5-10 中各个选项分别为：第一项"以默认配置流程新建一个机器人"；第二项"以上一个建立的机器人配置复制一个机器人"；第三项"以备份中的配置新建一个机器人"；第四项"复制一个已有的机器人"。一般新建仿真时都选用第一项，创建一个新的机器人，确认后单击 Next 进入下一个界面。

在图 5-11 这个界面下选择一个机器人的软件版本，一般选择最高版本，单击 Next 进入下一个界面。

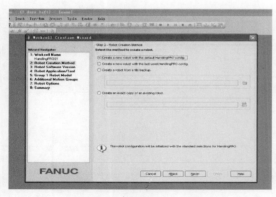

图 5-10 选择不同配置方式

图 5-11 选择对应机器人软件版本

在图 5-12 这个界面下根据项目的需要选择对应的应用类型，图中的应用类型分别为：第一项"弧焊软件包"；第二项"涂胶软件包"；第三项"搬运软件包"；第四项"LR 机器人弧焊软件包"；第五项"LR 机器人搬运软件包"；第六项"LR 机器人基础软件包"；第七项"点焊软件包"。

选择需要的软件包类型，然后单击 Next 进入下一个选择界面。

在图 5-13 这个界面下需要选择仿真所用的机器人型号，这里几乎包含了所有的机器人类型，如果选型错误，可以在创建之后再更改。单击 Next 进入下一个选择界面。

图 5-12　选择对应应用类型　　　　　图 5-13　选择仿真所用机器人型号

在图 5-14 这个界面下可以在同一个控制柜中继续添加额外的机器人（也可在建立 Workcell 之后添加），还可添加 Group2～Group7 六组额外的设备，如变位机等。此处需要注意的是：在添加 Group2～7 内的设备时需要依次添加，不能跳组；在列表中选择变位机等设备时设备信息中带有添加组限制的只能添加在限制的对应组内。确认后单击 Next 进入下一个选择界面。

在图 5-15 这个界面下可以添加各种应用类型内的软件功能，将它们用于仿真。这里添加得比较多的功能应用是搬运中的附加轴控制、码垛、点焊中的伺服枪设置、弧焊中的协同等。在寻找软件时可以切换排列模式，可选模式有两种，分别是按名字的字母顺序排列和按软件编号排列。同时还可以切换到 Languages 选项卡里设置语言环境，默认的是英语，还可选择日语。然后单击 Next 进入下一个选择界面。

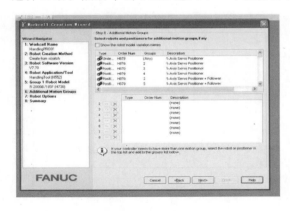

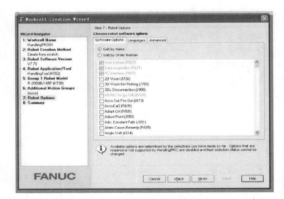

图 5-14　添加额外的机器人　　　　　图 5-15　添加各种应用类型内软件功能

在图 5-16 这个界面下列出了之前所有选择的内容。如果确定所有设置无误，就单击 Finish 完成仿真工作环境的创建；如果需要修改可以单击 Back 或者直接在左边目录中选择需要修改的步骤去进行修改。

单击 Finish 后，等待一段时间，Work cell 建立完成如图 5-17 所示。

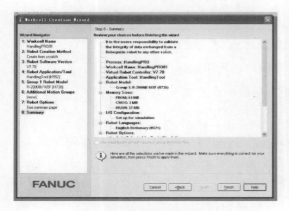

图 5-16　检查已选择内容

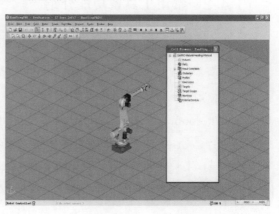

图 5-17　所建 Work cell 工作环境

5.4 ➲ 界面介绍和基本操作

5.4.1　界面介绍

Work cell 建立完成后，画面的中心为创建 Work cell 时选择的机器人，机器人原点（点击机器人后出现的绿色坐标系原点）默认处在工作环境坐标系的原点，如图 5-18。

机器人下方的底板参数可以修改：点击工具栏中的 Cell—Workcell properties，出现图 5-19 所示对话框，选择 Chui World 选项卡。默认仿真环境底板为 20m×20m 的范围，每个小方格为 1m×1m。这里可设置底板的范围和颜色，以及小方格的尺寸和格子线的颜色，同时也可以隐藏整个底板以及黄色的位置标注线。

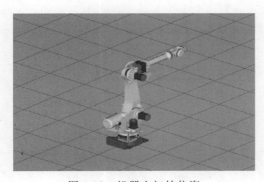

图 5-18　机器人初始位姿

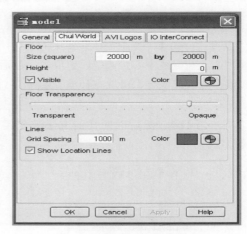

图 5-19　仿真环境参数设置

鼠标基本操作有三种。第一种为平移，按住鼠标中键可以左右移动仿真模型；第二种为旋转，按住鼠标右键可以旋转仿真模型；第三种为放大缩小，滚动鼠标滚轮可以实现放大缩小（向前放大向后缩小）。

5.4.2 常用工具条功能介绍

① 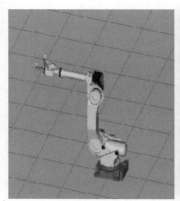 Zoom In 3D World：用于放大仿真环境，也可用鼠标滚轮实现。

② Zoom Outl：用于缩小仿真环境，也可用鼠标滚轮实现。

③ Zoom Window：用于局部放大仿真环境。

④ Center the View on the Selected Object：让所选对象的中心处在屏幕正中间。

⑤ 这五个按钮分别为将示教调整为俯视图、右视图、左视图、前视图、后视图。

⑥ 用于记录（调用）现在的视角。

⑦ View wire-frame：这个按钮表示让所有对象以线框图状态显示（区别如图 5-20）。

⑧ Measure tool：用于测量距离或调整设备位置，点开后如图 5-21。

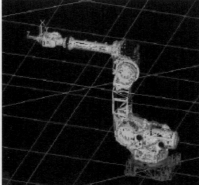

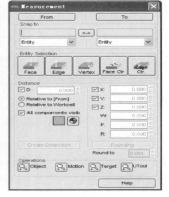

图 5-20 线框模式显示   图 5-21 测量距离或调整设备位置

点击【From】，然后以图 5-21 中的五种捕捉方式（依次为捕捉面、捕捉边线、捕捉顶点、捕捉面中心、捕捉线中心）选定固定设备，然后在【Entity】这个下拉菜单中，如图 5-22 所示，选择以哪个点为起始点，可选点种类有 Entity（鼠标点中位置）、Origin（设备坐标原点）、RobotZero（机器人零点）、RobotTCP（机器人 TCP 点）、FacePlate（机器人法兰中心）。

点击【To】，然后以同样的方法选到需要的测量点；可选择测量的位置为实体或原点，如图 5-23。

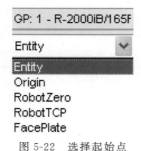

图 5-22 选择起始点

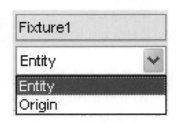

图 5-23 设置待测量点

测量点确定后，生成两点之间的位置信息，距离数据单位均为 mm。

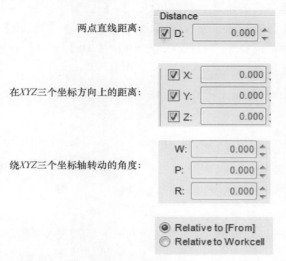

图 5-24　选择基准

可以选择以所选固定设备坐标系为基准或以仿真环境默认坐标系为基准，如图 5-24 所示，想要修改可动设备的位置，只需修改对应的距离或角度数据即可。

🐭 Show/Hide Mouse Commands：单击这个按钮出现如图 5-25 所示的黑色表格，这里罗列了鼠标、键盘的一些快捷键功能。

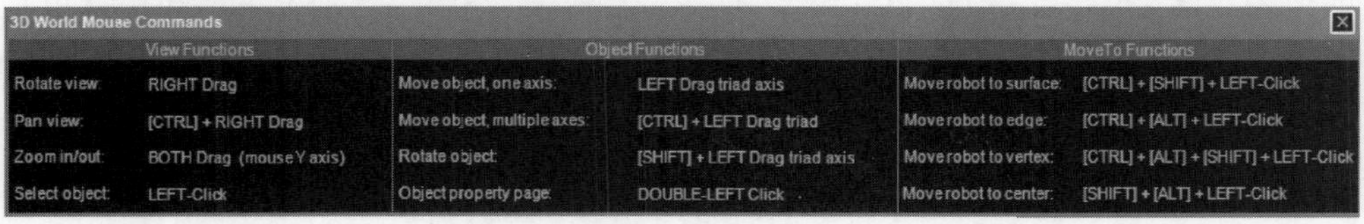

3D World Mouse Commands						
View Functions		**Object Functions**		**MoveTo Functions**	
Rotate view	RIGHT Drag	Move object, one axis	LEFT Drag triad axis	Move robot to surface	[CTRL] + [SHIFT] + LEFT-Click
Pan view	[CTRL] + RIGHT Drag	Move object, multiple axes	[CTRL] + LEFT Drag triad	Move robot to edge	[CTRL] + [ALT] + LEFT-Click
Zoom in/out	BOTH Drag (mouse Y axis)	Rotate object	[SHIFT] + LEFT Drag triad axis	Move robot to vertex	[CTRL] + [ALT] + [SHIFT] + LEFT-Click
Select object	LEFT-Click	Object property page	DOUBLE-LEFT Click	Move robot to center	[SHIFT] + [ALT] + LEFT-Click

图 5-25　显示快捷方式

这些功能主要分为 3 大类：

a. 调整视角功能。

旋转视角：按住鼠标右键。

平移视角：按住【Ctrl】+鼠标右键，也可单独按住鼠标滚轮。

视角放大缩小：同时按住鼠标左右键（调整比较平滑），或者滚动鼠标滚轮（调整有固定比例）。

b. 调整设备功能。

在单坐标轴方向上移动设备：左键点击对应设备出现坐标轴后，将鼠标移动至对应坐标轴线上，按住鼠标左键并拖动。

在多坐标轴方向上移动设备：左键点击对应设备出现坐标轴后，将鼠标移动至坐标系上，按住【Ctrl】+鼠标左键拖动。

旋转设备：左键点击对应设备出现坐标轴后，将鼠标移动至对应坐标轴线上，按住【Shift】+鼠标左键拖动。

选择设备：鼠标左键单击选中，双击弹出属性对话框。

c. 机器人示教功能。

将机器人 TCP 移动至设备表面：按住【Ctrl】+【Shift】+鼠标左键点击。

将机器人 TCP 移动至设备边线：按住【Ctrl】+【Alt】+鼠标左键点击。

将机器人 TCP 移动至设备顶点：按住【Ctrl】+【Shift】+【Alt】+鼠标左键点击。

将机器人 TCP 移动至设备中心：按住【Shift】+【Alt】+鼠标左键点击。

Show/Hide Jog Coordinates Quick Bar：弹出（隐藏）一个用于切换机器人示教坐标系的快捷菜单。

Show/Hide Gen Override Quick Bar：弹出（隐藏）一个用于调节机器人运动速度的快捷菜单。

Show/Hide Teach Quick Bar：弹出（隐藏）一个用于在程序中记录或插入点位的快捷菜单。

Connect/Disconnect DevicesL：连接（断开）外部设备。

Show/Hide Move To Quick Bar：弹出（隐藏）一个用于将机器人移动至所需位置的快捷菜单。

Show/Hide Target tool：弹出（隐藏）一个用于添加标记的快捷菜单。

Open/Close Hand：用于控制机器人手爪的开和闭。

Add label on clicked object：用于在已经点击选中的设备上添加标签。

Show/Hide Worker Quick Bar：弹出（隐藏）一个用于添加工人的快捷菜单。

Draw feature on parts：用于在工件上添加边线特征。

Show/Hide Work Envelope：用于显示机器人的工作范围。

Show/Hide Teach Pendant：显示（隐藏）TP 示教器。

Show/Hide Robot Alarms：显示（隐藏）机器人的所有程序报警信息。

Record AVI：运行当前机器人程序并录制视频。

Cycle start：运行当前机器人程序。

Hold：暂停机器人的运行。

Abort：终止机器人的运行。

Fault Reset：消除出现的报警。

Show/Hide Joint Jog Tool：显示/隐藏机器人关节调节工具，点击后如图 5-26 所示。

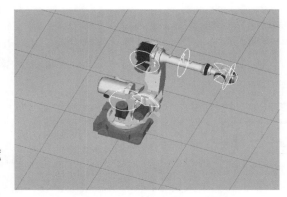

图 5-26　显示/隐藏机器人关节

在机器人六根轴处都会出现一根绿色的箭头，可以用鼠标拖动箭头来调整对应轴的转动。当绿色的箭头变为红色时，表示该位置超出机器人运动范围，机器人不能到达。

Show/Hide Run Panel：显示/隐藏运行控制面板。

5.5 ◎ 机器人相关设备的添加

5.5.1 机器人的添加和更改

在目录树中机器人是以 Robot Controllers（机器人控制柜）归类的，其主要原因是同一个控制柜中可以添加多台机器人，而一台机器人只对应一个控制柜。所以添加机器人时有两种情况：一种是新增控制柜；一种是在已有控制柜中添加机器人。

机器人使用不同控制柜时，只需要鼠标右键点击目录树中的 Robot Controllers 选择 Add Robot 即可添加新机器人；而在新增机器人与原有机器人使用同一控制柜时，则需要打开机器人属性菜单，点击 Serialize Robot 按钮，进入建立 Work cell 的设置界面，在 Additional Motion Groups 设置中将需要添加的机器人添加到 Group2 中。在进入 Virtual Robot Edit Wizard 界面后，还可以修改已有机器人的型号、软件版本、软件包、附加软件等设置。

5.5.2 编辑机器人

仿真参数修改界面如图 5-27 所示。

Fixtures：加载夹具数模；

Parts：加载产品（零件）数模；

Robot Contrallers：机器人控制器列表；

Obstacles：底座，安全门，控制柜，围栏等没有动作的数模；

Profiles：机器人运动的一些参数记录；

Targets：轨迹点的另一种模式，一般修磨器等这类设备用；

Machines：外部运动设备列表；

External Devices：加载外部设备。

在 "Cell Browser" 里找到机器人，如图 5-28，鼠标右键点击，在机器人属性界面中，选择最后一项。

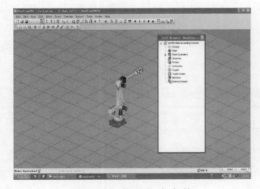

图 5-27 修改仿真参数

图 5-28 加载外部设备

选择后会弹出机器人本体属性界面，如图 5-29。

① Visible：显示或者隐藏机器人。

② Teach Tool Visible：TCP 显示或者隐藏。

③ Radius：TCP 显示尺寸调整。调整 TCP 显示尺寸大小效果如图 5-30 所示。

图 5-29　机器人本体属性

图 5-30　示教工具可视化显示设置

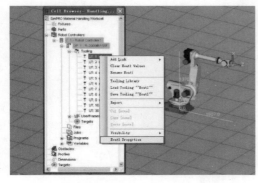

图 5-31　透明度设置

④ Wire Frame：透明度，如图 5-31。

⑤ Location：安装位置调整。

⑥ Show robot collisions：碰撞检测。

⑦ Lock All Location Values：锁定机器人安装位置。

5.5.3　机器人搬运手爪的添加和设置

从功能上看，机器人本体和人的手臂非常接近，但是机器人本体没有类似人类手掌的部分，所以使用机器人时都会在机器人的末端装一个工具，用以补充机器人缺失的功能。

在添加手爪时需要将目录树中的目录一级一级点开，直至出现图 5-32 中的 Tooling 及其下一级的 UT（手爪）。从图 5-32 中可以看出 ROBOGUIDE 仿真中一个机器人可以添加 10 个 UT，仿真中一个 UT 对应现实中一个工具坐标系。打开需要添加手爪的 UT 的属性菜单 "Eoat1 Properties"，在添加和设置手爪的过程中需要用到的选项卡为 General、UTOOL、Parts 和 Simulation。

属性菜单打开时默认选中 General 选项卡，此选项卡中 CAD File 栏中选择手爪数模（打开状态）文件地址，然后设置手爪在机器人上的装配位置，如图 5-33。

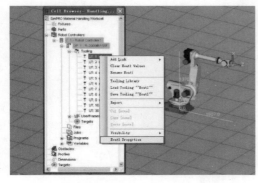

图 5-32　坐标系显示设置

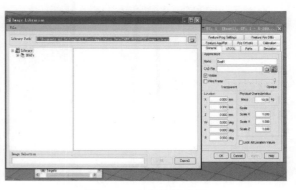

图 5-33　查找数模位置

在数据库里选择合适的手爪，如图 5-34。

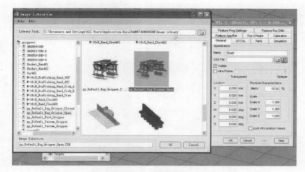

图 5-34　选择手爪数模

① Location：安装位置（手爪数模坐标原点到机器人法兰盘中心的距离）。

② Mass：重量。

③ Scale：尺寸比例。

④ Visible：隐藏、显示。

⑤ Wire Frame：透明度。

调整完成后将"Lock All Location Values"勾上，锁定手爪尺寸和位置，完成手爪设置，如图 5-35。

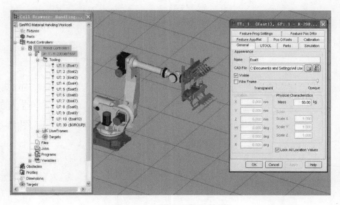

图 5-35　设置手爪数模

点击"UTOOL"，转到工具坐标系编辑界面，如图 5-36。

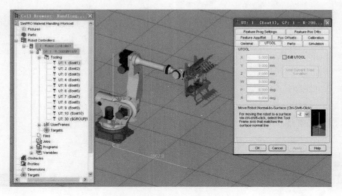

图 5-36　选择工具坐标系

将"Edit UTOOL"选项勾上，可调整 TCP 位置，如图 5-37。

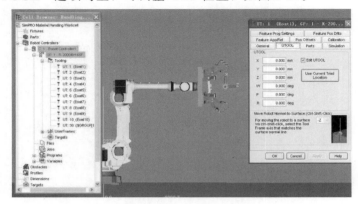

图 5-37　编辑工具坐标系

调整方式：

① 直接在左侧输入 TCP 坐标值。

② 拖动 TCP 圆球到合适位置，点击"Use Current Triad Location"，将当前坐标作为 TCP 坐标，点击"Simulation"，如图 5-38，转到仿真界面。点击 📷 从数据库里添加另一种状态的手爪。

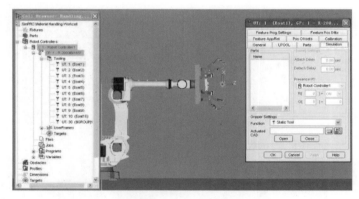

图 5-38　返回仿真界面

在数据库里选择合适的手爪，如图 5-39。

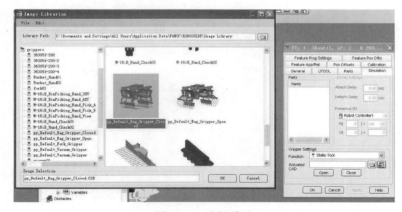

图 5-39　选择手爪

点击"Open""Close"，可将手爪松开、夹紧，如图 5-40。

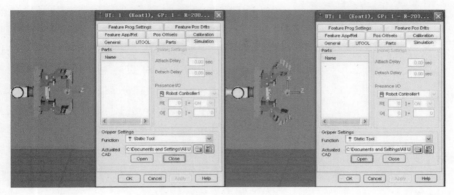

图 5-40 设置手爪松开夹紧状态

点击"Parts"，添加工件。将"Part1"勾上，点击"Apply"，如图 5-41。

将"Edit Part Offset"勾上，可编辑 Part1 的位置。在下方直接输入坐标值或拖动 Part1 到合适位置可进行位置修改，完成后点击"Apply"。其中"Visible at Teach Time"为在示教时显示，"Visible at Run Time"为运行时显示，如图 5-42。

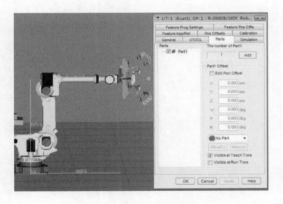

图 5-41 添加工件初始状态

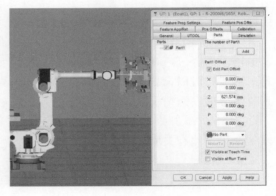

图 5-42 添加工件

5.5.4 周边设备的添加

ROBOGUIDE 中可添加各类实体设备，设备数模来源分为三部分，一是 ROBOGUIDE 中自带的模型库内的数模文件；二是通过其他三维软件导出的 igs 或 stl 格式的数模文件（最新版 ROBOGUIDE 支持导入基本所有三维软件的格式）；三是 ROBOGUIDE 自己创建的简易三维模型，如长方体、圆柱体和球体。设备根据其功能添加到目录树中对应的目录中。

目录树中第一项为 Fixtures，其译为固定不可动的设备，所以添加在这个目录中的设备在程序运行的过程中不能运动，可以在这个目录中添加例如固定式工作台等固定设备，右键点击目录树中的 Fixtures。

添加完一个 Fixture 后可以通过单击数模或者目录树来选中，左键双击仿真环境中的数模或者右键单击目录树中的文件来打开其属性菜单如图 5-43 所示。

从图 5-43 中可以看到 Fixture 共有 4 个选项卡，接下来介绍一下其对应的功能。在

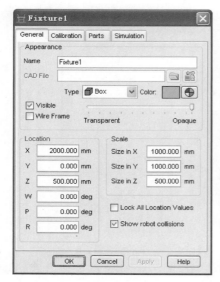

图 5-43　添加固定实体

General 这个选项卡中可以对 Fixture 的本身属性进行设置和修改。最上方的 Name 栏中可以修改其名称（可以使用中文）；在接下来的 CAD File 中可以修改其数模来源以及数模的颜色；然后可以在 Visible 中选择其是否显示以及显示时的透明度；Color 可以改变 Fixture 的颜色；Wire Frame 被选中后模型以线框显示；Transparency slider bar 用于更改模型的透明度；左下方的 Location 用于设置落位的位置，数据为数模坐标原点到仿真环境坐标原点的距离以及绕 3 轴的旋转量；数模的大小可以通过修改 Scale 中的 XYZ 3 个轴上的比例来完成；位置和大小修改完成之后可以在 Lock All Location Values 上打钩来将 Fixture 锁定；Show robot collisions：当选中时，会检测此模型是否与工作环境内的机器人有碰撞，若有，此模型会高亮显示。

所有选项卡的最下面一行为 OK、Cancel、Apply 和 Help 4 个键，其用途分别为完成并关闭选项卡、取消并关闭选项卡、应用和帮助。在对选项卡中某些属性进行修改之后必须应用才可保存修改属性。

Calibration 选项卡主要用于仿真中数模位置和实际数模位置的校准。在 Parts 这个选项卡中可以设置 part 和 Fixture 的装配关系以及 part 在仿真环境中的显示设置。在 Simulation 此选项卡中可以设置 Fixture 中的 part 在仿真时是否允许被抓取（放置），以及 part 的工件到位信号的发送情况。

Parts 中添加的是工件，是仿真的基础。无论哪一类项目都离不开工件，同样的大多数设备都和工件有关联。

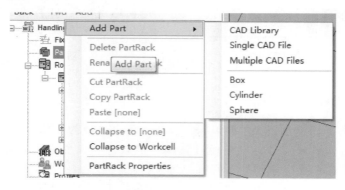

图 5-44　添加工件

右键点击目录树中 Parts 会出现图 5-44 所示的对话框，将鼠标移动至 Add Part 上就会弹出右侧的 6 个添加 part 的选项，在 6 个选项中选择 part 数模的来源。添加完 part 数模后，part 就会出现在一个托板上，托板的大小会随着工件的数量和大小而变化，可以理解为添加了 part 数模后，这个 part 就被添加到了这个仿真的仓库中，可以随时进行调用，但是 part 并不会单独存在于仿真环境中。

在实际情况中，工件在工作站内不会单独存在，要么固定在设备上，要么在手爪上，仿真中也是如此。所以 part 加入 ROBOGUIDE 中并不能马上生效，需附加到 Fixtures 上才能使用。当 part 添加到 ROBOGUIDE 中时会显示在一个灰色的长方体上，如图 5-45，此时 part 还不能使用。

当添加了一个 part 后，选择此 part 要添加到的 Fixture，打开属性界面，选择 Parts 选项卡，如图 5-46 所示。

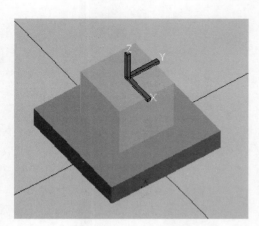

图 5-45　工件添加效果

图 5-46　对应实体设置界面

在左边选中需要附加的 part，应用后此 part 即附加到 Fixture 上，并且原点坐标重合。在右边 Edit Part Offset 中可修改 part 的位置。其中 Visible at Teach Time 为示教时显示，Visible at Run Time 为运行时显示，如图 5-47。

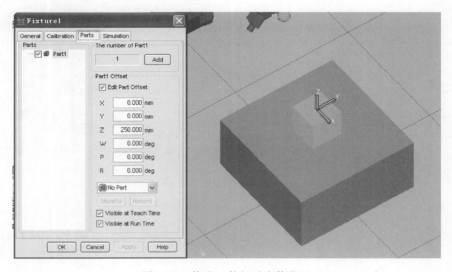

图 5-47　修改工件相对实体位置

Obstacles 译为障碍物，所以它和 Fixtures 有一个很重要的区别，添加在 Obstacles 目录中的设备上不能添加 part。可以将围栏、控制柜等与机器人动作无关的周边设备添加到此目录中。Obstacle 属性菜单只有 General 和 Calibration 两个选项卡，其选项卡设置和功能与 Fixture 相同。

在"Cell Browser"里找到"Obstacles"，右键点击，选择"Add Obstacles"，如图 5-48。

选择"CAD Library"可调出 ROBOGUIDE 数据库，如底座、安全门、控制柜等，如图 5-49～图 5-51 所示。

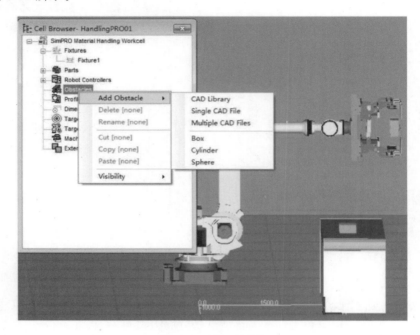

图 5-48　添加障碍物

图 5-49　选择机器人基座

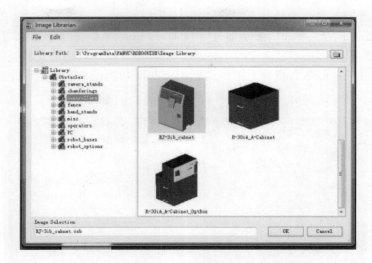

图 5-50 选择控制器

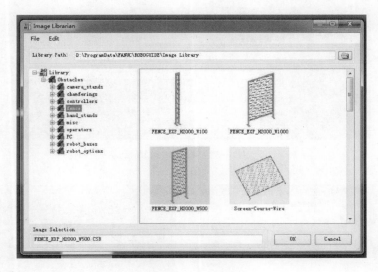

图 5-51 选择围栏

以机器人底座为例，选择"robot_bases"，如图 5-52。

其中 Name 为名称；Color 为颜色；Visible 为隐藏、显示；Location 为坐标；Scale 为尺寸；Lock All Location Values 为锁定坐标；Show robot collisions 为碰撞检测。设定完成后点击"Apply"，如图 5-53。

逐一添加安全门、机器人控制器等，完善 Work cell，如图 5-54。

Machines 目录可以说是用于添加设备的目录中功能最全的目录，添加在这个目录中的设备本身功能和添加在 Fixtures 目录中的设备一样。其功能强大之处在于，在 machine 的本体上可以再添加 link 或 robot，而且添加在 machine 上的 link 和 robot 在设置之后是可以在程序运行时一起运动的。所以像滑台、转台、导轨等有多工位或者需要运动的设备都需要添加在这个目录中。

machine 本身的设置和 fixture 是一样的，这里再介绍一下 link 的设置。点开 link 的属性菜单之后可以看到其属性菜单共有 6 个选项卡，其中 Parts、Simulation、Calibration 这 3 个选项卡和 fixture 上的 3 个选项卡功能是一样的。Link CAD 选项卡则和 fixture 属性菜单中的 General 功能相同，只不过这里的 Location 不再是数模原点到仿真环境原点的位置，而是数模原点到所在 machine 数模原点的距离。决定 link 功能的是剩下的两个选项卡：General 和 Motion。

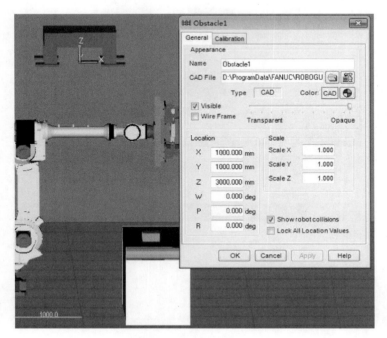

图 5-52　设置障碍物

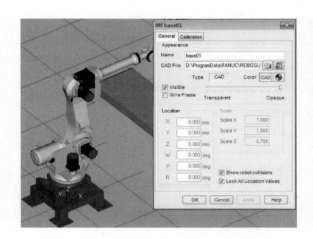

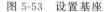

图 5-53　设置基座

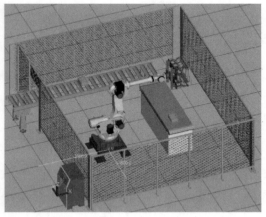

图 5-54　整体仿真场景

　　General 选项卡的功能不再是之前的设置数模位置，而是设置 link 运动的方向。此选项卡 Name 栏中可以修改 link 的名称。勾选 Edit Axis Origin 之后开始设置电机方向，Couple Link CAD 选项启用时修改电机位置会连带改动数模的位置。从图 5-55 中可以看出，直线运动时，link 沿着电机 Z 轴正方向运动；旋转运动时，link 绕电机 Z 轴旋转。

在 ROBOGUIDE 仿真中机器人以外的设备有两种控制方式，一种是伺服电机控制，一种是信号控制。在这里设置 link 的控制类型。点开选项卡后可以看到最上方有一个下拉菜单。Motion 选项卡下拉菜单中共有 4 种控制方式，依次分别为：伺服电机控制（用仿真内已经配置完成的电机控制）、设备 I/O 信号控制（用机器人 I/O 信号控制）、外部电机控制（用仿真以外的电机控制）和外部 I/O 信号控制（用仿真以外的 I/O 信号控制）。仿真中一般使用伺服电机控制或者设备 I/O 信号控制这两种形式。使用伺服电机控制时，只要在 Axis information 中选择已配置伺服电机的 Group、（组）号和 Joint（轴）号即可，如图 5-56。使用设备 I/O 信号控制时则需要旋转轴的运动类型（旋转或直线）、运动速度（时间）、控制信号输出设备以及到位信号接收设备，如图 5-57。

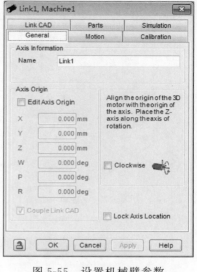

图 5-55　设置机械臂参数

图 5-56　伺服电机控制设置

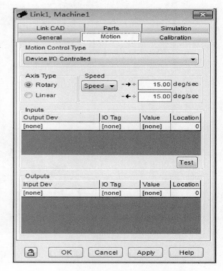

图 5-57　设备 I/O 信号控制设置

5.6 ● 编程

5.6.1　Simulation 程序

Simulation 程序是 ROBOGUIDE 里特殊的程序，主要用来控制仿真录像中手爪开合和搬运工件时的效果，如图 5-58。

在 Fixture1（上料工作台）中添加 Part，勾选 Visible at Teach Time 和 Visible at Run Time；在 Fixture2（下料工作台）中添加 Part，勾选 Visible at Teach Time。其中 Visible at Teach Time 为示教时可见，Visible at Run Time 为运行时可见，如图 5-59。

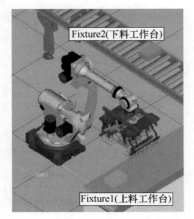

图 5-58　典型 Simulation 应用场景

在 Fixture1（上料工作台）的 Simulation 中，勾选 Allow part to be picked 和 Allow part to be placed；在 Fixture2（下料工作台）的 Simulation 中，勾选 Allow part to be picked 和 Allow part to be placed。其中 Create Delay 为工件被抓取后到另一工件生成前的延时，Destroy Delay 为工件放置后消失的延时。一般情况下两个设置为零，如图 5-60。

添加手爪抓取的 Simulation 程序，如图 5-61 所示。

抓取程序一般命名为 Pick，放置程序一般命名为 Place。点 Inst 插入程序。在 Pickup 中选择从上料工作台（Fixture1）中抓取的 Part1 工件，如图 5-62。

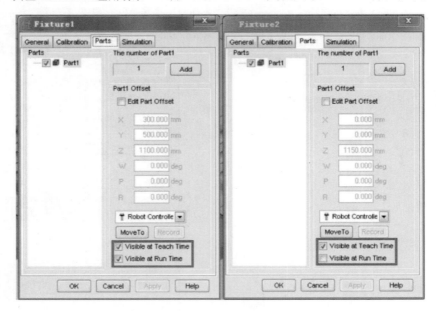

图 5-59　设置 Simulation 应用场景信息显示

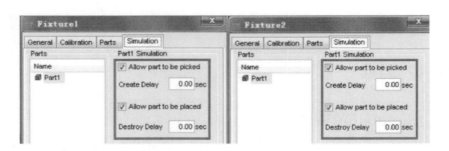

图 5-60　设置延时状态

新建一个 Place 程序，点 Inst 插入程序。在 Drop 中选择放置 Part1 到下料工作台（Fixture2），如图 5-63。

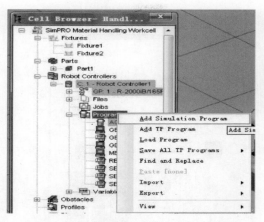

图 5-61 手爪抓取 Simulation 程序

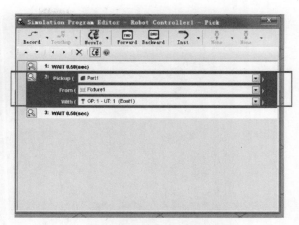

图 5-62 抓取设置界面

5.6.2 编写示教盒程序

新建一个 TP（示教盒）程序，如图 5-64。

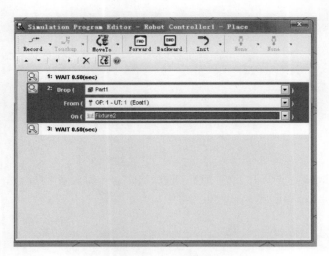

图 5-63 设置目标位置

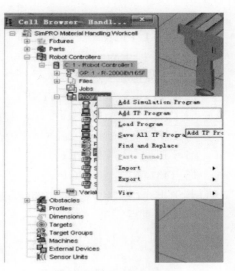

图 5-64 添加 TP 程序指令

TP 程序仿真编辑环境如图 5-65 所示。

编写如下程序：

① UFRAME_NUM＝1；

② UTOOL_NUM＝1；

③ PAYLOAD[1]；

④ TIMER[1]＝RESET；

⑤ TIMER[1]＝START；

⑥ J P[1] 50% FINE；

⑦ L P[2] 1500mm/sec CNT20；

⑧ L P[3] 500mm/sec FINE；

图 5-65　TP 程序仿真编辑环境

⑨ CALL PICK；

⑩ L P[2] 1500mm/sec CNT50；

⑪ J P[4] 80% CNT20；

⑫ L P[5] 500mm/sec FINE；

⑬ CALL PLACE；

⑭ L P[4] 1500mm/sec CNT50；

⑮ J P[1] 80% FINE；

⑯ TIMER[1]=STOP。

其中 P[1] 为原点，P[2] 为抓取接近点，P[3] 为抓到点，P[4] 为放置接近点，P[5] 为放置点。

习　题

5.1　什么是离线示教编程？

5.2　离线编程相较于在线编程的优势有哪些？

5.3　简述在 ROBOGUIDE 中离线仿真与编程的流程？

5.4　如果在编辑仿真指令时，发现第一项中没有可选择 PART 项，应该如何操作？

5.5　现要求机器人完成一项搬运任务：机器人法兰上安装有工具接头，去拾取工具架上的夹爪工具，然后用夹爪工具去抓取一个工件。如果要完成仿真，需要准备的外部工具模型文件有几个，具体是什么？

第6章 ▶▶
机器人输入/输出信号

学习目标:

(1) 了解工业机器人输入/输出信号的分类;

(2) 掌握信号的接线方法和机架的信号配置方法。

6.1 ➡ 输入/输出信号的分类

机器人输入/输出(I/O)信号是机器人与末端执行器、外部装置等设备进行通信的电信号,分为通用输入输出信号与专用输入输出信号两大类。通用输入输出信号是可以由用户自定义的输入输出信号,包括数字输入/输出 DI [i]/DO [i]、群组输入/输出 GI [i]/GO [i]、模拟输入/输出 AI [i]/AO [i]。而专用 I/O 信号包括系统输入/输出 UI [i]/UO [i]、操作面板输入/输出 SI [i]/SO [i]、机器人输入/输出 RI [i]/RO [i]。

6.1.1 通用信号

数字输入/输出　DI[i]/DO[i]　　　　512/512(数字范围)。

群组输入/输出　GI[i]/GO[i]　　　　0~32767(数字范围)。

模拟输入/输出　AI[i]/AO[i]　　　　0~16383(数字范围)。

6.1.2 专用信号

系统输入/输出　　UI[i]/UO[i]　　　18/20(数字范围)。

操作面板输入/输出　SI[i]/SO[i]　　15/15(数字范围)。

机器人输入/输出　RI[i]/RO[i]　　　8/8(数字范围)。

6.1.3 I/O 分配

将通用 I/O(DI/O、GI/O 等)和专用 I/O(UI/O、RI/O 等)称作逻辑信号。机器人的程序当中,对逻辑信号进行信号处理。

相对于此,将实际的 I/O 信号线称作物理信号。要指定物理信号时,需利用机架和插槽来指定 I/O 模块,并利用该模块内的信号编号(物理编号)来指定各信号。

6.2 ⟳ 输入/输出信号的接线与机架配置

6.2.1 配置

配置是建立机器人的软件端口与通信设备间的关系。

注意：操作面板输入/输出 SI[i]/SO[i] 和机器人输入/输出 RI[i]/RO[i] 为硬线连接，不需要配置。

信号配置步骤（以数字输入为例）：

① 依次按键操作：【MENU】（菜单）—【I/O】（信号）— F1【Type】（类型）—【Digital】（数字），显示如图 6-1；

② 按 F2【CONFIG】（定义），进入图 6-2；

③ 按 F3【IN/OUT】（输入/输出）可在输入/输出间切换；

④ 按 F4【DELETE】（清除）删除光标所在项的分配；

⑤ 按 F5【HELP】（帮助）；

⑥ 按 F2【MONITOR】（状态一览）可返回图 6-1。

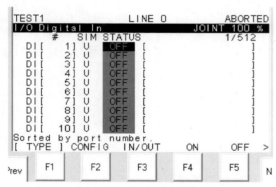

图 6-1 输入数字信号界面

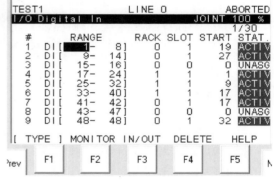

图 6-2 数字信号配置界面

图 6-2 中英文内容表示如下：

① RANGE（范围）：软件端口的范围，可设置。

② RACK：I/O 通信设备种类。

当 RACK 为 0 时，I/O 通信设备连接 Process I/O board，数字处理来源 I/O 印制电路板；当 RACK 为 1~16 时，说明 I/O 连接设备连接单元连接 I/O Model A/B；

当 RACK 为 32 时，I/O 连接设备连接单元连接 I/O 连接设备从机接口；

当 RACK 为 48 时，I/O 连接设备连接单元连接 CRM15/CRM16，R-30iB Mate 的主板。

③ SLOT（插槽）：I/O 模块的编号。

插槽系指构成机架的 I/O 模块的编号。

使用处理 I/O 印刷电路板、I/O 连接设备连接单元时，按连接的顺序为插槽 1、2…，即使用 Process I/O 板时，按与主板的连接顺序定义 SLOT 号；

使用 I/O Model A/B 时，SLOT 号由每个单元所连接的模块顺序确定，也可将基本单元的 DIP 开关设定的单元编号，作为该基本单元的插槽值。

使用 CRM15/CRM16 时，SLOT 号为 1。

④ START（开始点）：对应于软件端口的 I/O 设备起始信号位。

⑤ STAT.（状态）：

ACTIVE：激活；

PEND：需要重启生效；

Invalid：无效。

6.2.2 连接

物理编号是指 I/O 模块内的信号编号。按如下所示方式来表述物理编号。

数字输入信号：in1、in2…

数字输出信号：out1、out2…

模拟输入信号：ain1、ain2…

模拟输出信号：aout1、aout2…

为了在机器人控制装置上对 I/O 信号线进行控制，必须建立物理信号和逻辑信号的关联，将建立这一关联称作 I/O 分配。通常，自动进行 I/O 分配。

有关数字 I/O、组 I/O、模拟 I/O、外围设备 I/O，可变更 I/O 分配，重新定义物理信号和逻辑信号的关联。

有关机器人 I/O、操作面板 I/O，其物理信号已被固定为逻辑信号，因而不能进行再定义。

若清楚 I/O 分配，接通机器人控制装置的电源，则所连接的 I/O 模块将被识别，并自动进行适当的 I/O 分配。将此时的 I/O 分配称作标准 I/O 分配。标准 I/O 分配的内容，根据系统设定画面的"UOP 自动配置"的设定而不同。

6.3 ➡ 输入/输出信号的仿真与应用

6.3.1 强制输出

给外部设备手动强制输出信号。

信号强制输出步骤（以数字输出为例）：

① 依次按键操作：【MENU】（菜单）—【I/O】（信号）—F1【Type】（类型）—【Digital】（数字）；

② 通过 F3【IN/OUT】（输入/输出）选择输出画面（见图 6-3）；

③ 移动光标到要强制输出信号的 STATUS（状态）处；

④ 按 F4【ON】（开）强制输出，按 F5【OFF】（关）强制关闭，见图 6-4。

6.3.2 仿真输入/输出

仿真输入/输出功能可以在不和外部设备通信的情况下，内部改变信号的状态。这一功能可以在外部设备没有连接好的情况下，检测信号语句。

信号仿真输入步骤（以数字输入为例）：

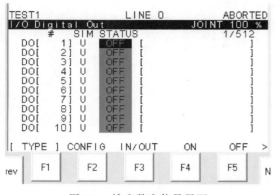

图 6-3　输出数字信号界面

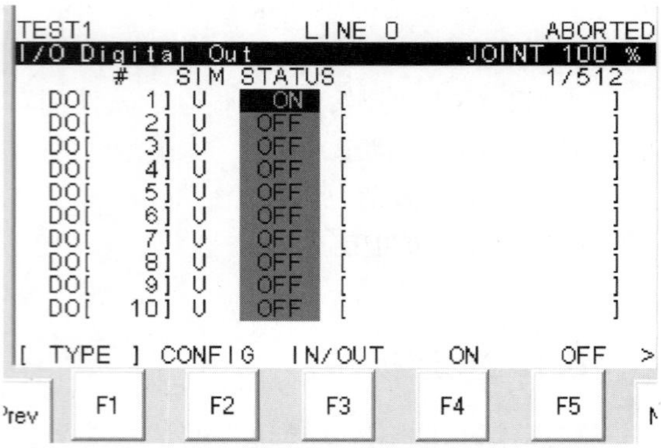

图 6-4　强制输出数字信号

① 依次按键操作：【MENU】（菜单）—【I/O】（信号）—F1【Type】（类型）—【Digital】（数字）；

② 通过 F3【IN/OUT】（输入/输出）选择输入画面（见图 6-5）；

③ 移动光标至要仿真信号的 SIM（仿真）项处；

④ 按 F4【SIMULATE】（仿真）进行仿真输入，F5【UNSIM】（解除）取消仿真输入（见图 6-6）；

⑤ 把光标移到 STATUS（状态）项，按 F4【ON】（开），按 F5【OFF】（关）切换信号状态。

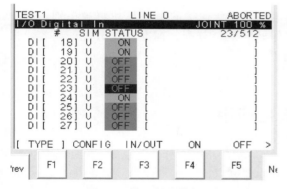

图 6-5　输入数字信号

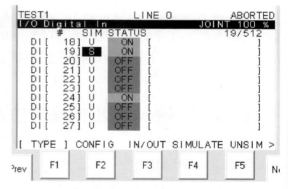

图 6-6　模拟输入数字信号

6.4 ⊃ 系统信号的介绍

6.4.1　系统输入/输出信号（UOP）

① 系统信号是机器人发送给和接收自远端控制器或周边设备的信号，可以实现以下功能：

a. 选择程序；

b. 开始和停止程序；

c. 从报警状态中恢复系统；

d. 其他。

② 系统输入信号（UI）：

UI [1] IMSTP：紧急停机信号（正常状态：ON）；

UI [2] Hold：暂停信号（正常状态：ON）；

UI [3] SFSPD：安全速度信号（正常状态：ON）；

UI [4] Cycle Stop：周期停止信号（用来停止当前执行的程序）；

UI [5] Fault reset：报警复位信号；

UI [6] Start：启动信号（信号下降沿有效）（可重新启动当前的程序）；

UI [7] Home：回 HOME 信号（需要设置宏程序）；

UI [8] Enable：使能信号；

UI [9~16] RSR1~RSR8：机器人服务请求信号；

UI [9~16] PNS1~PNS8：程序号选择信号；

UI [17] PNSTROBE：PN 滤波信号；

UI [18] PROD_START：自动操作开始（生产开始）信号（信号下降沿有效）。

③ 系统输出信号（UO）：

UO [1] CMDENBL：命令使能信号输出；

UO [2] SYSRDY：系统准备完毕输出；

UO [3] PROGRUN：程序执行状态输出；

UO [4] PAUSED：程序暂停状态输出；

UO [5] HELD：暂停输出；

UO [6] FAULT：错误输出；

UO [7] ATPERCH：机器人就位输出；

UO [8] TPENBL：示教盒使能输出；

UO [9] BATALM：电池报警输出（控制柜电池电量不足，输出为 ON）；

UO [10] BUSY：处理器忙输出；

UO [11~18] ACK1~ACK8：证实信号，当 RSR 输入信号被接收时，能输出一个相应的脉冲信号；

UO [11~18] SNO1~SNO8：该信号组以 8 位二进制码表示相应的当前选中的 PNS 程序号；

UO [19] SNACK：信号数确认输出；

UO [20] Reserved：预留信号。

6.4.2 专用输入输出信号

6.4.2.1 外围设备 I/O 信号（UI/UO）

输入控制

在连接处理 I/O 印制电路板的情况下，外围设备 I/O 信号已被自动分配给第一块处理 I/O 印制电路板的信号线。在连接 I/O 单元 MODEL A/B 的情况下，才需要进行外围设备 I/O 的分配。详细见表 6-1。

6.4.2.2 机器人 I/O 信号（RI/RO）

机器人 I/O 信号是经由主 CPU 印制电路板，与机器人连接并执行相关处理的机器人数字信号，具体包括：机械手断裂信号（＊HBK）、气压异常信号（＊PPABN）、超程信号（＊ROT）以及末端执行器最多 8 个输入 8 个输出的通用信号（RI [1-8]、RO [1-8]）等。

开关量输出控制

6.4.2.3 操作面板 I/O 信号（SI/SO）

操作面板 I/O 信号是用来进行操作面板按钮与 LED 状态数据交换的数字专用信号。用户不能对操作面板 I/O 信号编号进行再定义。标准情况下已经定义了 16 个输入信号与 16 个输出信号，如表 6-2 所示。

表 6-1　外围设备 I/O 信号的标准设定

物理编号	逻辑编号	外围设备输入	物理编号	逻辑编号	外围设备输出
in1	UI1	＊IMSTP	out1	UO1	CMDENBL
in2	UI2	＊HOLD	out2	UO2	SYSRDY
in3	UI3	＊SFSPD	out3	UO3	PROGRUN
in4	UI4	CSTOP1	out4	UO4	PAUSED
in5	UI5	FAYLT RESET	out5	UO5	HELD
in6	UI6	START	out6	UO6	FAULT
in7	UI7	HOME	out7	UO7	ATPERCH
in8	UI8	ENBL	out8	UO8	TPENBL
in9	UI9	RSR1/PNS1	out9	UO9	BATALM
in10	UI10	RSR2/PNS2	out10	UO10	BUSY
in11	UI11	RSR3/PNS3	out11	UO11	ACK1/SNO1
in12	UI12	RSR4/PNS4	out12	UO12	ACK2/SNO2
in13	UI13	RSR5/PNS5	out13	UO13	ACK3/SNO3
in14	UI14	RSR6/PNS6	out14	UO14	ACK4/SNO4
in15	UI15	RSR7PNS7	out15	UO15	ACK5/SNO5
in16	UI16	RSR8/PNS8	out16	UO16	ACK6/SNO6
in17	UI17	PNSTROBE	out17	UO17	ACK7/SNO7
in18	UI18	PROD_START	out18	UO18	ACK8/SNO8
in19	UI19		out19	UO19	SNACK
in20	UI20		out20	UO20	RESERVED

表 6-2　操作面板 I/O 信号标准设定

逻辑编号	操作面板输入	信号说明	逻辑编号	操作面板输出	信号说明
SI0	空	空	SO0	REMOTE	遥控信号，在遥控条件成立时输出。操作面板不提供该信号
SI1	FAULT_RESET	报警解除信号，用于解除报警。伺服电源断开时，通过 RESET 信号接通电源	SO1	BUSY	处理中信号，在程序执行中或执行文件传输等处理时输出。操作面板不提供该信号
SI2	REMOTE	遥控信号，用来进行系统的遥控方式与本地方式的切换。操作面板上无此按键，需通过系统设定菜单"Remot/Local setup"进行设定	SO2	HELD	保持信号，在按下 HOLD(UI[2])信号时输出。操作面板不提供该信号
SI3	＊HOLD	暂停信号，用来发出程序暂停的指令。操作面板上无此按钮	SO3	FAULTLED	错误
SI4	USER＃1	用户定义键	SO4	BATTERYALARM	电池报警
SI5	USER＃2	用户定义键	SO5	USER＃1	自定义
SI6	START	启动信号，可启动示教盒所选的程序。在操作面板有效时生效	SO6	USER＃2	自定义
SI7	空	空	SO7	TPENBL	示教盒有效信号，在示教盒有效开关处在 ON 时输出。操作面板不提供该信号

习　题

6.1　机器人输入输出信号分为哪几种？

6.2　简述数字输入输出信号的一般分配步骤。

6.3　机器人输入输出信号有哪些以及它们的地址范围？

6.4　简述信号强制控制的操作方法。

第7章

机器人在线示教编程

学习目标：

(1) 掌握 FANUC 工业机器人示教编程相关知识；

(2) 掌握工业机器人坐标系相关知识；

(3) 掌握工业机器人功能指令相关知识；

(4) 了解工业机器人文件操作方法；

(5) 了解工业机器人系统备份的相关知识。

程序指令，是构成机器人应用程序的指令，是发给机器人和外围设备的指令。该指令为机器人和外围设备指定动作和搬运的执行方法。可通过程序进行例如完成使机器人沿着指定路径移动到作业空间的某个位置、搬运工件、向外围设备发出输出信号、处理来自外围设备的输入信号等操作。

创建程序前，需要对程序的流程进行设计。进行设计时，要考虑机器人执行所期望作业的最有效方法。通过显示在示教操作盘上的菜单选择指令来创建程序。在对机器人的位置进行示教的情况下，执行 JOG（基于手动操作的机器人移动）操作，使机器人移动到适当的位置。程序的创建结束后，根据需要修改程序。指令的更改、追加、删除、复制、查找、替换等，可通过示教操作盘上的菜单选择所希望执行的指令进行操作，如图 7-1。

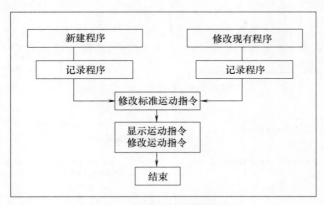

图 7-1　在线示教编程整体流程

程序的创建，将对记录程序、设定程序详细信息，修改标准指令语句（标准动作指令和标准弧焊指令），示教动作指令，示教点焊、码垛、弧焊、封装指令和各类控制指令等进行处理。

记录程序：记录程序时，创建一个新名称的空程序。

设定程序详细信息：设定程序详细信息时，设定程序的属性。

修改标准指令语句：修改标准指令语句时，重新设定示教时要使用的标准指令。

示教动作指令：示教动作指令时，对动作指令和动作附加指令进行示教。

示教控制指令：示教控制指令时，对码垛指令等的控制指令进行示教。

7.1 ➲ 示教程序的创建

记录程序时，输入程序名。程序名由 8 个字符以下的英文数字等构成，必须与其他已有程序名区分开来。

按下 MENUS 键，显示出画面菜单，然后按 SELECT 键显示程序目录画面，如图 7-2。

选择 F2 CREATE 显示程序记录画面，如图 7-3。

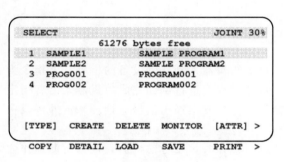

图 7-2　程序浏览主界面

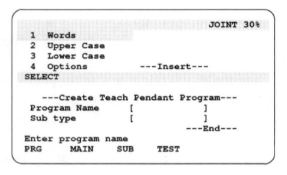

图 7-3　程序创建主界面

通过↑、↓键选择程序名的输入方法，如图 7-4。

其中 Words 为默认程序名；Upper Case 为大写；Lower Case 为小写；Options 为符号。

程序在命名时不能以数字、空格、符号作为程序的起始字符。以字母输入程序名为例，在确定程序名的输入方法后，按住表示希望输入的字符的功能键，直到该字符显示在 Program name 栏。按→键，使光标向右移动。反复执行该步骤，输入程序名，如图 7-5。

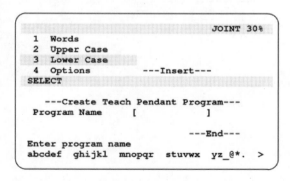

图 7-4　程序命名界面

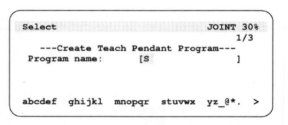

图 7-5　字母选择界面

程序名的输入结束后，按下 ENTER 键，如图 7-6。

要对所记录的程序进行编辑时，按下 F3 "EDIT"，出现所记录程序的程序编辑画面，如图 7-7。

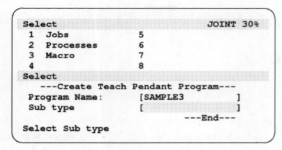

图 7-6　程序名确认界面

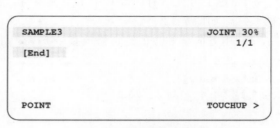

图 7-7　程序编辑界面

7.2 ⊃ 机器人程序指令与指令示教

7.2.1　动作指令及示教动作指令

7.2.1.1　修改标准动作指令语句

动作指令语句，需要设定动作类型、移动速度、定位类型等参数，而若将经常使用的动作指令作为标准动作指令预先录入保存，则会使动作指令编辑更为方便。

要改变标准动作指令，按下 F1 键，显示出标准动作指令语句，按下相应的功能键，进入标准动作指令语句的编辑画面，如图 7-8。

希望修改标准动作指令时，按下 F1 键 "ED_DEF"，如图 7-9。

```
Joint default menu          JOINT 30%
1  J  P[ ] 100% FINE
2  J  P[ ] 100% CNT100
3  L  P[ ] 1000cm/min FINE
4  L  P[ ] 1000cm/min CNT100
SAMPLE3
                            1/1
[End]

ED_DEF                  TOUCHUP >
```

图 7-8　指令选择界面

```
Default Motion             JOINT 30%
                            1/4
1  J  P[ ] 100% FINE
2  J  P[ ] 100% FINE
3  L  P[ ] 1000cm/min CNT50
4  L  P[ ] 1000cm/min CNT50




                            DONE >
```

图 7-9　修改标准动作指令

使用→、←、↑、↓键，将光标移动到希望修改的指令要素（动作类型、移动速度、定位类型、动作附加）上，如图 7-10。

利用数值键和功能键，修改指令要素。例如，要修改移动速度时，将光标指向速度显示，通过数值键输入新的数值，按下 ENTER 键，如图 7-11。

```
Default Motion             JOINT 30%
                            2/4
1  J  P[ ] 100% FINE
2  J  P[ ] 100% FINE
3  L  P[ ] 1000cm/min CNT50
4  L  P[ ] 1000cm/min CNT50

Enter value
               [CHOICE]  DONE >
```

图 7-10　修改标准动作速度Ⅰ

```
Default Motion             JOINT 30%
                            2/4
1  J  P[ ] 100% FINE
2  J  P[ ] 70% FINE
3  L  P[ ] 1000cm/min CNT50
4  L  P[ ] 1000cm/min CNT50

Enter value
                         DONE >
```

图 7-11　修改标准动作速度Ⅱ

F4 键上方显示有［CHOICE］选项时，按下该键，可通过辅助菜单选择其他程序要素的候选，如图 7-12。

利用方向键和数值键，修改指令要素，如图 7-13。

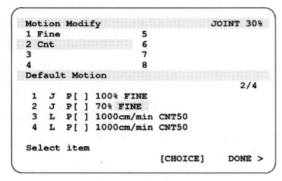

图 7-12　选择候选项　　　　　　　　　图 7-13　完善所用指令

完成示教后，按下 F5"DONE"完成输入。

7.2.1.2　动作指令

动作指令，是以指定的移动速度和移动方法，使机器人向作业空间内的指定位置移动的指令。其中构成动作指令的指令要素有五个，如图 7-14。其中运动类型为朝向目标点的移动轨迹；位置数据类型为目标点的位置数据；速度单位为指定机器人移动的速度；终止类型为指定是否在所指定的位置进行定位；附加运动语句为指定与动作一起执行的指令。

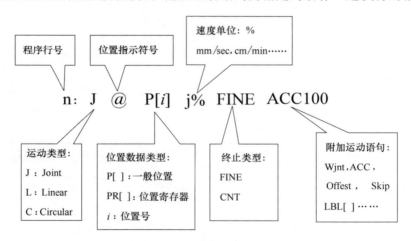

图 7-14　动作指令解释

动作类型有三种：不进行轨迹控制/姿势控制的关节动作（J）、进行轨迹控制/姿势控制的直线动作（L）、圆弧动作（C）。

关节动作是将机器人移动到指定位置的基本的移动方法。机器人沿着所有轴同时加速，在示教速度下移动后，同时减速停止。移动轨迹通常为非线性。关节移动速度以相对最大移动速度的百分比表示。移动中的刀具姿势不受到控制。在对结束点进行示教时记录动作类型，如图 7-15。

直线动作是对从动作开始点到结束点的刀尖点移动轨迹以线性方式进行控制的一种移动方法。直线移动速度从 mm/sec、cm/min、inch/min、inch/sec 中进行选择。移动过程中将会对刀具姿势进行控制。在对结束点进行示教时记录动作类型，如图 7-16。

圆弧动作是从动作开始点通过经由点到结束点以圆弧方式对刀尖点移动轨迹进行控制的一种移动方法。其在一个指令中对经由点和目标点进行示教。圆弧移动速度从 mm/sec、cm/min、inch/min、inch/sec 中进行选择。移动过程中将会对刀具姿势进行控制，如图 7-17。

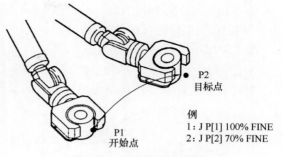

图 7-15　动作指令演示Ⅰ

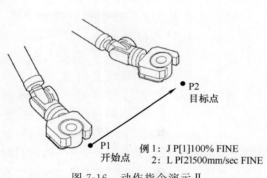

图 7-16　动作指令演示Ⅱ

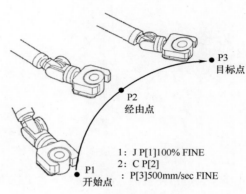

图 7-17　动作指令演示Ⅲ

位置数据存储机器人的位置和姿势，要显示详细位置数据，将光标指向位置编号，按下 F5 "POSITION"，如图 7-18。

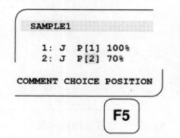

图 7-18　位置数据存储机器人位置和姿势

在动作指令中，位置数据以位置变量（P[i]）或位置寄存器（PR[i]）来表示。标准设定下使用位置变量，如图 7-19。

图 7-19　位置数据变量解释

例如：

① J P[12]30％ FINE；

② L PR[1]300mm/s CNT50；

③ L PR[R[3]]300mm/s CNT50。

位置变量 P[i] 是标准的位置数据存储变量。在对动作指令进行示教时，自动记录位置数据。定位类型是定义动作指令中的机器人的动作结束方法，有 FINE 和 CNT 两种定位类型。FINE 定位类型表示机器人在目标位置停止（定位）后，向着下一个目标位置移动。CNT 定位类型表示机器人靠近目标位置，但是不在该位置停止。机器人靠近目标位置到什么程度，由 0～100 范围内的值来定义。数值为 0 时，机器人在最靠近目标位置处动作，但是不在目标位置停止，并开始下一个动作。数值为 100 时，机器人在目标位置附近不减速而马上向着下一个点开始动作，并通过离目标位置最远的点，如图 7-20。

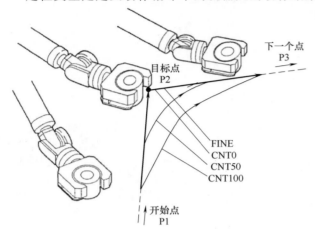

图 7-20　不同动作指令效果比较

绕过工件的运动使用 CNT 作为运动终止类型，可以使机器人的运动看上去更连贯。当机器人手爪的姿态突变时，会浪费一些运行时间，当机器人手爪的姿态逐渐变化时，机器人可以运动得更快。当运行程序机器人走直线时，有可能会经过奇异点，这时有必要使用附加运动指令或将直线运动方式改为关节运动方式。

7.2.1.3　示教动作指令

动作指令的示教是对构成动作指令的指令要素和位置数据同时进行示教。在对动作指令进行示教时，首先创建标准指令语句，然后对动作指令的指令要素进行设置。此时，将当前位置数据作为位置数据存储在位置变量中。

进行示教动作指令时，首先使机器人进给到希望对动作指令进行示教的位置，然后将光标指向 "End"，如图 7-21。

按下 F1 "POINT"，进入标准动作指令界面，如图 7-22。

图 7-21　示教动作初始化

选择相应的示教标准动作指令，按下 ENTER 键，对动作指令进行示教。同时对当前位置进行示教，如图 7-23。

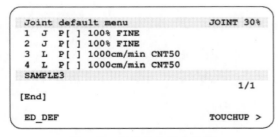

图 7-22　标准动作指令界面

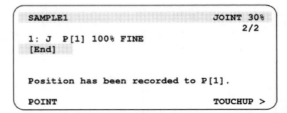

图 7-23　动作指令示教

7.2.2 控制指令及示教控制指令

7.2.2.1 寄存器指令

寄存器指令是寄存器进行算术运算的指令，有寄存器指令、位置寄存器指令、位置寄存器要素指令和码垛寄存器指令。

寄存器运算，可以进行多项式运算。例如：

① R[2]＝R[3]－R[4]＋R[5]－R[6]

② R[10]＝R[2]＊100/R[6]

但是，一行程序中最多可以记述的算符为 5 个。算符"＋""－"可以在相同行混合使用。此外，"＊""/"也可以混合使用。但是，"＋""－"和"＊""/"则不可在同行混合使用。

寄存器用来存储某一整数值或小数值的变量。标准情况下提供有 200 个寄存器。

R[i]＝（值）指令，将值代入寄存器，如图 7-24。

例如：

① R[1]＝AI[1]；

② R[R[1]]＝AO[R[2]]

寄存器运算指令格式如图 7-25 所示。

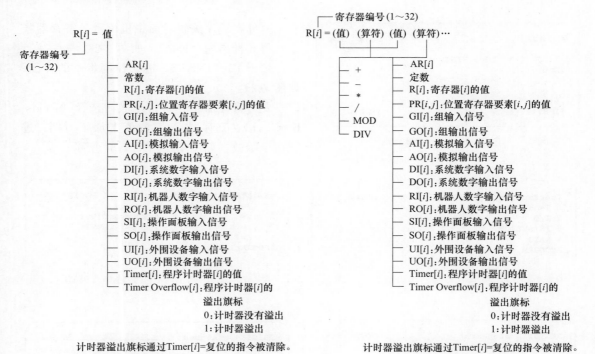

图 7-24　寄存器数据模式选择　　　图 7-25　寄存器运算指令格式

R[i]＝（值）＋（值）指令，将 2 个值的和代入寄存器。

R[i]＝（值）－（值）指令，将 2 个值的差代入寄存器。

R[i]＝（值）＊（值）指令，将 2 个值的积代入寄存器。

R[i]＝(值)/(值)指令，将 2 个值的商代入寄存器。

R[i]＝(值)MOD(值)指令，将 2 个值的余数代入寄存器。

R[i]＝(值)DIV(值)指令，将 2 个值的商的整数值部分代入寄存器

7.2.2.2　示教寄存器指令

首先按下示教仪的 DATA 键，然后按下 F1 "TYPE"，选择 "Registers" 进入寄存器界面，如图 7-26。

需要进行注释时，首先将光标停留在寄存器编号位置上，按下 ENTER 键，然后选择注释的输入方法，按下相应的功能键，输入注释，输入完成后，按下 ENTER 键。

要进行寄存器值的更改，将光标停留在寄存器值位置上，然后输入数值，如图 7-27。

```
DATA Registers            JOINT 30%
                              1/200
   R [ 1:          ] =  0
   R [ 2:          ] =  0
   R [ 3:          ] =  0
   R [ 4:          ] =  0
   R [ 5:          ] =  0
   R [ 6:          ] =  0
Press ENTER
[TYPE]
```

图 7-26　寄存器界面

```
DATA Registers            JOINT 30%
                              1/200
   R [ 1:          ] = 12
   R [ 2:          ] =  0
   R [ 3:          ] =  0
   R [ 4:          ] =  0
   R [ 5:          ] =  0
   R [ 6:          ] =  0
Press ENTER
[TYPE]
```

图 7-27　寄存器赋初值

```
PROGRAM1                  JOINT 30%
                                2/2
  1: J  P[1] 100% FINE
[End]



[INST]                       [EDCMD] >
```

图 7-28　程序编辑界面

另外在程序编辑界面中也可示教寄存器指令。将光标指向 "End"，如图 7-28。

按下 F1 "INST"，进入控制指令的界面，如图 7-29。

要对寄存器指令进行示教，选择 "Registers"。以在寄存器 [1] 的值上加 1 为例，进行指令示教，如图 7-30～图 7-34 所示。

```
Instruction               JOINT 30%
1 Registers      5 JMP/LBL
2 I/O            6 CALL
3 IF/SELECT      7 Palletizing
4 WAIT           8 ---next page---
PROGRAM
```

图 7-29　控制指令界面

```
REGISTER statement        JOINT 30%
1 ...=...         5 ...=.../...
2 ...=...+...     6 ...=...DIV...
3 ...=...-...     7 ...=...MOV...
4 ...=...*...     8
PROGRAM1
```

图 7-30　浏览寄存器数值修改模式

```
REGISTER statement        JOINT 30%
1 R[ ]           5
2 PL[ ]          6
3 PR[ ]          7
4 PR[i,j]        8
PROGRAM1
                                2/3
2: ...=...+...
[End]
```

图 7-31　选择寄存器数值修改模式

```
REGISTER statement        JOINT  30 %
1 R[ ]           5 RO[ ]
2 Constant       6 RI[ ]
3 DO[ ]          7 GO[ ]
4 DI[ ]          8 ---next page---
PRG1
                                2/2
  2: R[1]=...+...
[End]
```

图 7-32　完善寄存器修改指令 I

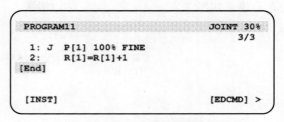

图 7-33　完善寄存器修改指令Ⅱ　　　　图 7-34　返回程序编辑界面

7.2.3　位置寄存器指令及示教位置寄存器指令

位置寄存器 $PR[i]$ 是用来存储位置数据的通用的存储变量。位置寄存器指令，是进行位置寄存器的算术运算的指令。位置寄存器指令可进行代入、加算、减算处理，标准情况下提供 10 个位置寄存器。位置寄存器的显示和输入在寄存器界面上进行。

7.2.3.1　位置寄存器指令

$PR[i]$＝（值）指令，将位置数据代入位置寄存器，如图 7-35。

例如：

① $PR[1]$＝Lpos；

② $PR[R[4]]$＝UFRAME$[R[1]]$；

③ $PR[9]$＝UTOOL$[1]$。

$PR[i]$ 运算指令，如图 7-36。

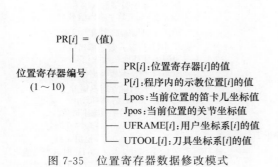

图 7-35　位置寄存器数据修改模式

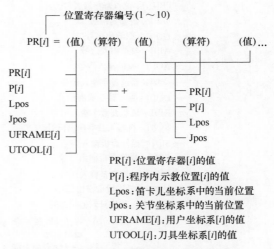

图 7-36　位置寄存器运算指令模式解释

$PR[i]$＝（值）＋（值）指令，代入 2 个值的和。

$PR[i]$＝（值）－（值）指令，代入 2 个值的差。

例如：

$PR[1]$＝$PR[R[2]]$。

7.2.3.2　位置寄存器要素指令

位置寄存器要素指令，是进行位置寄存器要素的算术运算的指令。$PR[i,j]$ 的 i 表示位置寄存器编号，j 表示位置寄存器的要素编号。位置寄存器要素指令可进行代入、加算、减算处理，如图 7-37。

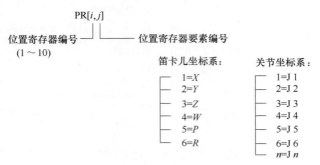

图 7-37　PR[*i*,*j*]寄存器模式解释

PR[*i*,*j*]=（值）指令，将位置数据的要素值代入位置寄存器要素中，如图 7-38。

例如：

① PR[1,1]＝R[1]；

② PR[1,2]＝123。

PR[*i*,*j*]运算指令，如图 7-39。

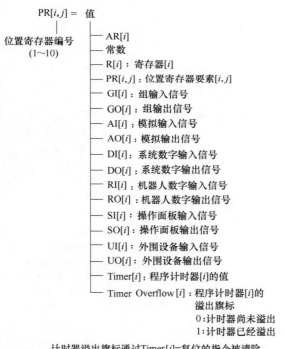

计时器溢出旗标通过Timer[*i*]=复位的指令被清除。

图 7-38　PR[*i*,*j*] 寄存器赋值模式解释

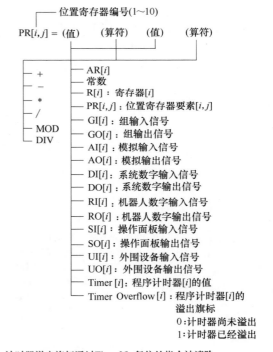

计时器溢出旗标通过Timer[*i*]=复位的指令被清除。

图 7-39　PR[*i*,*j*]寄存器运算指令模式

PR[*i*,*j*]=（值）+（值）指令，将 2 个值的和代入位置寄存器要素中。

PR[*i*,*j*]=（值）-（值）指令，将 2 个值的差代入位置寄存器要素中。

PR[*i*,*j*]=（值）*（值）指令，将 2 个值的积代入位置寄存器要素中。

PR[*i*,*j*]=（值）/（值）指令，将 2 个值的商代入位置寄存器要素中。

PR[*i*,*j*]=（值）MOD（值）指令，将 2 个值的余数代入位置寄存器要素中。

PR[i,j]＝（值）DIV（值）指令，将 2 个值的商的整数值部分代入位置寄存器要素中。

7.2.3.3 示教位置寄存器指令

通过示教器按下 DATA（数据）键，然后按 F1 "TYPE"，显示出界面切换菜单，选择 "Position Reg"，将会进入位置寄存器界面，如图 7-40。

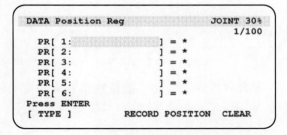

图 7-40 位置寄存器设置界面

需要进行注释时，首先将光标停留在寄存器编号位置，按下 ENTER 键，然后选择注释的输入方法，按下相应的功能键，输入注释，输入完成后，按下 ENTER 键。

要更改位置寄存器值，将光标停留在位置寄存器值上，按住 SHIFT 键的同时按下 F3 "RECORD"，如图 7-41。

寄存器状态列中 "R" 表示对应的位置寄存器已完成示教，"＊" 表示对应位置寄存器尚未示教。

希望擦除位置寄存器中的位置数据时，按住 SHIFT 键的同时按下 F5 "CLEAR"，如图 7-42。

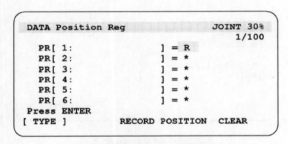

图 7-41 更改位置寄存器值

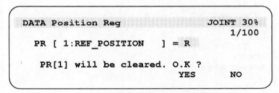

图 7-42 位置寄存器擦除确认

选择 "YES"，则位置寄存器的位置数据将被擦除，如图 7-43。

要查看位置详细数据时，按下 F4 "POSITION"，出现详细位置数据界面。要修改数据时，将光标指向目标条目，输入数值，如图 7-44。

```
DATA Position Reg              JOINT 30%
                                  1/100
  PR [ 1:REF POSITION    ] = ＊

   PR[1] has been cleared

[ TYPE ] MOVE_TO RECORD POSITION  CLEAR
```

图 7-43 位置寄存器擦除后效果

```
Position Detail                JOINT 30%
PR[1]  GP:1  UF:F  UT:F   CONF: FUT O
 X: 1500.374  mm   W:  40.000  deg
 Y: -342.992  mm   P:  10.000  deg
 Z:  956.895  mm   R:  20.000  deg
DATA Position Reg
                                  1/10
  PR [ 1:REF POSITION    ] = R

              CONFIG  DONE  [REPRE]
```

图 7-44 查看位置详细数据

在程序编辑界面中也可示教寄存器指令。将光标指向 "End"，如图 7-45。

按下 F1 "INST"，进入控制指令的界面，如图 7-46。

选择 "Registers"，如图 7-47。

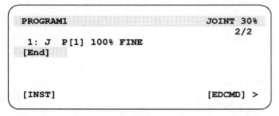

```
PROGRAM1                          JOINT 30%
                                        2/2
  1: J  P[1] 100% FINE
[End]


[INST]                         [EDCMD] >
```

图 7-45　程序编辑界面

```
Instruction                       JOINT 30%
1 Registers            5 JMP/LBL
2 I/O                  6 CALL
3 IF/SELECT            7 Palletizing
4 WAIT                 8 ---next page---
PROGRAM
```

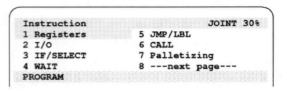

图 7-46　指令选择界面

选择“PR[ ]”。将当前位置作为笛卡儿坐标值代入的指令为例进行示教，如图 7-48～图 7-50 所示。

```
REGISTER statement                JOINT 30%
1 ...=...              5 ...=.../...
2 ...=...+...          6 ...=...DIV...
3 ...=...-...          7 ...=...MOV...
4 ...=...*...          8
PROGRAM1
```

图 7-47　寄存器语句模式选择

```
REGISTER statement               JOINT  30 %
 1 R[ ]                 5
 2 PR[ ]                6
 3 PR[i,j]              7
 4                      8
PRG1
```

图 7-48　寄存器类型选择

```
REGISTER statement             JOINT  30 %
 1 Lpos                 5 UTOOL[  ]
 2 Jpos                 6 PR[ ]
 3 P[ ]                 7
 4 UFRAME[  ]           8
PRG1
                                      2/3
   2:  PR[1]=...
[End]
Select item
                        [CHOICE]
```

图 7-49　寄存器赋值选择

```
PROGRAM1                          JOINT 30%
                                        3/3
  2:    PR[1]=LPOS
[End]

[INST]                         [EDCMD] >
```

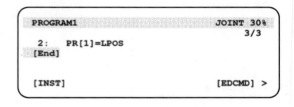

图 7-50　完整寄存器语句

7.2.4　I/O 指令及示教 I/O 指令

I/O 指令，是向外围设备输出信号，或读出输入信号状态的指令，有数字 I/O 指令、机器人 I/O 指令、模拟 I/O 指令、组 I/O 指令。

7.2.4.1　数字输入（DI）和数字输出（DO）

数字输入（DI）和数字输出（DO），是用户可以控制的输入/输出信号。

R[i]=DI[i]指令，是将数字输入的状态（ON=1、OFF=0）存储到寄存器中，如图 7-51。

例如：

① R[1]=DI[1]；

② R[R[1]]=DI[R[2]]。

DO[i]=ON/OFF 指令，接通或断开所指定的数字输出信号，如图 7-52。

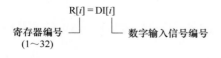

图 7-51　DI 信号引用

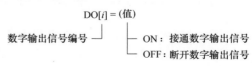

图 7-52　DO 信号赋值开关量

例如：

① DO[1]＝ON；

② DO[R[1]]＝OFF。

DO[i]＝R[i]指令，根据所指定的寄存器的值，接通或断开所指定的数字输出信号。若寄存器的值为 0 就断开，若是 0 以外的值就接通，如图 7-53。

例如：

① DO[1]＝R[1]；

② DO[R[1]]＝R[R[2]]。

7.2.4.2 机器人 I/O 指令

机器人输入（RI）和机器人输出（RO）信号，是用户可以控制的输入/输出信号。

R[i]＝RI[i]指令，是将机器人输入的状态（ON＝1、OFF＝0）存储到寄存器中，如图 7-54。

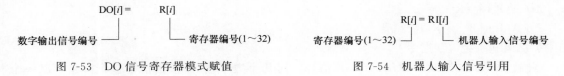

图 7-53　DO 信号寄存器模式赋值　　　　图 7-54　机器人输入信号引用

例如：

① R[1]＝RI[1]；

② R[R[1]]＝RI[R[2]]。

RO[i]＝ON/OFF 指令，接通或断开所指定的机器人输出信号，如图 7-55。

例如：

① RO[1]＝ON；

② RO[R[1]]＝OFF。

RO[i]＝R[i]指令，根据所指定的寄存器的值，接通或断开所指定的机器人输出信号。若寄存器的值为 0 就断开，若是 0 以外的值就接通，如图 7-56。

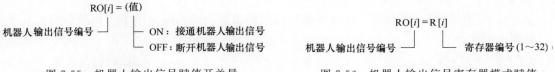

图 7-55　机器人输出信号赋值开关量　　　　图 7-56　机器人输出信号寄存器模式赋值

例如：

① RO[1]＝R[1]；

② RO[R[1]]＝R[R[2]]。

7.2.4.3 模拟 I/O 指令

模拟输入（AI）和模拟输出（AO）信号，是连续值的输入/输出信号，表示该信号值为温度或电压等连续信号的数据值。

R[i]＝AI[i]指令，将模拟输入信号的值存储在寄存器中，如图 7-57。

例如：

① R[1]＝AI[1]；

② R[R[1]]＝AI[R[2]]。

AO[i]＝(值)指令，向所指定的模拟输出信号输出值，如图7-58。

图7-57　寄存器赋值模拟信号输入　　　　　　图7-58　模拟输出信号数值型赋值

例如：

① AO[1]＝0；

② AO[R[3]]＝123。

AO[i]＝R[i]指令，向模拟输出信号输出寄存器的值，如图7-59。

例如：

① AO[1]＝R[2]；

② AO[R[2]]＝R[R[3]]。

7.2.4.4　组 I/O 指令

组输入（GI）以及组输出（GO）信号，对几个数字输入/输出信号进行分组，以一个指令来控制这些信号。

R[i]＝GI[i]指令，将所指定组输入信号的二进制值转换为十进制数的值代入所指定的寄存器，如图7-60。

图7-59　模拟输出信号寄存器型赋值　　　　　　图7-60　寄存器赋值组输入信号

例如：

① R[1]＝GI[1]；

② R[R[2]]＝GI[R[3]]。

GO[i]＝(值)指令，将经过二进制变换后的值输出到指定的组输出中，如图7-61。

例如：

① GO[1]＝0；

② GO[R[2]]＝123。

GO[i]＝R[i]指令，将所指定寄存器的值经过二进制变换后输出到指定的组输出中，如图7-62。

图7-61　组输出信号数值型赋值　　　　　　图7-62　组输出信号寄存器型赋值

例如：

① GO[1]＝R[1]；

② GO[R[2]]＝R[R[3]]。

7.2.4.5 示教 I/O 指令

在选定程序编辑界面中将光标指向“End”，如图 7-63。

按下 F1 “INST”，进入控制指令的界面，如图 7-64。

选择“I/O”。以将 RO[1] 置 ON 的指令为例进行示教，如图 7-65～图 7-67 所示。

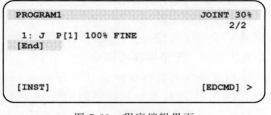

```
PROGRAM1                                JOINT 30%
                                              2/2
  1: J  P[1] 100% FINE
 [End]



 [INST]                                [EDCMD] >
```

图 7-63 程序编辑界面

```
Instruction                             JOINT 30%
1 Registers            5 JMP/LBL
2 I/O                  6 CALL
3 IF/SELECT            7 Palletizing
4 WAIT                 8 ---next page---
PROGRAM
```

图 7-64 控制指令选择界面

```
I/O statement                          JOINT  30 %
 1 DO[  ]=...             5 GO[  ]=...
 2 R[  ]=DI[  ]           6 R[  ]=GI[  ]
 3 RO[  ]=...             7 WO[  ]=...
 4 R[  ]=RI[  ]           8 ---next page---
PRG1
```

图 7-65 I/O 指令选择界面

```
I/O statement                           JOINT 30%
1 On                   5
2 Off                  6
3 Pulse (,width)       7
4 R[ ]                 8
PROGRAM1
                                              2/3
 2:  RO[1]=...
[End]
```

图 7-66 I/O 指令赋值

```
PRG1                                   JOINT  30 %
                                             3/3
   2:  RO[1]=ON
[End]



[ INST ]                                [EDCMD]>
```

图 7-67 完成寄存器输出指令赋值

7.2.5 转移指令

转移指令，使程序的执行从程序某一行转移到其他（程序的）行。转移指令有标签指令、程序结束指令、无条件转移指令 、条件转移指令 4 类指令。

7.2.5.1 标签指令

标签指令，是用来表示程序的转移目的地的指令。标签可通过标签定义指令来定义，如图 7-68。

为了说明标签，还可以追加注释。标签一旦被定义，就可以在条件转移和无条件转移中使用。标签指令中的标签编号，不能进行间接指定。将光标指向标签编号后按下 ENTER 键，即可输入注释，如图 7-69。

```
Instruction                             JOINT 30%
1 Registers            5 JMP/LBL
2 I/O                  6 CALL
3 IF/SELECT            7 Palletizing
4 WAIT                 8 ---next page---
PROGRAM
```

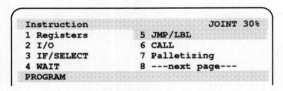

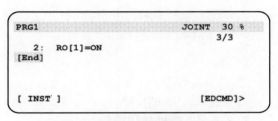

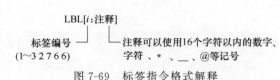

图 7-68 控制指令选择界面

图 7-69 标签指令格式解释

例如：

① LBL[1]；

② LBL[1:hand open]。

7.2.5.2 程序结束指令

程序结束指令是用来结束程序执行的指令，通过该指令来中断程序的执行。在已经从主程序调用子程序的情况下，执行程序结束指令时，将返回主程序。

7.2.5.3 无条件转移指令

执行无条件转移指令时会从程序的某一行转移到其他行。无条件转移指令有跳跃指令（转移到所指定的标签）和程序调用指令（转移到其他程序）2 类。

JMP LBL[i] 跳跃指令，使程序跳转到相同程序内所指定的标签处，如图 7-70。

例如：

① JMP LBL[1：hand open]；

② JMP LBL[R[1]]。

CALL 程序调用指令，使程序的执行转移到其他程序（子程序）的第 1 行后执行该子程序。被调用的子程序执行结束时，返回到主程序调用指令后的下一条指令处。调用的程序名，可以从打开的辅助菜单中选择，或者按下 F5 键"STRINGS"后直接输入字符，如图 7-71。

图 7-70　跳转指令格式说明　　　　　图 7-71　子程序调用指令格式

例如：

① CALL SUB1；

② CALL PROGRAM1。

7.2.5.4 条件转移指令

条件转移指令，当满足设定条件时，程序将会从某一行跳转到其他行。条件转移指令有条件比较指令和条件选择指令 2 类。

条件比较指令是当程序中所设定的条件满足时，程序将会转移到所指定的标签处。

寄存器条件比较指令，将所指定寄存器内的值和所设定的参考值进行比较，如果满足比较条件则程序将会被执行，如图 7-72。

I/O 条件比较指令，将所指定 I/O 的值和所设定的参考值进行比较，如果满足比较条件则程序将会被执行，如图 7-73、图 7-74 所示。

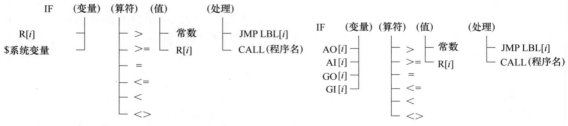

图 7-72　寄存器或系统变量条件转移指令格式　　　图 7-73　I/O 条件比较指令格式 I

条件转移指令中可以使用逻辑算符（AND、OR），在 1 行中对多个条件进行判断。条件转移指令中逻辑算符"AND"和"OR"不能组合使用。指令格式为：

IF ＜条件 1＞ AND ＜条件 2＞，JMP LBL[i]；

IF ＜条件 1＞ OR ＜条件 2＞，JMP LBL[i]。

在同一个条件转移指令中可以用 AND、OR 所连接的条件数最多为 5 个。

条件选择指令由多个寄存器比较指令构成，将所指定的寄存器的值与一个或几个值进行比较，选择满足比较条件的语句进行处理。如果寄存器的值与任何一个值都不一致，则执行与 ELSE 相对应的跳跃指令或者子程序调用指令，如图 7-75。

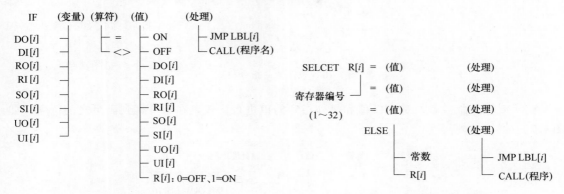

图 7-74　I/O 条件比较指令格式 Ⅱ　　　　图 7-75　条件选择指令格式

7.2.6　待命指令

待命指令可以在所指定的时间，或条件得到满足之前使程序暂停待命。待命指令有指定时间待命指令和条件待命指令两类，如图 7-76 所示为待命指令选择界面。

7.2.6.1　指定时间待命指令

指定时间待命指令，使程序在指定时间内待命（待命时间单位：sec），如图 7-77。

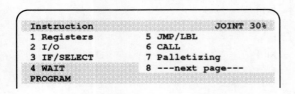

图 7-76　待命指令选择界面

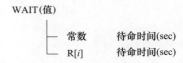

图 7-77　指定时间待命指令格式

例如：

① WAIT ；

② WAIT 1 sec。

7.2.6.2　条件待命指令

条件待命指令，在指定的条件未得到满足，或未到指定时间之前，程序进行待命。出现超时情况时的处理方法有两种设定方式，一是没有任何设定，在条件得到满足之前，程序待命；二是系统设定画面上的 14 "WAIT timeout" 中所指定的时间内条件没有得到满足，程序就向指定标签转移。

寄存器条件待命指令，对寄存器的值和另外指定的值进行比较，在条件得到满足之前待命，如图 7-78。

例如：

① WAIT R[1]<=1,TIMEOUT,LBL[1]

② WAIT R[R[1]]>=123

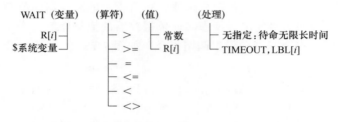

图 7-78　条件待命指令格式

I/O 条件待命指令，对 I/O 值和另外指定的值进行比较，在条件得到满足之前待命，如图 7-79、图 7-80 所示。

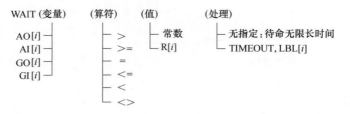

图 7-79　I/O 条件待命指令格式 I

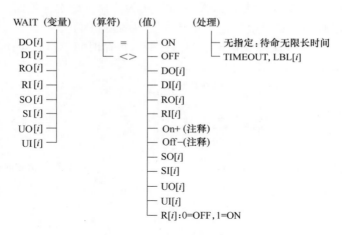

图 7-80　I/O 条件待命指令格式 II

7.3 ⟳ 示教程序的修改

本节将对更改已有程序内容的方法进行介绍。

7.3.1 选择程序

选择程序是指调用已经存在的程序，并进行编辑、修改、执行等操作。按下 MENUS 选择键，选择 "SELECT"，如图 7-81。

使用 ↑、↓ 键，将光标指向希望修改的程序名，按下 ENTER 键，出现所选的程序编辑画面，如图 7-82。

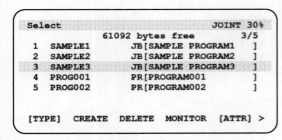
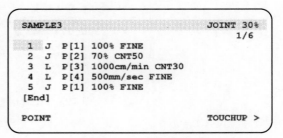

图 7-81　程序名浏览界面　　　　　　　图 7-82　程序编辑界面

7.3.2　修改动作指令

修改动作指令是指更改动作指令的指令要素或更改所示教的位置数据。

7.3.2.1　更改位置数据

将光标指向希望修改的动作指令所显示行的行编号，如图 7-83。

将机器人 JOG 进给到新的位置，按住 SHIFT 键的同时按下 F5 "TOUCHUP"，记录新的位置，如图 7-84。

图 7-83　修改程序指令　　　　　　　图 7-84　位置记录界面

位置信息还可通过进入位置详细数据界面进行修改，将光标指向位置变量，按下 F5 "POSITION"，出现位置详细数据画面，如图 7-85。

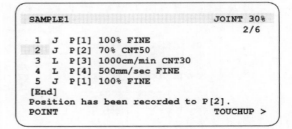

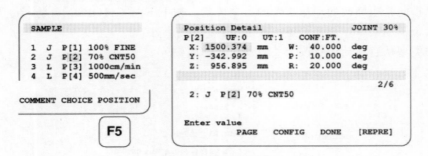

图 7-85　位置信息详细查看界面

更改位置时，将光标指向各坐标值，输入新的数值，如图 7-86。

更改形态时，按下 F3 "CONFIG"，将光标指向形态，使用 ↑、↓ 键输入新的形态值，如图 7-87。

```
Position Detail                  JOINT 30%
P[2]    UF:0   UT:1   CONF:FT.
 X: 1500.374   mm    W:  40.000   deg
 Y: -300.000   mm    P:  10.000   deg
 Z:  956.895   mm    R:  20.000   deg
```

图 7-86　位置信息详细查看修改界面

```
Position Detail         JOINT 30%
P[2]    UF:0   UT:1   CONF:FT.
 X: 1500.374  mm   W:  40.000  deg
 Y: -300.000  mm   P:  10.000  deg
 Z:  956.895  mm   R:  20.000  deg

                              2/6
 2: J  P[2] 70% CNT50


Enter value
        PAGE   CONFIG   DONE  [REPRE]
```

图 7-87　形态信息修改后界面

```
Position Detail          JOINT 30%
P[2]    UF:0   UT:1   CONF:FT.
 X: 1500.374  mm   W:  40.000  deg
 Y: -300.000  mm   P:  10.000  deg
 Z:  956.895  mm   R:  20.000  deg

                               2/6
 2: J  P[2] 70% CNT50

Select Flip or Non-flip by UP/DOWN key
               POSITION   DONE  [REPRE]
```

图 7-88　更改坐标系入口界面

更改坐标系时（图 7-88），按下 F5 "REPRE"，选择要更改的坐标系，如图 7-89 所示。

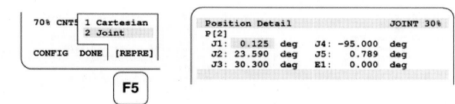

```
70% CNT5 ┌ 1 Cartesian
         │ 2 Joint
         └
 CONFIG  DONE  [REPRE]
```

```
F5
```

```
Position Detail                    JOINT 30%
P[2]
 J1:  0.125  deg   J4: -95.000  deg
 J2: 23.590  deg   J5:   0.789  deg
 J3: 30.300  deg   E1:   0.000  deg
```

图 7-89　更改坐标系主界面

完成位置详细数据的更改后，按下 F4 "DONE"。

7.3.2.2　更改动作指令要素

将光标指向希望修改的动作指令的指令要素。按下 F4［CHOICE］，将指令要素的选择项一览显示于辅助菜单，选择希望更改的条目。

将动作类型从直线动作更改为关节动作，如图 7-90。

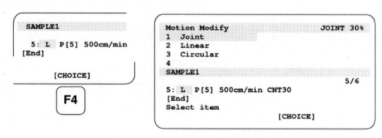

```
SAMPLE1

 5: L  P[5] 500cm/min
[End]


          [CHOICE]
```

```
F4
```

```
Motion Modify            JOINT 30%
1  Joint
2  Linear
3  Circular
4
SAMPLE1
                              5/6
 5: L  P[5] 500cm/min CNT30
[End]
Select item
                       [CHOICE]
```

图 7-90　更改动作指令要素界面

更改位置变量，如图 7-91。

更改参数来源，如图 7-92。

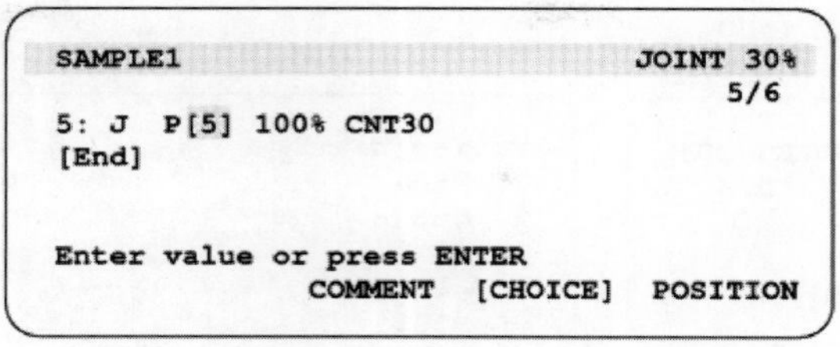

SAMPLE1 JOINT 30%
5/6
5: J P[5] 100% CNT30
[End]
Enter value or press ENTER
COMMENT [CHOICE] POSITION

图 7-91 选择更改参数位置

SAMPLE1
5: J P[5] 100% CNT3
[End]
[CHOICE]
F4
Motion Modify JOINT 30%
1 P[ ]
2 PR[ ]
3
4
SAMPLE1
5/6
5: J P[5] 100% CNT30
[End]

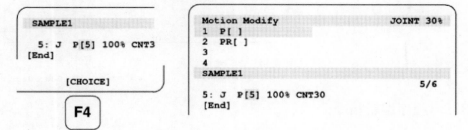

图 7-92 运动参数来源选择

更改运动指令模式，如图 7-93。

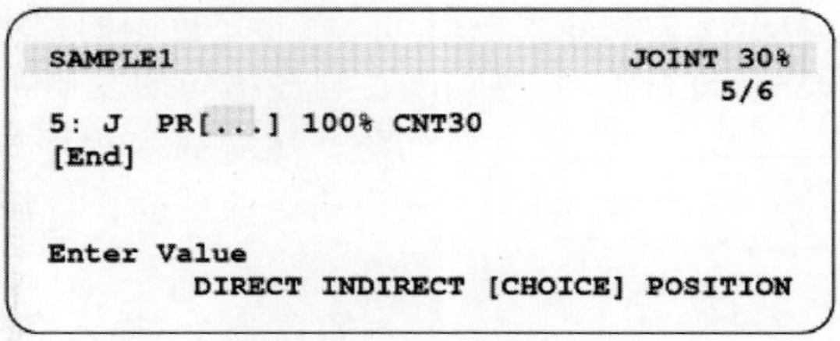

SAMPLE1 JOINT 30%
5/6
5: J PR[...] 100% CNT30
[End]
Enter Value
DIRECT INDIRECT [CHOICE] POSITION

图 7-93 运动指令模式修改

更改速度值，如图 7-94。

SAMPLE1
2: J P[2] 100% FINE
SAMPLE1 JOINT 30%
2/6
2: J P[2] 70% FINE
[End]
Enter Value
[CHOICE]

图 7-94 速度值修改

更改速度单位，如图 7-95。

SAMPLE1
4: L P[2] 500cm/mm
[CHOICE]
F4
Motion Modify JOINT 30%
1 mm/sec 5 sec
2 cm/min 6 msec
3 inch/min 7
4 deg/sec 8
SAMPLE1
4/6
4: L P[4] 500cm/min CNT30
[End]

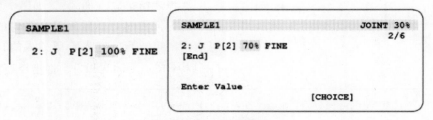

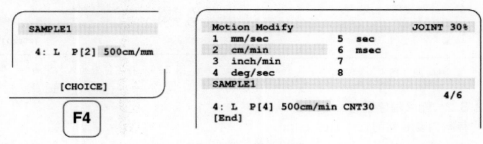

图 7-95 速度单位修改

更改定位类型，如图 7-96。

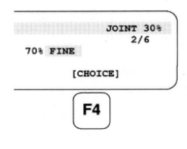 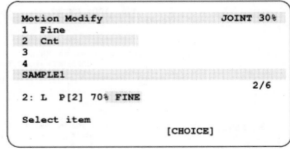

图 7-96　定位类型修改

7.3.3　程序编辑指令

程序编辑指令，有插入、删除、复制等。程序编辑指令，通过按下 F5 "EDCMD"，显示编辑指令的一览后予以选择。

Insert 为插入空白行，将指定数量的空白行插入现有的程序语句之间。插入空白行后，重新对程序行进行编号。Delete 为删除程序语句，将指定范围的程序语句从程序中删除。删除程序语句后，重新对程序行进行编号。Copy 为程序语句的复制，先复制一连串的程序语句集，然后插入程序中的其他位置。Undo 为还原指令的更改、行插入、行删除等程序编辑操作。

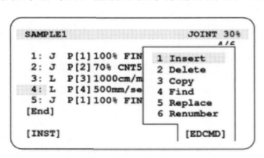

图 7-97　显示编辑指令菜单

7.3.3.1　插入空白行

按下 F5［EDCMD］，显示编辑指令菜单，如图 7-97。

选择 "Insert"（插入），如图 7-98。

将光标指向希望插入程序语句的行。光标当前指向第 4 行。输入希望插入的行数，按下 ENTER 键，如图 7-99。

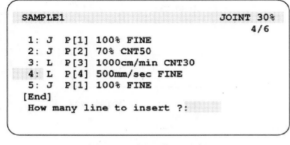 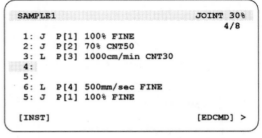

图 7-98　插入位置选择　　　　　图 7-99　特定位置插入效果查看

7.3.3.2　删除程序语句

使光标指向要删除的行，如图 7-100。

按下 F5［EDCMD］，显示编辑指令菜单，选择 "Delete"，如图 7-101、图 7-102 所示。

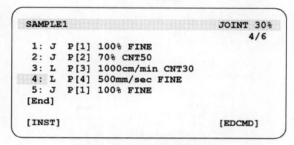

图 7-100　待删除行选择

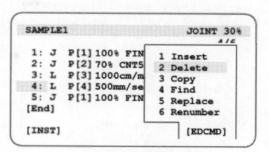

图 7-101　待删除行删除设置

用↑、↓键来指定希望删除的行的范围。不希望删除所选行时，按下 F5 "NO"。要删除所选行时，按下 F4 "YES"，如图 7-103。

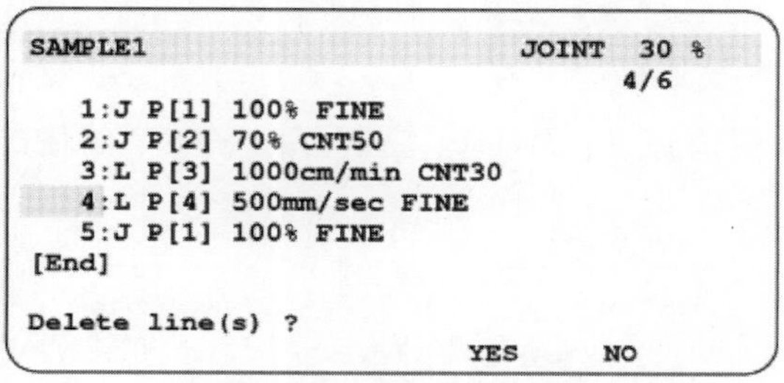

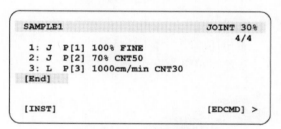

图 7-102　删除确认

图 7-103　删除效果查看

7.3.3.3　复制程序语句

按下 F5 [EDCMD]，显示编辑指令菜单。选择 3 "Copy"，如图 7-104。

选择复制第 2～4 行，如图 7-105、图 7-106 所示。

将光标移动到第 5 行，复制到第 5～7 行，如图 7-107。

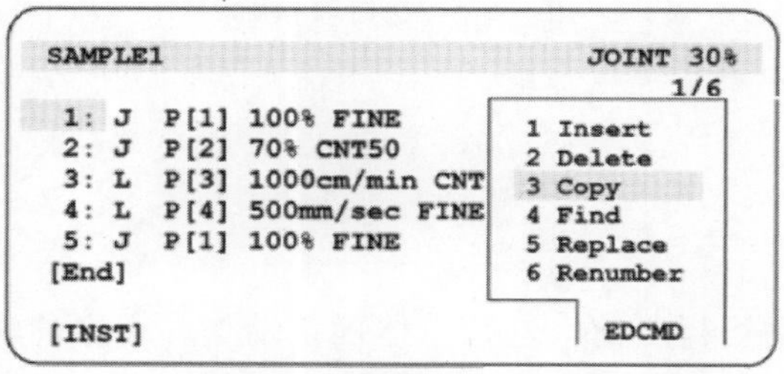

图 7-104　赋值命令选择

图 7-105　赋值开始位置选择

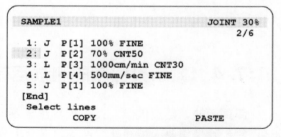

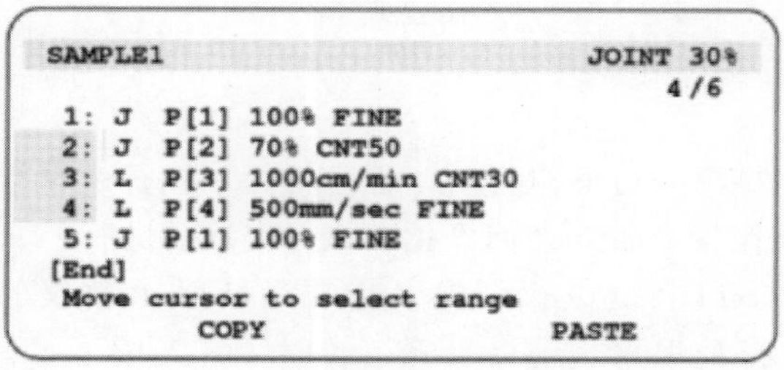

图 7-106　赋值结束位置选择

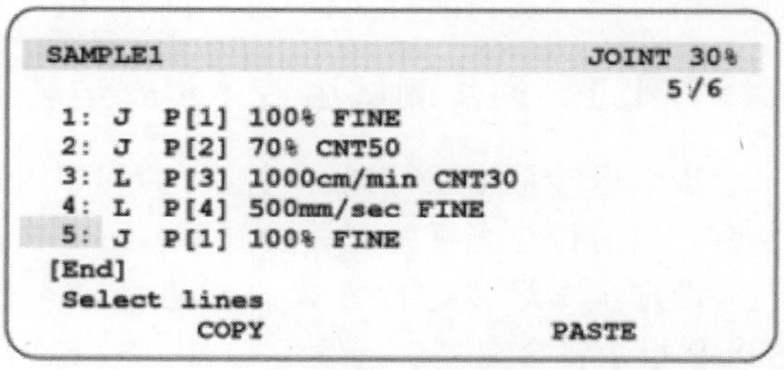

图 7-107　赋值目标位置选择

选择 F5 "PASTE"，如图 7-108。

7.3.3.4 还原编辑操作

按下 F5 "EDCMD"，显示编辑指令菜单，如图 7-109。

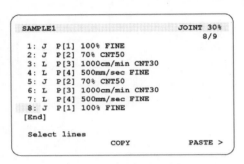

图 7-108　赋值结果浏览

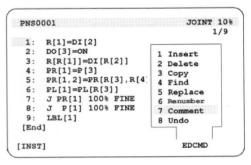

图 7-109　还原命令浏览

选择条目 8 "Undo"，如图 7-110。

希望还原时选择 F4 "YES"，中断还原操作则选择 F5 "NO"。选择了 "YES" 的情况下，还原所编辑的操作，如图 7-111。

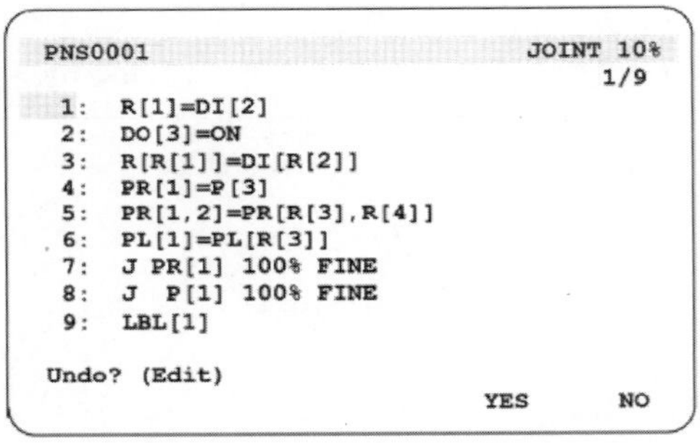

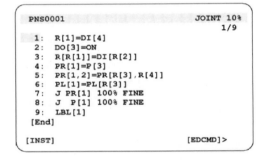

图 7-110　还原命令执行确认

图 7-111　还原效果确认

7.4 ⊙ 示教程序的测试运转

测试运转，是指机器人投入现场生产线自动运行之前，进行单体确认动作。程序的测试，对于确保作业人员和外围设备的安全十分重要。测试运转有逐步测试运转和连续测试运转两种方法。逐步测试运转是指通过示教仪，逐行执行程序。连续测试运转是指通过示教仪或操作面板，从当前行执行程序直到结束（程序末尾记号或程序结束指令）。

7.4.1 逐步测试运转（步骤运转）

步骤运转是指逐行执行当前行的程序语句。结束一行的执行后，程序暂停。执行逻辑指令后，当前行与光标一起移动到下一行，执行动作指令后，光标停止在执行完成后的行。

设定步骤运转运行方式，要通过示教仪的 STEP 键进行切换。步骤运转时示教仪的 STEP 指示将会点亮。连续运转时，STEP 指示将会熄灭。进行步骤运转时，首先按下 SE-LECT 键，出现程序一览画面。选择希望测试的程序，按下 ENTER 键，出现程序编辑画面。

为进入步骤运转状态按下 STEP 键，STEP 指示点亮。将光标移动到程序的开始行。按下 Deadman 开关，将示教仪的有效开关置于 ON。要进行程序的前进执行，按住 SHIFT 键，按下 FWD 键后松开。在程序语句的执行完成之前，持续按住 SHIFT 键。要进行程序的后退执行，按住 SHIFT 键，按下 BWD 键后松开。在程序语句的执行完成之前，持续按住 SHIFT 键。在执行完一行程序后，程序进入暂停状态。执行动作指令时，光标停止在已执行的行，通过下一次的前进执行，程序执行下一行。执行控制指令时，光标移动到下一行。要解除步骤运行状态，按下 STEP 键，将示教仪有效开关置于 OFF，松开 Deadman 开关。

7.4.2 连续测试运转

连续测试运转是指从程序的当前行到程序的末尾（程序末尾记号或程序结束指令），顺向执行程序。不能通过后退执行来进行连续测试运转。连续测试运转，可通过示教仪或操作面板启动。利用示教仪执行连续测试运转时，按住示教操作盘上的 SHIFT 键，同时按下 FWD 键后松开。

进行连续测试运转操作时首先按下 SELECT（一览）键，出现程序一览画面。选择希望测试的程序，按下 ENTER 键，出现程序编辑画面。选定连续运转方式，确认 STEP 指示未点亮（STEP 指示已点亮时，按下 STEP 键，使 STEP 指示熄灭）。将光标移动到希望开始的行。按下 Deadman 开关，将示教操作盘的有效开关置于 ON。在按住 SHIFT 键的状态下，按下 FWD 键后松开。在程序的执行结束之前，持续按住 SHIFT 键。松开 SHIFT 键时，程序则在执行的中途暂停。但是，若在按下 SHIFT 键的状态下将示教操作盘有效键置于 OFF，即使松开 SHIFT 键，程序也不会暂停而是继续执行。程序执行到程序的末尾后强制结束。光标返回到程序的第一行。

7.5 ⊙ 机器人文件的拷贝与还原

机器人控制装置，可以使用不同类型的文件输入/输出装置。标准情况下，设定为使用存储卡。

7.5.1 切换文件输入/输出装置

按下 MENUS 键，显示出画面菜单。按数字键 7 "FILE"，出现文件如图 7-112 所示。按下 F5 ［UTIL］，选择 "Set Device"，出现如图 7-113 所示的画面。

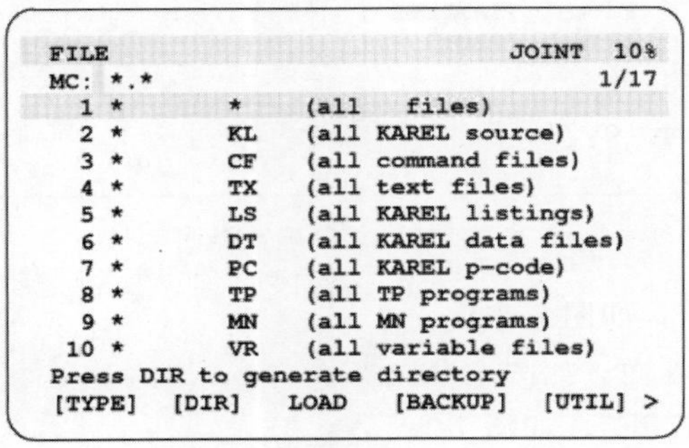

```
FILE                        JOINT  10%
MC: *.*                         1/17
   1 *    *    (all   files)
   2 *   KL   (all KAREL source)
   3 *   CF   (all command files)
   4 *   TX   (all text files)
   5 *   LS   (all KAREL listings)
   6 *   DT   (all KAREL data files)
   7 *   PC   (all KAREL p-code)
   8 *   TP   (all TP programs)
   9 *   MN   (all MN programs)
  10 *   VR   (all variable files)
Press DIR to generate directory
[TYPE]  [DIR]  LOAD   [BACKUP]  [UTIL] >
```

图 7-112 文件操作主界面

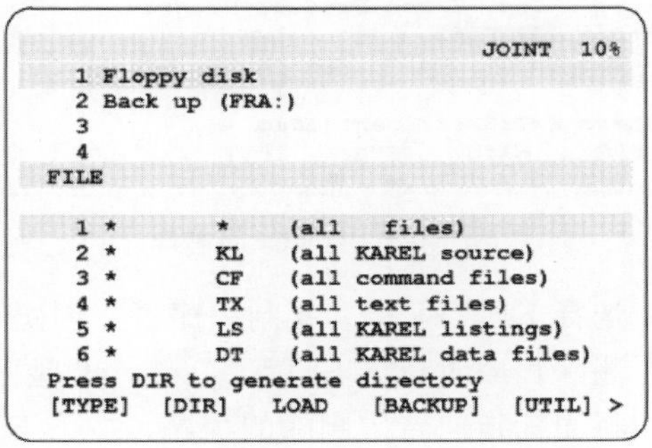

```
                            JOINT  10%
   1 Floppy disk
   2 Back up (FRA:)
   3
   4
FILE

   1 *    *    (all   files)
   2 *   KL   (all KAREL source)
   3 *   CF   (all command files)
   4 *   TX   (all text files)
   5 *   LS   (all KAREL listings)
   6 *   DT   (all KAREL data files)
Press DIR to generate directory
[TYPE]  [DIR]  LOAD   [BACKUP]  [UTIL] >
```

图 7-113 文件输入/输出装置选择

```
FILE                    JOINT 30%
UD1:\*.*
```
图 7-114　选择后提示信息

选择要使用的文件输入/输出装置。当前所选的文件输入/输出装置的简称，显示在画面的左上方，如图 7-114。

7.5.2　保存数据

在程序一览画面上，可将所指定的程序作为程序文件保存起来。按下 MENUS 键，显示出画面菜单，按下 "0--NEXT--"，选择下一页的 1 "SELECT"，或者按下 SELECT 键，出现程序一览画面，如图 7-115。

按下 "＞"，按下下一页上的 F4 "SAVE"，显示程序保存画面，如图 7-116。

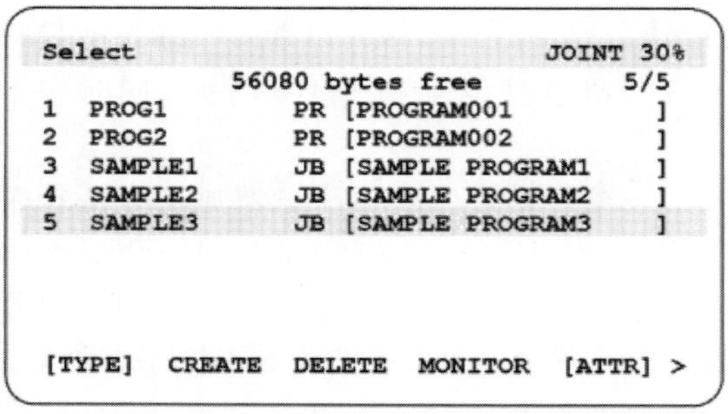

```
Select                        JOINT 30%
            56080 bytes free        5/5
1  PROG1      PR [PROGRAM001        ]
2  PROG2      PR [PROGRAM002        ]
3  SAMPLE1    JB [SAMPLE PROGRAM1   ]
4  SAMPLE2    JB [SAMPLE PROGRAM2   ]
5  SAMPLE3    JB [SAMPLE PROGRAM3   ]



[TYPE]  CREATE  DELETE  MONITOR  [ATTR] >
```
图 7-115　程序一览画面

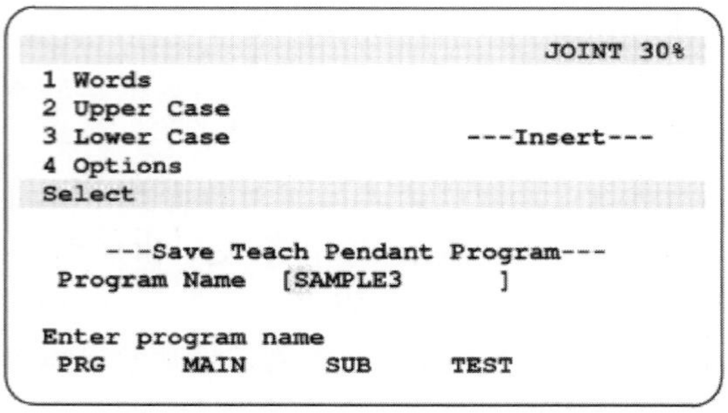

```
1 Words                        JOINT 30%
2 Upper Case
3 Lower Case              ---Insert---
4 Options
Select

     ---Save Teach Pendant Program---
  Program Name [SAMPLE3     ]

Enter program name
  PRG      MAIN      SUB      TEST
```
图 7-116　程序保存画面

输入将要保存的程序名，按下 ENTER 键，所指定的程序即被保存起来。

7.5.3　文件操作

可以在文件画面对文件输入/输出装置中所保存文件进行一览显示、复制、删除等操作。

复制程序时按下 MENUS 键，显示出画面菜单。选择 "SELECT"，出现程序一览画面。按下下一页上的 F1 "COPY"，出现程序复制画面，如图 7-117。

输入文件复制后副本的程序名，并按下 ENTER 键，如图 7-118。

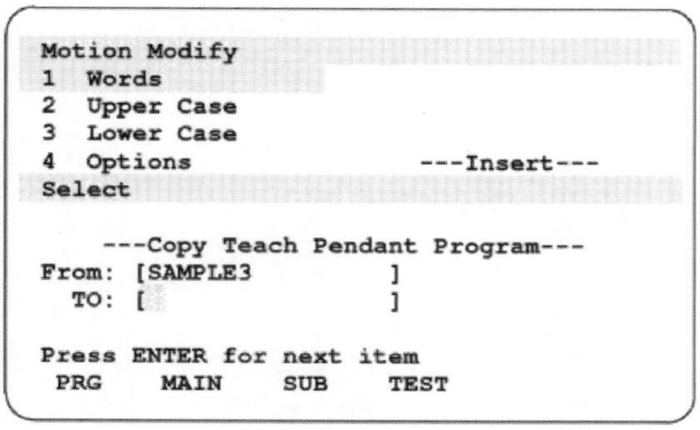

```
Motion Modify
1  Words
2  Upper Case
3  Lower Case
4  Options                ---Insert---
Select

     ---Copy Teach Pendant Program---
From: [SAMPLE3        ]
  TO: [               ]

Press ENTER for next item
  PRG      MAIN      SUB      TEST
```
图 7-117　程序复制画面

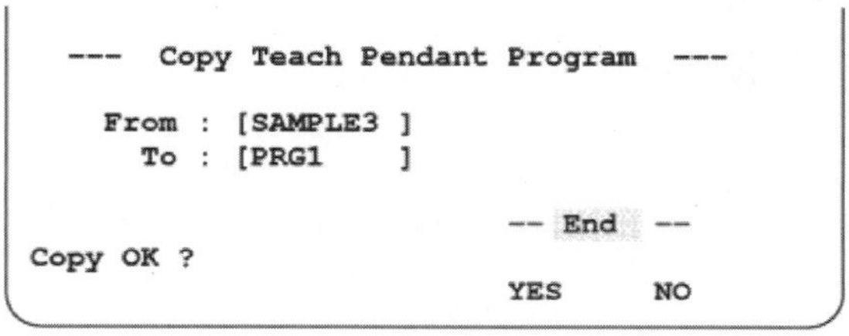

```
   --- Copy Teach Pendant Program ---

    From : [SAMPLE3 ]
      To : [PRG1    ]

                          -- End --
Copy OK ?
                       YES      NO
```
图 7-118　复制确认界面

选择 F4 "YES"。复制程序，并创建 "PRG1"，如图 7-119。

删除程序时按下 SELECT 键，出现程序一览画面，如图 7-120。

将光标指向希望删除的程序，按下 F3 "DELETE"，如图 7-121。

选择 F4 "YES"，所指定的程序即被删除，如图 7-122。

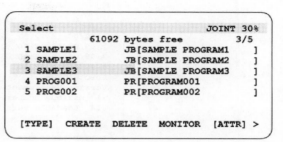

图 7-119　复制程序效果浏览　　　　　　　图 7-120　程序一览画面

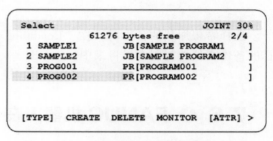

图 7-121　程序删除确认　　　　　　图 7-122　删除程序效果浏览

7.5.4　加载程序文件

可以在程序一览画面上将所指定的程序文件作为程序加载。

按下 MENUS 键，显示出画面菜单。然后按下 "0 --NEXT--"，选择下一页的 1 "SE-LECT"，出现程序一览画面，如图 7-123。

按下＞，按下下一页上的 F3 "LOAD"，出现程序加载画面，如图 7-124。

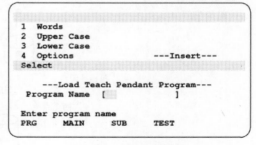

图 7-123　程序一览画面　　　　　　　图 7-124　程序加载画面

选择希望加载的程序名，按下 ENTER 键。

7.5.5　加载备份功能

自动备份功能相当于自动执行文件画面上的 "［BACKUP］→ALL（全部保存）" 的处理。自动备份的文件可以在文件画面上加载。此外，在控制启动菜单的文件画面上，通过按下 F4 "RESTOR"，即可同时加载所有文件。

在自动备份设定画面上，将光标指向 "Loadable version"，按下 F4 "CHOICE"，显示当前保存在存储装置中的所有备份的日期和时刻，如图 7-125。

```
1 99/06/16 12:00      5 99/06/14 12:00
2 99/06/15 23:30      6 99/06/13 23:30
3 99/06/15 12:00      7 99/06/13 12:00
4 99/06/14 23:30      8 -- Next Page --
AUTO BACKUP                    JOINT 100 %
Version Management--------------------
 13 Maximum number of versions:        1
 14  Loadable version:    99/06/16 12:00


[ TYPE ]INIT_DEV          [CHOICE]
```

图 7-125　备份功能选择

选择希望加载的备份时，在"Loadable version"处，显示该日期和时刻，此时，所选择的备份文件被复制在根目录中。

7.6 ⊃ FANUC 机器人在自动生产线上的应用编程

工业机器人可以替代人从事危险、有害、有毒、低温和高热等恶劣环境中的工作，还可以替代人完成繁重、单调的重复劳动，提高劳动生产率，保证产品质量。工业机器人通过执行程序实现生产自动化。本节通过编程实例介绍工业机器人如何实现自动码垛。

按照图 7-126 所示方式执行码垛。

码垛场景

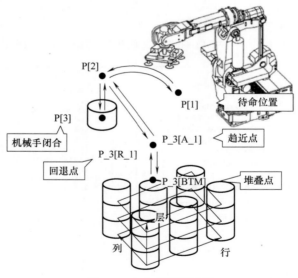

图 7-126　典型码垛图示

程序：

1：J P[1]100% FINE

2：J P[2]70% CNT50

3：L P[3]50mm/sec FINE

4：hand close

5：L P[2]100mm/sec CNT50

6：PALLETIZING-B_3

7：L PAL_3[A_1]100mm/sec CNT10

8：L PAL_3[BTM]50mm/sec FINE

9：hand open

10：L PAL_3[R_1]100mm/sec CNT10

11：PALLETIZING-END_3

12：J P[2]70％ CNT50

13：J P[1]100％ FINE

习　题

7.1　简述程序详细信息的构成。

7.2　简述如何备份机器人程序。

7.3　通过示教仪绘制一个半径为 50mm 的圆。

7.4　如图 7-127 所示，用 PR 指令画一个半径为 90mm 的正方体。

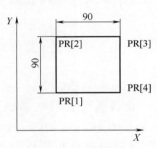

图 7-127　正方体平面图

学习目标：

　　（1）了解机器视觉系统的构成；

　　（2）掌握药丸实验的处理流程及各工具的功能；

　　（3）掌握工件尺寸的处理流程及各工具的功能；

　　（4）掌握相机如何进行通信。

8.1 ◆ 机器视觉的定义

　　机器视觉是人工智能正在快速发展的一个分支。简单说来，机器视觉就是用机器代替人眼来做测量和判断。

　　美国制造工程协会（American Society of Manufacturing Engineers，ASME）机器视觉分会和美国机器人工业协会的自动化视觉分会对机器视觉下的定义为：机器视觉（machine vision）是通过光学（robotic industries association，RIA）的装置和非接触的传感器自动地接收和处理一个真实物体的图像，通过分析图像获得所需信息或用于控制机器运动的装置。

　　简单地说，机器视觉是指基于视觉技术的机器系统或学科，故从广义来说，机器人、图像系统、基于视觉的工业测控设备等统属于机器视觉范畴。从狭义角度来说，机器视觉更多指基于视觉的工业测控系统设备。机器视觉系统的特点是提高生产的产品质量和生产线自动化程度。尤其是在一些不适合于人工作业的危险工作环境或人眼难以满足要求的场合，常用机器视觉来替代人工视觉；同时在大批量工业生产过程中，用人工视觉检查产品质量效率低且精度不高，用机器视觉检测方法可以大大提高生产效率和生产的自动化程度。而且机器视觉易于实现信息集成，是实现计算机集成制造的基础技术。

8.2 ◆ 机器视觉系统的构成

　　① 传感系统。传感系统主要由传感器组成，主要用于触发相机进行拍照便于后续图像处理系统对图片进行处理，常用的传感器有光电开关、超声波传感器等。

　　② 光源系统。光源可以根据待测物体颜色的不同，通过互补或者相同颜色的照明把需要的特征强化和消除。互补色照明，该颜色会变暗；同色照明，该颜色会变亮。常见的光源有条形光源、环形光源、同轴光源、背光光源等。为使读者能够更加直观地区别及识别各种光源，现列举条形光源、环形光源、同轴光源、背光光源如图 8-1～图 8-4 所示。

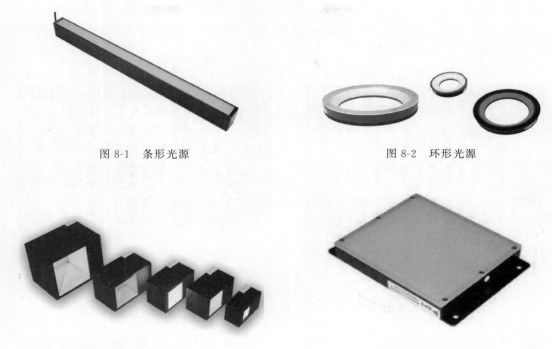

图 8-1　条形光源　　　　　　　　　　　　　　图 8-2　环形光源

图 8-3　同轴光源　　　　　　　　　　　　　　图 8-4　背光光源

③ 光学系统。光学系统主要由镜头、滤镜、光学胶圈等构成。镜头按照镜头接口主要分为 C 口、CS 口、F 口、M42、M12 等。C 口：多用于工业相机，是最常用的工业镜头接口。CS 口：多用于监控相机。F 口：多用于单反相机及大靶面芯片尺寸或者线阵相机。M42：多用于大靶面的工业相机。M12：多用于板集相机。滤镜可以是在镜头表面涂抹的光滑物质或者可以为滤光片，主要的作用是衰减光的强度、改变光谱成分，是用来选取所需辐射波段的光学器件。光学胶圈用于改变镜头的最小工作距离，是视野范围的调节附件。

④ 采集系统。采集系统主要由 CCD、CMOS、红外相机、图像采集卡、数据控制卡等构成，主要用于完成对图像数据的采集工作。

⑤ 图像处理系统。图像处理系统主要由以下几种视觉处理软件，如 OpenCV、Halcon、VisionPro、NI Vision、CK Vision、MATLAB 等构成。主要的作用为对采集系统采集的图像进行相应的处理，最终得到要检测目标或尺寸等内容。

8.3 ◐ 机器视觉在机器人生产线上的应用

本小节内容对应用机器视觉处理软件 VisionPro 的几种典型应用案例进行介绍，帮助读者能够利用机器视觉辅助机器人、机械臂等执行机构完成相应动作。

8.3.1　药丸实验

项目描述：本项目中共包含两张照片，其中一张照片中包含了 30 个黄白相间的药丸，此张照片为合格产品，另外一张照片中包含了 26 个黄白相间的药丸还有 4 个其他种类的药丸，此照片为不合格产品，通过机器视觉技术检测出不合格产品后发送给执行机构完成分拣动作，两张照片效果图如图 8-5 及图 8-6 所示。

图 8-5 药丸合格产品照片

图 8-6 药丸不合格产品照片

① 打开 VisionPro 软件进入如图 8-7 所示界面。

图 8-7 VisionPro 软件进入界面

② 双击 Image Source 选项，进入图片来源选项，具体界面情况如图 8-8 所示。

③ 点击"选择文件"选项，选择 C：\ Program Files \ Cognex \ VisionPro \ Images \ blister. tif 照片，单击运行按钮如图 8-9 所示，将会出现图 8-10 所示效果图。

④ 在当前任务下点击"显示"选项，在弹出的下拉菜单中点击"VisionPro 工具"选项，具体情况如图 8-11、图 8-12 所示。

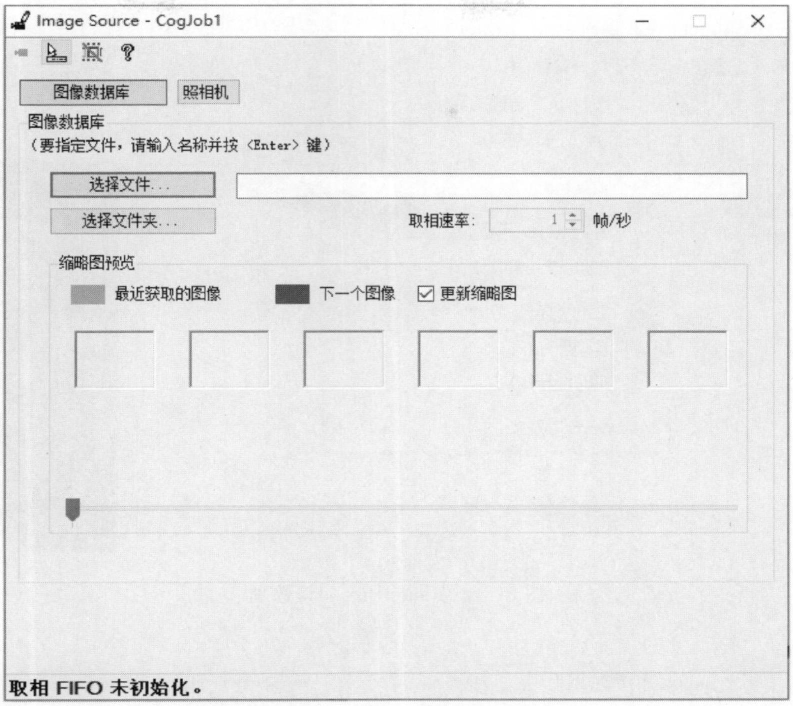

图 8-8　图片来源选项界面

图 8-9　运行界面

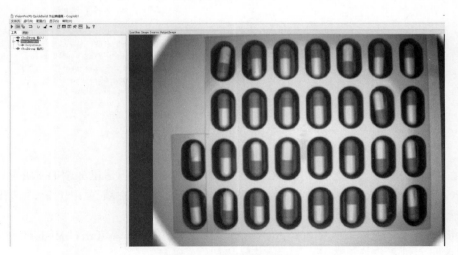

图 8-10　图片加载界面

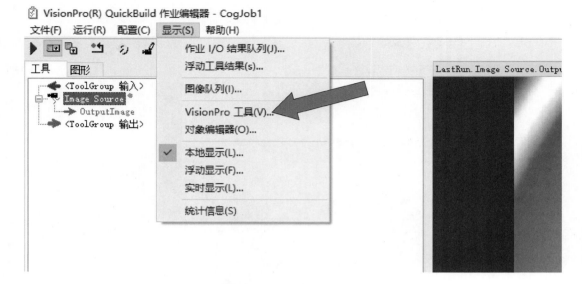

图 8-11　VisionPro 工具选项

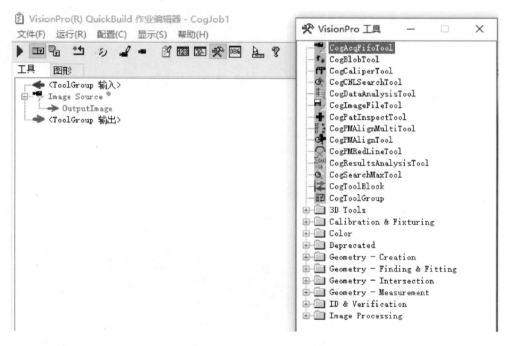

图 8-12　VisionPro 工具栏

⑤ 在 VisionPro 工具栏中点击 "Color" 下拉菜单并选中 CogColorSegmenterTool1 工具，CogColorSegmenterTool1 工具可以提取出待检测物体的颜色并保留，具体情况如图 8-13 所示。

⑥ 将 Image Source 工具中 OutputImage 与 CogColorSegmenterTool1 工具中 InputImage 通过鼠标左键进行拖曳连接，具体情况如图 8-14 所示。

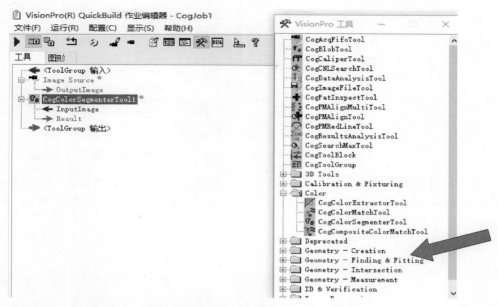

图 8-13　CogColorSegmenterTool1 工具栏

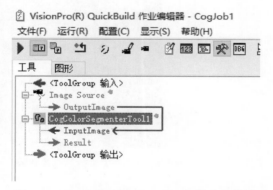

图 8-14　CogColorSegmenterTool1 输入连接图

⑦ 双击 CogColorSegmenterTool1 工具进入工具设置界面，点击新增选项按钮并进入 "选择区域" 选项按钮，具体情况如图 8-15、图 8-16 所示。

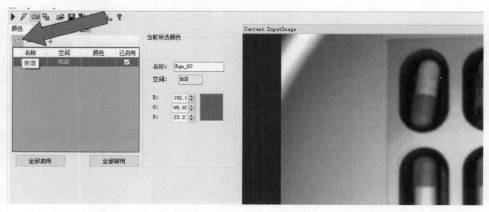

图 8-15　CogColorSegmenterTool1 工具中新增按钮选项界面

图 8-16　CogColorSegmenterTool1 新增按钮中选择区域界面

⑧ 适当调整新增区域对话框大小并放置在药丸的黄色区域，可以新增多个"选择区域"增加提取效果并在"LastRun. 分段函数"中查看效果，具体操作情况如图 8-17、图 8-18所示。

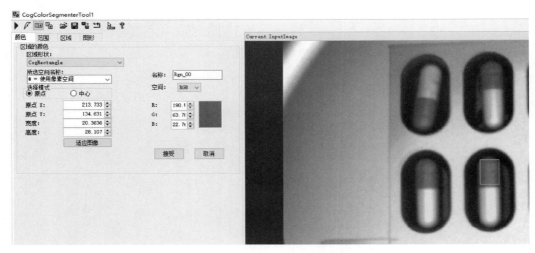

图 8-17　CogColorSegmenterTool1 进行颜色提取效果图

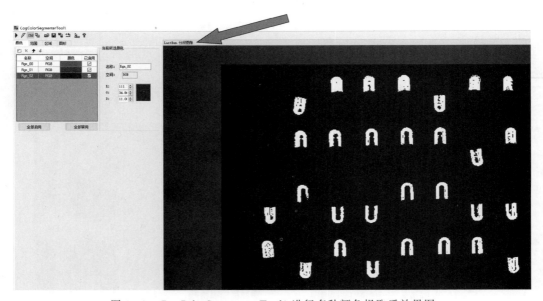

图 8-18　CogColorSegmenterTool1 进行多种颜色提取后效果图

如果发现某个药丸提取效果不好，例如第三行第三列中间部分没有被提取到，应该再次通过"新增"中的"选择区域"来增加药丸提取效果，新增的提取效果如图 8-19 所示。

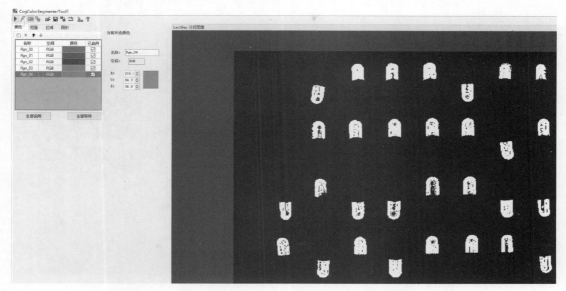

图 8-19　CogColorSegmenterTool1 新增后的提取效果

⑨ 因经过 CogColorSegmenterTool1 工具处理后的图像属于斑点，依据连通性的准则及后续 CogResultsAnalysisTool1 工具分析结果需要，现加入 CogIPOneImageTool1 工具进行形态学膨胀处理。在 CogIPOneImageTool1 选项下拉框中选择"Image Processing"，具体操作流程参照 CogColorSegmenterTool1 工具选择，选择好 CogIPOneImageTool1 工具后将CogColorSegmenter Tool1 中的 Result 与 CogIPOneImageTool1 工具中的 InputImage 进行连接，具体情况如图 8-20 所示。

图 8-20　CogColorSegmenter Tool1 的 Result 与 CogIPOneImageTool1 的 InputImage 连接效果图

⑩ 双击 CogIPOneImageTool1 进入工具设置界面，并点击"新增"选项，选择灰度形态调整工具，具体情况如图 8-21 所示。

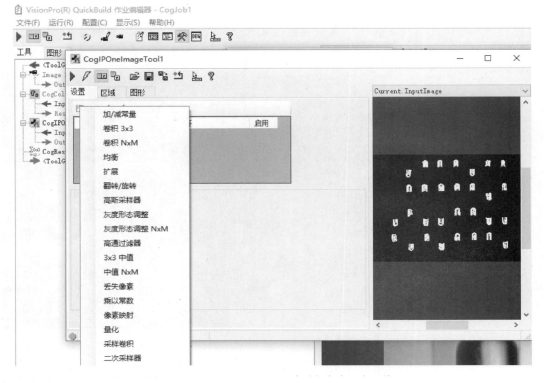

图 8-21　CogIPOneImageTool1 中选择灰度形态调整工具

⑪ 在新增的灰度形态调整选项中新增 "膨胀" 功能，将药丸进行膨胀处理，经过处理后的药丸将会 "变大"，具体情况如图 8-22、图 8-23 所示。

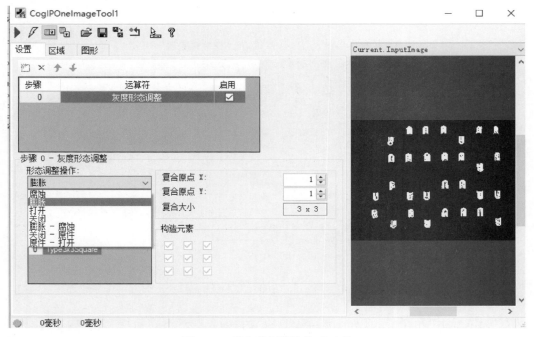

图 8-22　药丸进行膨胀处理过程

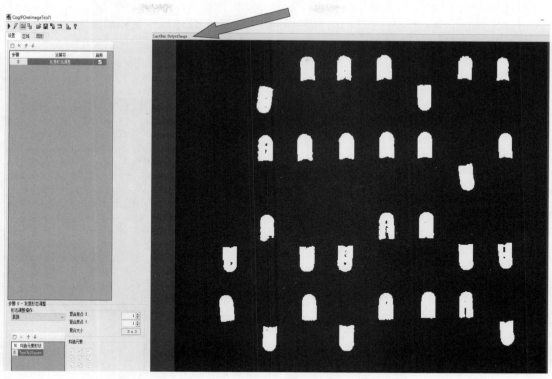

图 8-23 经过形态学工具膨胀后的效果图片

⑫ 在 VisionPro 工具中选择 CogBlobTool1 工具，并将 CogIPOneImageTool1 工具中的 OutputImage 与 CogBlobTool1 工具中的 InputImage 进行连接，双击 CogBlobTool1 工具进入设置界面，在设置界面中查看斑点结果，具体情况如图 8-24 所示。

CogBlobTool1 ✕

设置 区域 测得尺寸 图形 **结果**

28 结果 ☐ 显示未过滤斑点

Current.InputImage

N	ID	面积	CenterMassX	CenterMassY	ConnectivityLab
0	27	284243	317.979	240.705	1: 斑点
1	22	868	363.198	370.851	0: 孔
2	10	867	223.437	150.547	0: 孔
3	13	863	433.357	257.303	0: 孔
4	9	858	362.204	146.723	0: 孔
5	20	852	435.592	368.761	0: 孔
6	6	842	152.654	83.9644	0: 孔
7	8	841	429.519	146.584	0: 孔
8	23	838	231.456	372.678	0: 孔
9	18	837	228.311	304.236	0: 孔
10	11	832	154.763	152.339	0: 孔
11	14	828	364.458	258.064	0: 孔
12	5	822	429.314	79.6703	0: 孔
13	12	818	499.778	189.509	0: 孔
14	17	815	500.242	300.191	0: 孔
15	24	811	90.1979	374.404	0: 孔

0.5084毫秒1.2894毫秒

图 8-24 CogBlobTool1 工具结果分析图

通过 CogBlobTool1 工具结果分析可知，有部分面积较大或者较小的斑点不是真实的药丸，所以将对 CogBlobTool1 工具的结果进行进一步处理，具体操作过程如图 8-25 所示。

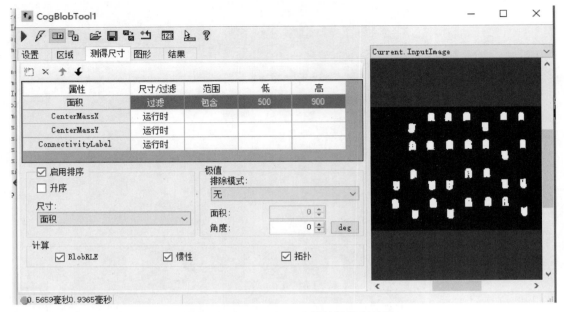

图 8-25　CogBlobTool1 工具结果处理过程

⑬ 在 VisionPro 工具中选择 CogResultsAnalysisTool1 工具并双击 CogResultsAnalysis-Tool1 工具进入设置界面，并通过设置增加"InputA"输入功能，CogResultsAnalysisTool1 工具可以对最终得到的结果进行分析，具体过程如图 8-26 所示。

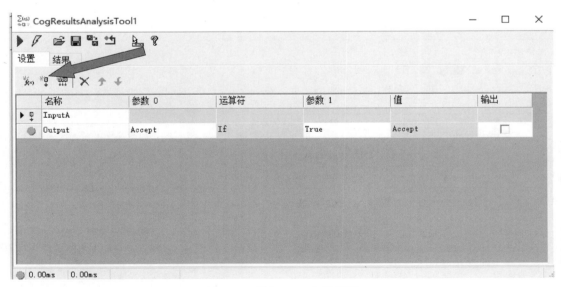

图 8-26　增加 InputA 效果图

⑭ 将 CogResultsAnalysisTool1 中的 Results. GetBlobs (). Count 与 CogResultsAnaly-sisTool1 的 InputA 进行连接后，再次通过双击 CogResultsAnalysisTool1 工具进入设置界面，并新增"函数"选项，具体情况如图 8-27 所示。

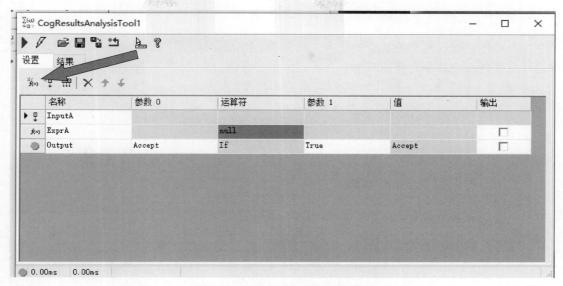

图 8-27 增加函数功能过程图

在 EXprA 中"参数 1"设置为 30,"运算符"中选择大于等于选项,"参数 0"中选择 InputA 选项,Output"参数 1"中选择 ExprA 选项,最终运算结果为药丸数量为 26 个的为不合格产品,药丸数量为 30 个的为合格产品,如果达不到如图 8-28 所示效果可以通过重新调整 CogColorSegmenterTool1 中的"新增区域"来进一步调节,具体情况如图 8-28 所示。

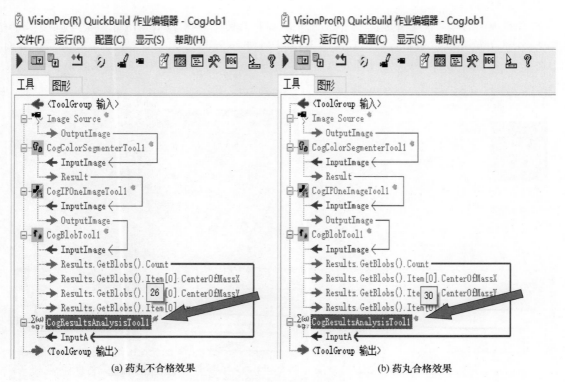

(a) 药丸不合格效果   (b) 药丸合格效果

图 8-28 最终效果图

8.3.2　工件尺寸检测案例

项目描述：通过机器视觉检测技术，检测某工件边缘与另外一个边缘距离，通过分析工件边缘与另外一个边缘之间的距离来判断工件是否合格。

① 通过 8.3.1 案例中图片加载的方法将 C：\ Program Files \ Cognex \ VisionPro \ Images \ bracket _ std. idb 中的图片导入当前工作项目中，导入后效果如图 8-29 所示。

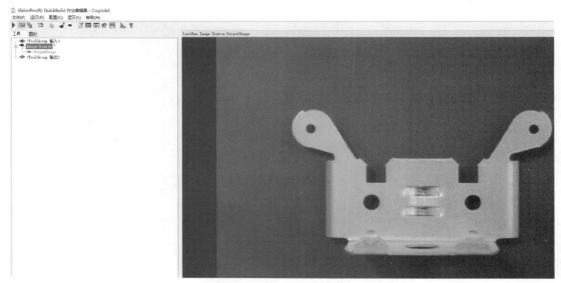

图 8-29　导入工件效果图

② 在 VisionPro 工具中选择 CogPMAlignTool1 工具，并将 OutputImage 与 CogPMAlignTool1 中的 InputImage 进行连接，双击进入 CogPMAlignTool1 工具设置界面后在图片展示界面中选择"Current. TrainImage"选项并点击抓取训练图像后将出现如图 8-30 所示效果。

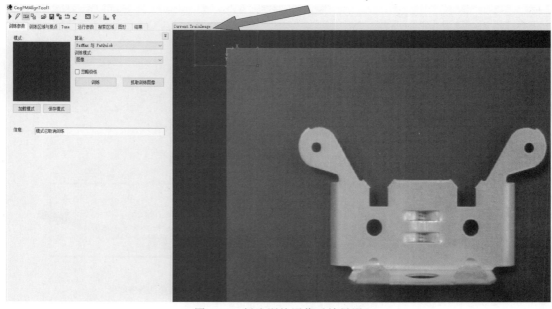

图 8-30　抓取训练图像后效果图

③ 适当调整训练图像对话框大小并覆盖住整体工件，并在 CogPMAlignTool1 设置界面中"训练区域与原点"选项中选择"中心原点"，操作后效果图如图 8-31 所示。

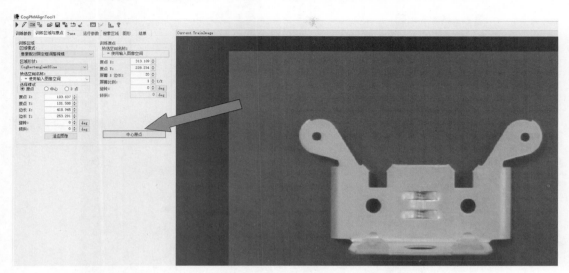

图 8-31　适当调整训练框及中心原点后效果图

④ 进入 CogPMAlignTool1 设置界面中"运行参数"界面，将"角度"设置为如图 8-32 所示数值，并在 CogPMAlignTool1 设置界面中"训练参数"中点击"训练"选项，训练效果如图 8-33 所示。

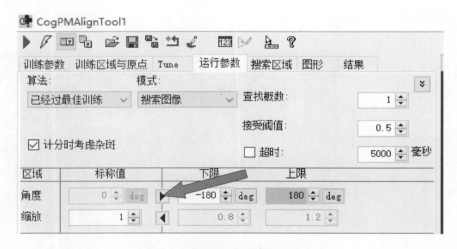

图 8-32　设置工件检测角度数值

⑤ 在 VisionPro 工具中的 Calibration & Fixturing 下拉框中选择 CogFixtureTool1 工具，并将 OutputImage 与 CogFixtureTool1 工具中 InputImage 进行连接及将 CogPMAlignTool1 中的 Results.Item［0］.GetPose（）与 CogFixtureTool1 中的 RunParams.UnfixturedFromFixturedTransform 进行连接，进行连接后的效果如图 8-34 所示。

⑥ 在 VisionPro 工具中新增加 CogCaliperTool1 工具两个，将 CogFixtureTool1 的 OutputImage 与 CogCaliperTool1 及 CogCaliperTool2 的 InputImage 进行连接，如图 8-35 所示。

图 8-33　训练效果图

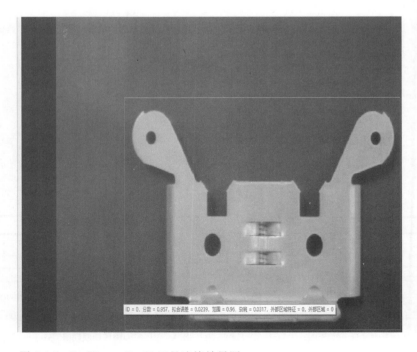

图 8-34　CogFixtureTool1 工具连接效果图

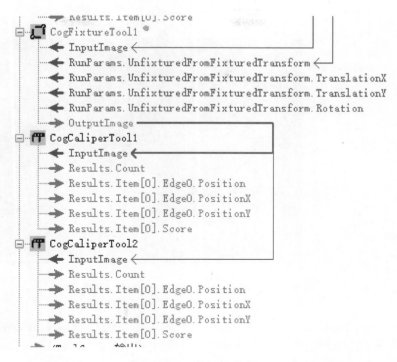

图 8-35　CogFixtureTool 与 CogCaliperTool 工具连接

⑦ 进入 CogCaliperTool1 及 CogCaliperTool2 工具设置界面，适当调整卡尺的大小并在两个工件边缘处设置界面中分别选择"由暗到明、由明到暗"选项，具体设置效果图如图 8-36、图 8-37 所示。

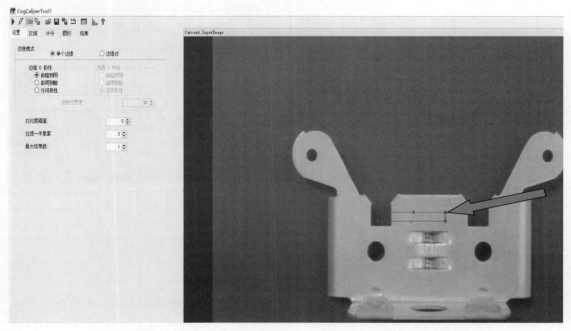

图 8-36　CogCaliperTool1 由暗到明设置效果

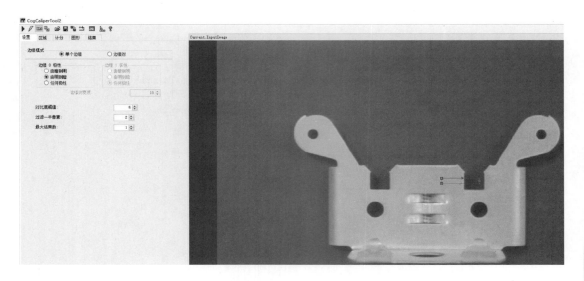

图 8-37　CogCaliperTool1 由明到暗设置效果

　　完成 CogCaliperTool1 及 CogCaliperTool2 工具设置后关闭当前工具设置界面并单击"运行"后，将在工件两侧边缘出现两条绿线，具体效果如图 8-38 所示。

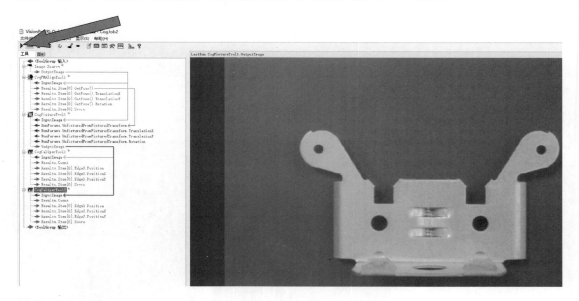

图 8-38　卡尺工具运行成功效果

　　⑧ 在 VisionPro 工具的 Geometry-Meaurement 下拉框中增加 CogDistancePointPoint-Tool1 工具，并将 CogDistancePointPointTool1 工具中的 InputImage 与 CogFixtureTool1 的 OutputImage 进行连接、CogCaliperTool1 及 CogCaliperTool2 的 Results. Item ［0］. Edge0. PositionX 及 Results. Item ［0］. Edge0. PositionY 分别与 CogDistancePointPoint-Tool1 的 StartX、StartY、EndX、EndY 进行连接，加入 CogDistancePointPointTool1 工具后的运行效果如图 8-39 所示。

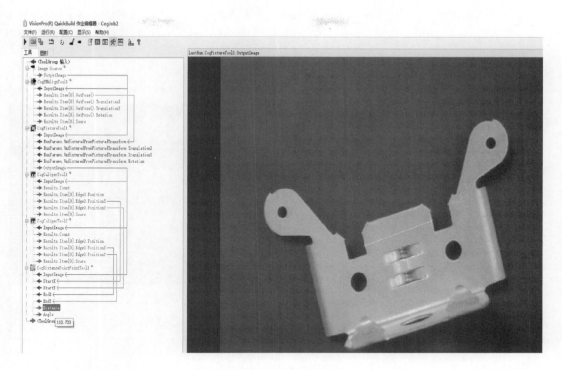

图 8-39　工件测量最终运行效果

8.3.3　字符串提取实验

项目描述：通过机器视觉检测技术，检测商标纸中的字符串，通过商标纸中字符串信息可以进行下一步判别工作。

① 通过 8.3.1 案例中图片加载的方法将 C：\Program Files\Cognex\VisionPro\Images\OCRMax_align_multiline.idb 中的图片导入当前工作项目中，导入后效果如图 8-40 所示。

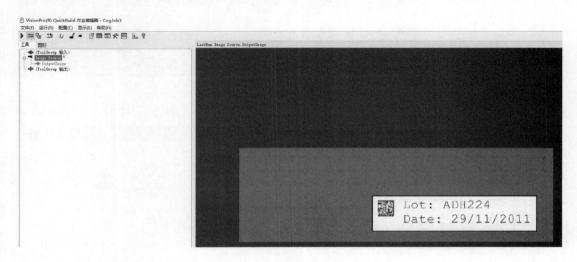

图 8-40　导入案例照片效果图

② 在 VisionPro 工具中选择 CogPMAlignTool1 工具，并将 OutputImage 与 CogPMA-lignTool1 中的 InputImage 进行连接，双击进入 CogPMAlignTool1 工具设置界面后在图片展示界面中选择 Current.TrainImage 选项并点击抓取训练图像后将出现图 8-41 所示效果。

图 8-41　抓取训练图像后效果图

③ 适当调整训练图像对话框大小并覆盖住整体图片，并在 CogPMAlignTool1 设置界面中"训练区域与原点"选项中选择"中心原点"，操作后效果图如图 8-42 所示。

图 8-42　适当调整训练框及中心原点后效果图

④ 在 CogPMAlignTool1 设置界面中"训练参数"中点击训练选项，训练效果如图 8-43所示。

⑤ 在 VisionPro 工具中的 Calibration&Fixturing 下拉框中选择 CogFixtureTool1 工具，并将 OutputImage 与 CogFixtureTool1 工具中 InputImage 进行连接及将 CogPMAlignTool1 中的 Results.Item［0］.GetPose（）与 CogFixtureTool1 中的 RunParams.UnfixturedFromFixturedTrans-form 进行连接，进行连接后的效果如图 8-44 所示。

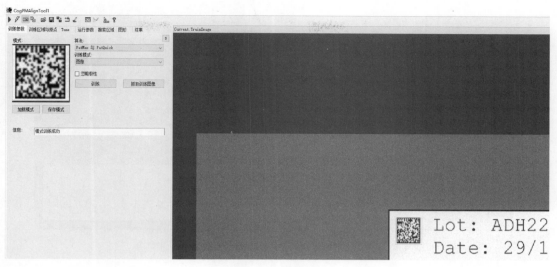

图 8-43　训练效果图

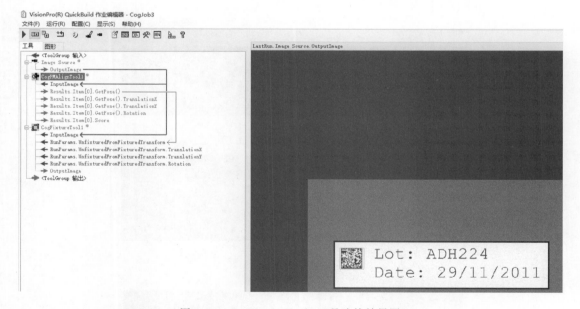

图 8-44　CogFixtureTool1 工具连接效果图

⑥ 在 VisionPro 工具中的 ID&Verification 下拉框中选择 CogOCRMaxTool 工具，并将 CogOCRMaxTool 工具的 InputImage 与 CogFixtureTool1 工具中的 OutputImage 进行连接，进行连接后进入 CogOCRMaxTool1 工具设置界面，适当调整 OCRMaxTool1 对话框至图 8-45 所示效果。

⑦ 进入 CogOCRMaxTool 工具设置界面中的"字体"界面，点击"提取字符"将出现图 8-46 所示效果。

按照预先想要提取的效果输入相应的字符串，最终将得到如图 8-47 所示效果。

在上一步的基础上点击"添加所有"按键，完成 CogOCRMaxTool 工具设置工作并返回查看最终识别效果，如图 8-48 所示。

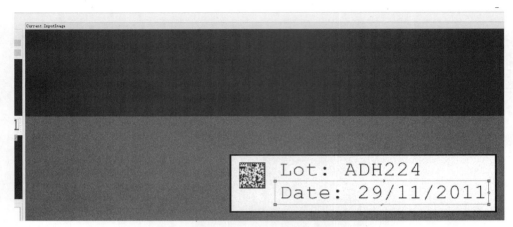

图 8-45　调整 OCRMaxTool 对话框至待检测字符串区域

图 8-46　CogOCRMaxTool 工具提取字符效果

图 8-47　待识别字符串输入识别字符效果图

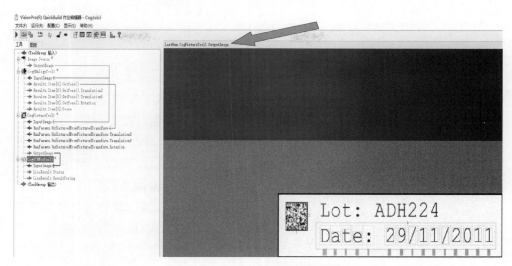

图 8-48　字符串识别最终效果图

8.3.4　相机通信

项目描述：在实际项目运行中需要相机对待检测物体进行照片采集，在进行照片采集时需要对相机进行基本设置，具体过程为通过 Gige 或 USB 等接口将相机接到计算机后执行以下操作。

① 点击开始菜单进入 Cognex 下拉框点击 Cognex GigE Vision Configurator 进入相机通信设置界面，具体过程如图 8-49、图 8-50 所示。

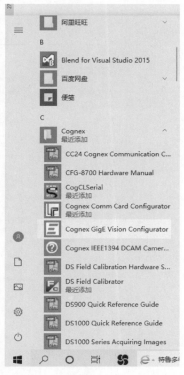

图 8-49　进入 Cognex GigE Vision Configurator 路径

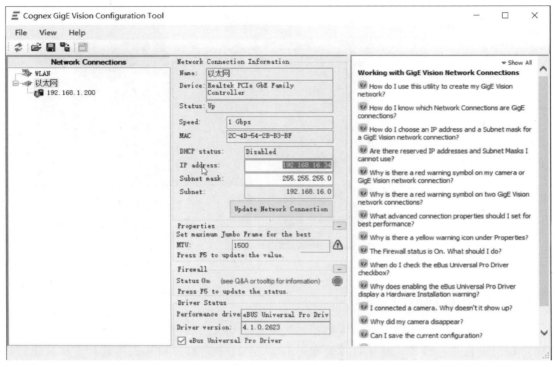

图 8-50　Cognex GigE Vision Configurator 设置界面

　　② 需要修改 IP address 前三个网段一致，在将前三个网段都修改为一致并更新后在图 8-51 中的网络连接"感叹号"将消除。

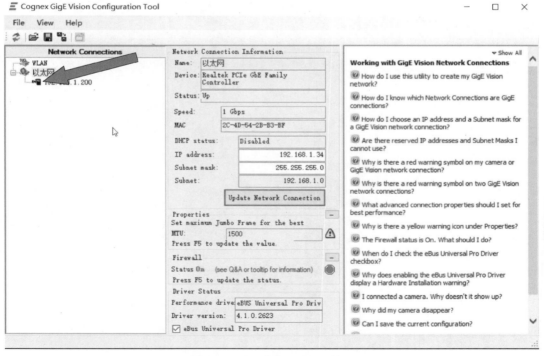

图 8-51　配置相机 IP 地址界面

③ 将 MTU 中的矩形针修改为最大值并将 Firewall 关闭即完成了相机初始化设置。

8.3.5 应用向导

项目描述:"应用向导"将在药丸检测案例的基础上进行,具体应用过程为通过 Vision-Pro 自带控件进行应用界面向导,创建一个视觉应用界面并将检测结果发送给串行调试助手,以模拟将视觉检测的结果发送给 PLC 或者执行机构进行下一步操作。

① 进入 VisionPro 界面并点击配置已发送项,具体过程如图 8-52、图 8-53 所示。

图 8-52 进入配置已发送项界面过程

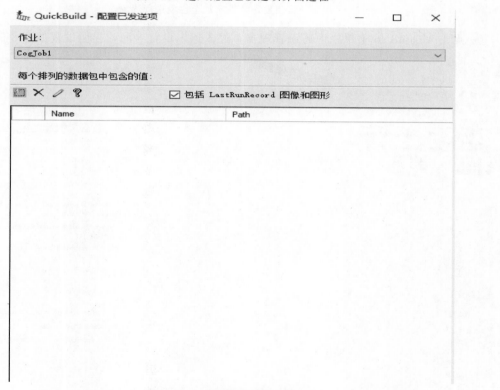

图 8-53 已发送项配置界面

② 点击已发送项配置界面左上角的新建,将发送结果添加到已发送项中,具体过程如图 8-54 所示。

图 8-54　将预发送结果添加至已发送项界面

③ 点击 VisionPro 菜单栏中通讯管理器，进入通讯设置界面，界面设置如图 8-55 所示。

图 8-55　通讯界面设置

④ 点击左侧菜单栏进入 TCP/IP 设置菜单，在右侧单击鼠标右键选择"添加"后再选择"服务器"选项，具体执行过程如图 8-56 所示。

图 8-56　通讯 TCP/IP 设置界面

⑤ 点击并创建好服务器后点击"TCP/IP"下拉菜单，鼠标左键单击"localhost"选项进入详尽设置过程，其中"编码器""输出结束符""输出分隔符"及"时限"等内容用户可自行进行设置，具体界面情况如图 8-57 所示。

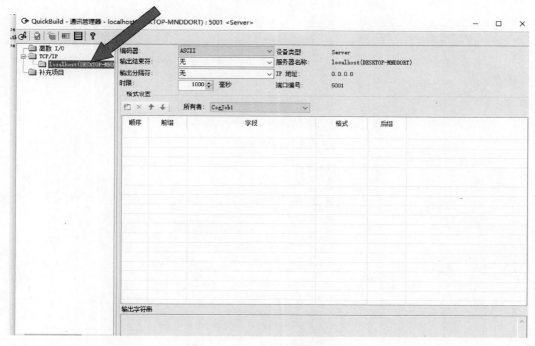

图 8-57　TCP/IP 详尽设置流程

⑥ 在"格式设置"中通过鼠标左键点击"新建"菜单栏，将要发送的结果添加，具体过程如图 8-58 所示。

图 8-58　设置 TCP/IP 发送结果

⑦ 进入计算机"开始"菜单中，在 Cognex 下拉框中单击"VisionPro（R）Application Wizard"进入应用向导设置插件，具体过程如图 8-59 所示。

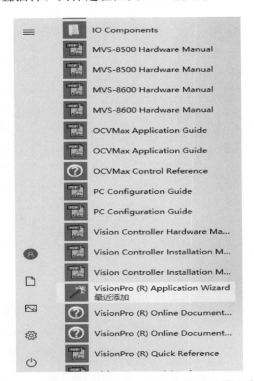

图 8-59　VisionPro（R）Application Wizard 进入流程

⑧ "开始使用"及"常规配置"只需根据界面提示进行即可，在"配置选项卡"选择"新建"选项，在下拉菜单中选择"从已发布项中添加输出"并在路径下拉框中选择"PostedItem1"，具体操作情况如图 8-60、图 8-61 所示。

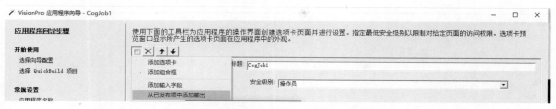

图 8-60　将已发送项导入应用向导截面图

图 8-61　应用向导路径设置

⑨ 按照"应用向导"提示进行操作，最终完成后的效果如图 8-62 所示。

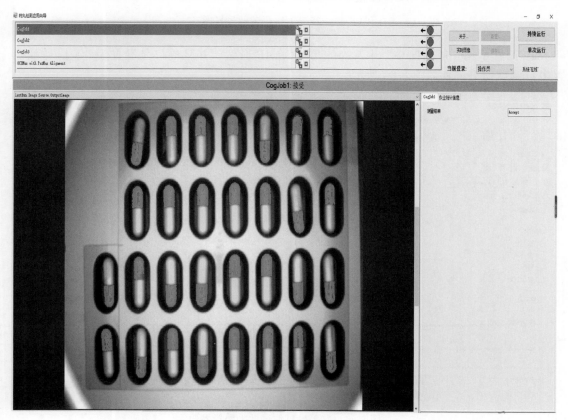

图 8-62　应用向导最终效果图

⑩ 一般情况下视觉检测系统在检测后续配合 PLC 及执行机构进行相应动作，本章采用模拟通信方式进行 TCP/IP 通信效果展示，本书使用友善串口调试助手进行调试，读者也可使用其他通信软件进行调试，友善串口调试助手界面如图 8-63 所示。

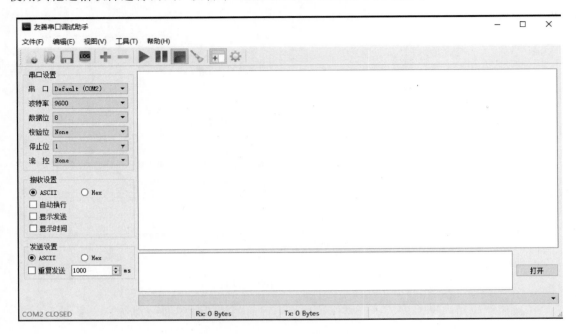

图 8-63　友善串口调试助手界面

⑪ 因本示例"应用向导"中选择的是 TCP/IP 通信，并且端口号设置为 5001，所以友善串口调试助手设置如图 8-64 所示。

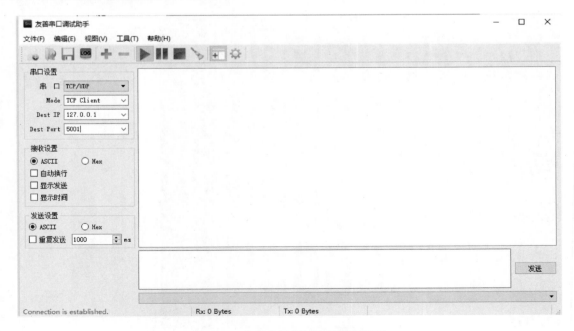

图 8-64　友善串口调试助手配置界面

⑫ 在"应用向导"中单击"单词运行"或者"持续运行"后将在友善串口调试助手界面中收到"应用向导"所发送的结果,效果如图 8-65 所示。

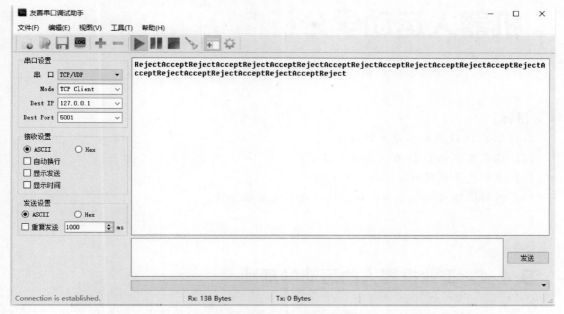

图 8-65　友善串口调试助手接收结果

习　题

8.1　机器视觉系统由哪几部分构成?

8.2　简述利用软件进行药丸数量检测的流程。

8.3　简述利用软件进行工件尺寸检测的流程。

8.4　简述利用软件进行字符串提取的流程。

8.5　请在工件尺寸检测实验中利用串口助手完成相机通信调试。

第9章

机器人运动学分析

学习目标：

(1) 了解 D-H 坐标系建立过程；

(2) 确定各连杆 D-H 参数和关节变量；

(3) 理解两连杆间的位姿矩阵构建过程；

(4) 理解机器人运动方程，能进行机器人运动学分析。

9.1 ⊃ 工业机器人的运动学基础

机器人运动学作为机器人学中最关键的研究方向之一，对机器人系统整体控制、离线编程精度都有重要影响，在研究机器人轨迹规划和运动仿真过程中处于基础性地位。机器人运动学涉及两方面内容：正运动学和逆运动学。正运动学是已知各关节角度信息，计算机器人末端操作机构在直角坐标空间的位姿；而逆运动学求解是正运动学求解的反过程。

工业机器人的运动学分析是对工业机器人本体运动规律进行分析，本章将主要应用 FANUC ARC 100i 型六轴工业机器人从数学基础、运动学建模、正逆运动学求解等方面来系统介绍机器人的运动学。

9.1.1 典型 FANUC 工业机器人简介

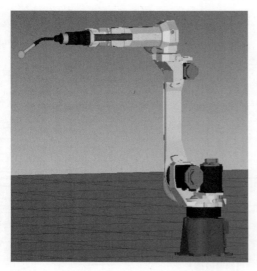

图 9-1 FANUC ARC 100i 型六轴工业机器人

本文所采用的研究对象为 FANUC ARC 100i 和 FANUC R-30iB 型六轴工业机器人，这两款机器人六个关节都是转动关节，可以称为 6 自由度机构。图 9-1 是 FANUC ARC 100i 型六轴工业机器人的 3D 结构图。FANUC ARC 100i 型六轴工业机器人动力学结构设计降低了机器人的质量，而大臂的中空结构把相应的外接设备电缆包含其中，极大地提高了机器人的场地适应性和布置灵活性，从而也方便客户去优化现场布局的配置。

FANUC ARC 100i 型六轴工业机器人具有高度灵活性，其 1687mm 的球形工作半径可以最大限度地利用工作空间去完成常规工作。安装方式可以选择正装也可以选择倒装，倒装是装在天花板上，充分满足在各种应用场合中对机器人的集成需求。FANUC ARC 100i 型六轴工业机器人的技术性能参数如表 9-1 所示，完整典型 FANUC 六轴工业机器人的系统如图 9-2 所示，具体包括图 9-2（a）所示机械臂本体和图 9-2（b）所示控制柜以及图 9-2（c）中供电箱、图 9-2（d）中示教器等。

表 9-1 FANUC ARC 100i 型六轴工业机器人性能参数

自由度数	重复定位精度	工作半径	腕部负载
6	±0.08mm	1687mm	6kg

(a) 机器人本体工位

(b) 本体控制柜

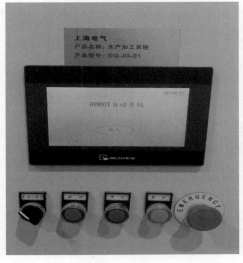

(c) 供电箱

(d) 示教器

图 9-2 FANUC R-30iB 型六轴工业机器人系统

9.1.2 六轴工业机器人数学理论基础

工业机器人操作是通过工业机器人末端操作器使零件和工具在工作空间中运动，为了能够清楚地定义和表达工业机器人的位置和姿态，本节将分别根据具体的数据对零件、工具和工业机器人本体进行坐标系的定义和表达。

（1）位置、姿态与坐标系

给定一个坐标系，就能用一个 $3×1$ 的位置矢量定位坐标系中的任意一点。图 9-3 用三个互相正交的单位矢量来表示直角坐标系 $\{A\}$，点 ^AP 的位置由一个矢量来表示，其中 ^AP 表示点 P 相对于直角坐标系 $\{A\}$ 的位置。

$$^AP = \begin{bmatrix} P_x \\ P_y \\ P_z \end{bmatrix} \tag{9-1}$$

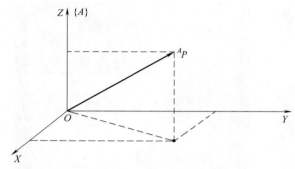

图 9-3　^AP 相对于坐标系的位置

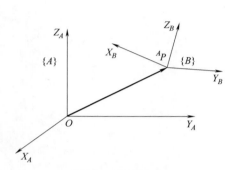

图 9-4　位姿确定

空间中某一点的位置可以用矢量来描述，物体的姿态则用固定在物体上的坐标系来表达。新建一个直角坐标系 $\{B\}$，使其原点与 ^AP 点重合，如图 9-4 所示，用 B_X、B_Y、B_Z 表示直角坐标系 $\{B\}$ 主轴方向上的三个单位矢量，^AB_X、^AB_Y、^AB_Z 则是在直角坐标系 $\{A\}$ 下的表达，此表达形式组成的 $3×3$ 的旋转矩阵用 $_B^A\boldsymbol{R}$ 表示。

$$_B^A\boldsymbol{R} = \begin{bmatrix} ^AB_X & ^AB_Y & ^AB_Z \end{bmatrix} = \begin{bmatrix} r_{11} & r_{12} & r_{13} \\ r_{21} & r_{22} & r_{23} \\ r_{31} & r_{32} & r_{33} \end{bmatrix} \tag{9-2}$$

旋转矩阵 $_B^A\boldsymbol{R}$ 中共有 9 个元素，且满足下述正交条件：

$$^AX_B \cdot {^AX_B} = {^AY_B} \cdot {^AY_B} = {^AZ_B} \cdot {^AZ_B} = 1 \tag{9-3}$$

$$^AX_B \cdot {^AY_B} = {^AY_B} \cdot {^AZ_B} = {^AZ_B} \cdot {^AX_B} = 0 \tag{9-4}$$

这里旋转矩阵 $_B^A\boldsymbol{R}$ 为正交矩阵，且满足如下条件：

$$_B^A\boldsymbol{R}^{-1} = {_B^A\boldsymbol{R}}^{\mathrm{T}} \tag{9-5}$$

$$\left| _B^A\boldsymbol{R} \right| = 1 \tag{9-6}$$

旋转矩阵 $_B^A\boldsymbol{R}$ 绕 X、Y、Z 轴旋转 θ 角后表达如下：

$$_B^A\mathrm{Rot}(X,\theta) = \begin{bmatrix} 1 & 0 & 0 \\ 0 & \cos\theta & -\sin\theta \\ 0 & \sin\theta & \cos\theta \end{bmatrix} \tag{9-7}$$

$$_B^A\mathrm{Rot}(Y,\theta) = \begin{bmatrix} \cos\theta & 0 & \sin\theta \\ 0 & 1 & 0 \\ -\sin\theta & 0 & \cos\theta \end{bmatrix} \tag{9-8}$$

$$
{}_{B}^{A}\mathrm{Rot}(Z,\theta) = \begin{bmatrix} \cos\theta & -\sin\theta & 0 \\ \sin\theta & \cos\theta & 0 \\ 0 & 0 & 1 \end{bmatrix} \tag{9-9}
$$

位置和姿态即可描述机械臂位姿的完整信息，四个矢量为一组，此组合就是坐标系，其中一个矢量表示机械臂末端操作器的位置，另外三个矢量表示姿态。假设 ${}^{A}\boldsymbol{P}_{B}$ 表示直角坐标系 ｛B｝原点位置矢量，则直角坐标系 ｛B｝可以表示如下：

$$
\{B\} = \{{}_{B}^{A}\boldsymbol{R}, {}^{A}\boldsymbol{P}_{B}\} \tag{9-10}
$$

（2）坐标映射

为了描述坐标系之间的相互转换关系，本文采用数理知识中映射概念，一般工业机器人坐标映射包括平移坐标系的映射、旋转坐标系的映射和一般坐标系的映射，在两个坐标系姿态相同的情况下，不同坐标系之间的矢量才能进行平移操作，表示如下：

$$
F_{\mathrm{new}} = \mathrm{Trans}(d_x, d_y, d_z) F_{\mathrm{old}} \tag{9-11}
$$

式中：

$$
\mathrm{Trans}(d_x, d_y, d_z) = \begin{bmatrix} 1 & 0 & 0 & d_x \\ 0 & 1 & 0 & d_y \\ 0 & 0 & 1 & d_z \\ 0 & 0 & 0 & 1 \end{bmatrix} \tag{9-12}
$$

两个坐标系的原点相互重合，但是三个单位矢量的方向不同，通过旋转一定的角度，这两个坐标系就能相互重合，故旋转操作如下：

$$
F_{\mathrm{new}} = {}_{B}^{A}\mathrm{Rot}(X,\theta) F_{\mathrm{old}} \tag{9-13}
$$

由于坐标系可以分别绕 X 或 Y 或 Z 轴旋转角度 θ，故所得齐次变换矩阵如下：

$$
{}_{B}^{A}\mathrm{Rot}(X,\theta) = \begin{bmatrix} 1 & 0 & 0 & 0 \\ 0 & \cos\theta & -\sin\theta & 0 \\ 0 & \sin\theta & \cos\theta & 0 \\ 0 & 0 & 0 & 1 \end{bmatrix} \tag{9-14}
$$

$$
{}_{B}^{A}\mathrm{Rot}(Y,\theta) = \begin{bmatrix} \cos\theta & 0 & \sin\theta & 0 \\ 0 & 1 & 0 & 0 \\ -\sin\theta & 0 & \cos\theta & 0 \\ 0 & 0 & 0 & 1 \end{bmatrix} \tag{9-15}
$$

$$
{}_{B}^{A}\mathrm{Rot}(Z,\theta) = \begin{bmatrix} \cos\theta & -\sin\theta & 0 & 0 \\ \sin\theta & \cos\theta & 0 & 0 \\ 0 & 0 & 1 & 0 \\ 0 & 0 & 0 & 1 \end{bmatrix} \tag{9-16}
$$

一般坐标系的映射是指两个坐标系的原点不重合，存在矢量偏移和姿态偏移，必须要同时经过平移和旋转操作才能使两个坐标系重合，表示为式（9-11）～式（9-16）的组合，如

$$
F_{\mathrm{new}} = \mathrm{Rot}(x,\alpha) \times \mathrm{Rot}(y,\beta) \times \mathrm{Rot}(z,\gamma) \times \mathrm{Trans}(d_1, d_2, d_3) \times F_{\mathrm{old}}
$$

一般来说，工业机器人的正运动学是已知各个关节的角度值，通过连杆矩阵变换计算出工业机器人操作器在直角坐标系中的位置和姿态，而逆运动学的求解过程就是正运动学的反向过程，由于在逆运动学求解过程中，涉及三角函数计算，因此该过程属于非线性问题求解且会出现多组解，其中正逆运动学之间的转换过程如图 9-5 所示。

为了进行工业机器人的逆运动学解，末端操作器的工具坐标相对于原点坐标的表示是首

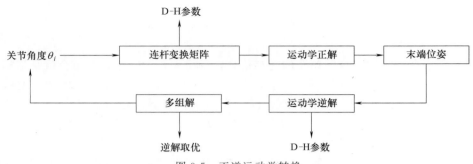

图 9-5　正逆运动学转换

要解决的问题。1955 年 Denavit 和 Hartenberg 提出了一种用来解决工业机器人末端操作器的工具点坐标相对于原点坐标位置和姿态的通用表达方式，该方法主要通过工业机器人的位置和姿态矩阵方程的齐次变化来实现，称为 D-H 参数法。通过该方法简化正运动学问题，已经成为表示工业机器人和对工业机器人运动进行建模的标准方法，但是对于相邻的两个平行关节，通过 D-H 参数法建立的齐次变换矩阵是一个奇异矩阵。为了避免这种缺陷，本文采用改进的 D-H 参数法对 FANUC ARC 100i 型六轴工业机器人建立关节坐标系。

9.1.3　六轴工业机器人连杆参数与坐标

本文以 FANUC ARC 100i 型六轴工业机器人为研究对象，该机器人是一个开环的机械机构，具有 6 个转动关节和 6 个连杆，其实体结构如图 9-6 所示。

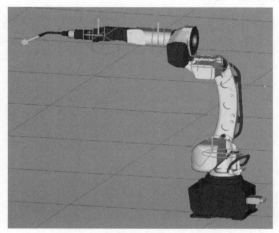

图 9-6　机器人的实体结构图

由于 FANUC ARC 100i 型六轴工业机器人是一个连杆机构，故本文用开环的关节链来对工业机器人本体进行运动学方程的建立。其中由于基座不属于连杆结构，因此基座被称为连杆 0，其后依次定义 1、2、3、4、5、6 号连杆。把基坐标系固连在工业机器人的固定底座上，在每个关节处都分别建立一个局部坐标系，这些坐标系之间通过齐次变换矩阵进行转换，矩阵中的元素由连杆长度 a_i、连杆转角 α_i、连杆偏距 d_i 和关节角 θ_i 四个参数组成。图 9-7 描述了 $i-1$、i 和 $i+1$ 三个相邻连杆之间的几何关系，其中关节 i 和 $i+1$ 的公垂线长度由 a_i 表示，平面夹角由 α_i 表示，连杆 i 和连杆 $i+1$ 之间的间距由 d_i 表示，平面夹角由 θ_i 表示。

定义 FANUC ARC 100i 型六轴工业机器人腰关节为 1 关节，转角为 θ_1，肩关节为 2 关节，转角为 θ_2，肘关节为 3 关节，转角为 θ_3，依此类推定义机器人的各个关节。参考图 9-7 的 D-H 参数表示方法，从各个关节建立的坐标系出发，标出各个关节的延长线，其中关节轴 i 和 $i+1$ 之间的公垂线或者交点与关节轴 i 的交点作为坐标系 {i} 的原点。把沿关节轴 i 的指向定义为 Z 轴方向，沿公垂线指向定义为 X 轴方向，如果关节轴 i 和关节轴 $i+1$ 相交，则规定 X 轴垂直于关节轴 i 和关节轴 $i+1$ 相交的平面，而 Y 轴方向遵循右手定则来划分，另外，当第 1 关节变量为 0 时，设坐标系 {0} 和 {1} 的位姿重合。建立 FANUC

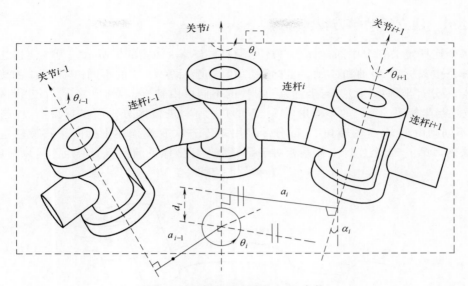

图 9-7　相邻连杆改进的 D-H 参数

ARC 100i 型六轴工业机器人连杆坐标系，如图 9-8 所示。

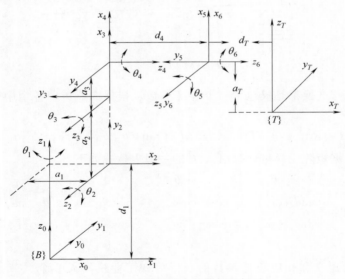

图 9-8　工业机器人的连杆坐标系

　　根据 FANUC ARC 100i 型六轴工业机器人使用说明书可得到各个连杆在机器人起始位置的参数，如表 9-2 所示。

表 9-2　FANUC ARC 100i 型六轴工业机器人改进的 D-H 参数表

连杆 i	连杆转角 $\alpha_{i-1}/(°)$	连杆长度 a_{i-1}/mm	连杆偏距 d_i/mm	关节角 $\theta_i/(°)$	关节变量范围 $/(°)$
1	90	150	450	θ_1	$(-180,180)$
2	0	600	0	θ_2	$(-90,120)$
3	90	200	0	θ_3	$(-180,90)$
4	−90	0	740	θ_4	$(-180,180)$
5	90	0	0	θ_5	$(-135,135)$
6	0	0	0	θ_6	$(-360,360)$

9.1.4 建立运动学方程

将每个连杆定义三个中间坐标系 $\{P\}$、$\{Q\}$、$\{R\}$，如图 9-9 所示。为方便描述，图中每个坐标系中只标出 X 轴和 Z 轴。坐标系 $\{R\}$ 与坐标系 $i-1$ 的不同由轴 $i-1$ 的旋转角度 α_{i-1} 进行区分；坐标系 $\{Q\}$ 与坐标系 $\{R\}$ 的不同可由轴 $i-1$ 的位移 a_{i-1} 进行区分；坐标系 $\{P\}$ 与坐标系 $\{Q\}$ 的不同由轴 $i-1$ 的位移 d_i 进行区分；而坐标系 $\{i\}$ 与坐标系 $\{P\}$ 的不同则由轴 $i-1$ 的转角 θ_i 区分。利用矩阵齐次变换描述坐标间平移旋转过程，根据链式法则，第 $i-1$ 个连杆坐标系相对于第 i 个连杆坐标系的位姿变换矩阵可以写成：

$$_i^{i-1}\boldsymbol{T} = {}_R^{i-1}\boldsymbol{T}_Q^R\boldsymbol{T}_P^Q\boldsymbol{T}_i^P\boldsymbol{T} \tag{9-17}$$

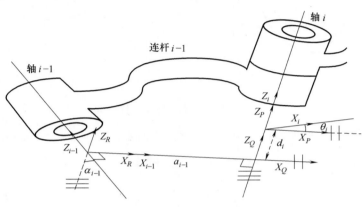

图 9-9 D-H 坐标系

由于上式中每个平移变换都是仅包含一个连杆参数，根据图 9-9 中各个中间坐标系的设置，将其变化为：

$$_i^{i-1}\boldsymbol{T} = \text{Rot}(z,\theta_i)\text{Trans}(0,0,d)\text{Trans}(a_{i-1},0,0)\text{Rot}(x,\alpha_{i-1}) \tag{9-18}$$

代入各个参数，根据矩阵变换可计算出 $_i^{i-1}\boldsymbol{T}$ 的一般表达式如下：

$$_i^{i-1}\boldsymbol{T} = \begin{bmatrix} \cos\theta_i & -\sin\theta_i & 0 & a_{i-1} \\ \sin\theta_i\cos\alpha_{i-1} & \cos\theta_i\cos\alpha_{i-1} & -\sin\alpha_{i-1} & -d_i\sin\alpha_{i-1} \\ \sin\theta_i\sin\alpha_{i-1} & \cos\theta_i\sin\alpha_{i-1} & \cos\alpha_{i-1} & d_i\cos\alpha_{i-1} \\ 0 & 0 & 0 & 1 \end{bmatrix} \tag{9-19}$$

由连杆坐标系建立和相应连杆参数的获得可知工业机器人 6 个关节中变量分别为 θ_1、θ_2、θ_3、θ_4、θ_5 和 θ_6，则工业机器人的末端操作器相对于基座的齐次变换矩阵也是包含这 6 个关节变量的 4×4 矩阵，即：

$$_6^0\boldsymbol{T}(\theta_1,\theta_2,\theta_3,\theta_4,\theta_5,\theta_6) = {}_1^0\boldsymbol{T}(\theta_1){}_2^1\boldsymbol{T}(\theta_2){}_3^2\boldsymbol{T}(\theta_3){}_4^3\boldsymbol{T}(\theta_4){}_5^4\boldsymbol{T}(\theta_5){}_6^5\boldsymbol{T}(\theta_6) \tag{9-20}$$

$_6^0\boldsymbol{T}$ 函数是六轴工业机器人针对 6 个关节变量的函数，由此可得 n 个关节变量的变换矩阵的一般表达式如下：

$$_N^0\boldsymbol{T}(\theta_1,\theta_2,\cdots,\theta_N) = {}_1^0\boldsymbol{T}(\theta_1){}_2^1\boldsymbol{T}(\theta_2){}_3^2\boldsymbol{T}(\theta_3)\cdots{}_N^{N-1}\boldsymbol{T}(\theta_N) \tag{9-21}$$

上式为坐标系 $\{N\}$ 相对于坐标系 $\{0\}$ 的变换矩阵，如果能够得到工业机器人关节位置传感器的值，在笛卡儿坐标系中工业机器人末端操作器的位置和姿态就可以通过 $_N^0\boldsymbol{T}$ 计算出来。

由于本教材对应 FANUC 机器人，研究对象选用 FANUC ARC 100i 型六轴工业机器人，根据式（9-21）可以计算出每个连杆的变换矩阵，如下：

$$
{}^0_1\boldsymbol{T} = \begin{bmatrix} \cos\theta_1 & 0 & \sin\theta_1 & a_1\cos\theta_1 \\ \sin\theta_1 & 0 & -\cos\theta_1 & a_1\sin\theta_1 \\ 0 & 1 & 0 & d_1 \\ 0 & 0 & 0 & 1 \end{bmatrix}, \quad {}^1_2\boldsymbol{T} = \begin{bmatrix} \cos\theta_2 & \sin\theta_2 & 0 & a_2\cos\theta_2 \\ \sin\theta_2 & -\cos\theta_2 & 0 & a_2\sin\theta_2 \\ 0 & 0 & 1 & d_1 \\ 0 & 0 & 0 & 1 \end{bmatrix},
$$

$$
{}^2_3\boldsymbol{T} = \begin{bmatrix} \cos\theta_3 & 0 & \sin\theta_3 & a_3\cos\theta_3 \\ \sin\theta_3 & 0 & -\cos\theta_3 & a_3\sin\theta_3 \\ 0 & 1 & 0 & 0 \\ 0 & 0 & 0 & 1 \end{bmatrix}, \quad {}^3_4\boldsymbol{T} = \begin{bmatrix} \cos\theta_4 & 0 & -\sin\theta_4 & 0 \\ \sin\theta_4 & 0 & \cos\theta_4 & 0 \\ 0 & -1 & 0 & d_4 \\ 0 & 0 & 0 & 1 \end{bmatrix} \quad (9\text{-}22)
$$

$$
{}^4_5\boldsymbol{T} = \begin{bmatrix} \cos\theta_5 & 0 & \sin\theta_5 & 0 \\ \sin\theta_5 & 0 & -\cos\theta_5 & 0 \\ 0 & -1 & 0 & 0 \\ 0 & 0 & 0 & 1 \end{bmatrix}, \quad {}^5_6\boldsymbol{T} = \begin{bmatrix} \cos\theta_6 & -\sin\theta_6 & 0 & 0 \\ \sin\theta_6 & \cos\theta_6 & 0 & 0 \\ 0 & 0 & 1 & 0 \\ 0 & 0 & 0 & 1 \end{bmatrix}
$$

9.2 ➲ 六轴工业机器人正逆运动学

9.2.1 六轴工业机器人正运动学

根据工业机器人的连杆参数和关节转动角度，可以得到工业机器人末端操作器的位置和姿态的矩阵方程，这即为求解工业机器人正运动学的过程，由式（9-22）中每个连杆的变换矩阵连乘可以得到末端操作器相对于原点坐标系的位姿矩阵为：

$$
{}^0_6\boldsymbol{T}(\theta_1,\theta_2,\theta_3,\theta_4,\theta_5,\theta_6) = {}^0_1\boldsymbol{T}(\theta_1)\,{}^1_2\boldsymbol{T}(\theta_2)\,{}^2_3\boldsymbol{T}(\theta_3)\,{}^3_4\boldsymbol{T}(\theta_4)\,{}^4_5\boldsymbol{T}(\theta_5)\,{}^5_6\boldsymbol{T}(\theta_6) = \begin{bmatrix} n_x & o_x & a_x & p_x \\ n_y & o_y & a_y & p_y \\ n_z & o_z & a_z & p_z \\ 0 & 0 & 0 & 1 \end{bmatrix}
$$

$$(9\text{-}23)$$

其中，p_x、p_y、p_z 表示末端操作器的位置；n_x、n_y、n_z、o_x、o_y、o_z、a_x、a_y、a_z 表示末端操作器的姿态。假设机器人的各关节角为 θ_1、θ_2、θ_3、θ_4、θ_5 和 θ_6，根据式（9-23）可得：

$$
\begin{aligned}
n_x &= s_1 c_4 s_5 - c_1 c_{23} s_4 s_6 + s_1 s_4 c_5 s_6 + c_1 c_{23} c_4 c_5 c_6 - c_1 s_{23} s_5 \\
n_y &= c_1 c_4 s_6 + s_1 c_{23} s_4 s_6 - c_1 s_4 c_5 c_6 + s_1 c_{23} c_4 c_5 c_6 + s_1 s_{23} s_5 \\
n_z &= c_{23} s_5 c_6 + s_{23} c_4 c_5 c_6 - s_{23} s_4 s_6 \\
o_x &= s_1 c_4 c_6 - c_1 c_{23} s_5 - c_1 c_{23} s_4 c_6 - s_1 s_4 c_5 s_6 - c_1 s_{23} c_4 c_5 c_6 \\
o_y &= c_1 s_4 c_5 s_6 - c_1 c_{23} c_4 s_6 + s_1 s_{23} s_5 - c_1 c_4 c_6 - s_1 c_{23} s_4 c_6 \\
o_z &= -c_{23} s_5 s_6 - s_{23} s_4 c_6 - c_{23} c_4 c_5 s_6 \\
a_x &= s_1 s_4 s_5 + c_1 c_{23} c_4 c_5 + c_1 s_{23} c_5 \\
a_y &= s_1 s_{23} c_4 - c_1 c_4 s_5 + s_1 c_{23} c_4 c_5 \\
a_z &= c_4 s_5 s_{23} - c_{23} c_5
\end{aligned}
$$

$$(9\text{-}24)$$

$$p_x = a_1 c_1 + a_2 c_1 c_2 + a_3 c_1 c_{23} + d_4 c_1 c_{23}$$
$$p_y = a_1 s_1 + a_2 s_1 c_2 + a_3 s_1 c_{23} + d_4 s_1 s_{23}$$
$$p_z = d_1 + a_2 s_2 + a_3 s_{23} - d_4 c_{23}$$

式中，$s_1 = \sin\theta_1$，$c_1 = \cos\theta_1$，$s_{23} = \sin(\theta_2 + \theta_3)$，$c_{23} = \cos(\theta_2 + \theta_3)$，依此类推。

假设在起始位置时，工业机器人每个关节变量都是 0，根据表 9-2 的 D-H 参数可以求得运动学正解为：

$$
{}_6^0\boldsymbol{T} = \begin{bmatrix} 1 & 0 & 0 & 745 \\ 0 & -1 & 0 & 0 \\ 0 & 1 & -1 & -300 \\ 0 & 0 & 0 & 1 \end{bmatrix} \tag{9-25}
$$

9.2.2　六轴工业机器人逆运动学

在空间坐标系中，对工业机器人的控制操作就是在控制要求上给定工业机器人末端操作器的位姿信息，而逆运动学求解就是依据末端操作器的位置 p_x、p_y、p_z 和姿态 n_x、n_y、n_z、o_x、o_y、o_z、a_x、a_y、a_z，计算出工业机器人每个关节的角度值 θ_1、θ_2、θ_3、θ_4、θ_5 和 θ_6。FANUC ARC 100i 型六轴工业机器人共有 12 个逆运动学方程，在工业机器人的变换矩阵 ${}_6^0\boldsymbol{T}$ 得到的 9 个姿态方程中，有 3 个是独立的，有 3 个位置方程也是属于未知量，由于工业机器人逆运动学方程十分复杂且具有非线性，因此计算逆运动学解的过程难度高且需要耗费大量时间。另外，由于工业机器人的连杆参数会对运动空间造成限制，故存在解不存在的情况，但只要所求解的轨迹点在工业机器人的运动空间内，那就意味着存在所要求的解。而且，在求解工业机器人逆运动学期间，并不是所有求得的解都符合工业机器人的运动要求，与运动条件相符的解只能有一个，这就要求我们根据适当的方法判断出正确的解。本文采取分离变量法来求解工业机器人的逆运动学方程，所谓分离变量法就是在工业机器人位姿矩阵上依次左乘每个关节的逆矩阵，从而反解出各个关节的角度值。

(1)　求解关节角 θ_1

用逆矩阵 ${}_1^0\boldsymbol{T}^{-1}$ 左乘式（9-23），可以得到：

$$
{}_1^0\boldsymbol{T}^{-1}(\theta_1){}_6^0\boldsymbol{T} = {}_2^1\boldsymbol{T}(\theta_2){}_3^2\boldsymbol{T}(\theta_3){}_4^3\boldsymbol{T}(\theta_4){}_5^4\boldsymbol{T}(\theta_5){}_6^5\boldsymbol{T}(\theta_6) \tag{9-26}
$$

则有：

$$
\begin{bmatrix} \cos\theta_1 & \sin\theta_1 & 0 & -a_1 \\ 0 & 0 & 1 & -d_1 \\ \sin\theta_1 & -\cos\theta_1 & 0 & d_1 \\ 0 & 0 & 0 & 1 \end{bmatrix} \begin{bmatrix} n_x & o_x & a_x & p_x \\ n_y & o_y & a_y & p_y \\ n_z & o_z & a_z & p_z \\ 0 & 0 & 0 & 1 \end{bmatrix} = {}_6^1\boldsymbol{T} \tag{9-27}
$$

将式（9-27）两边展开则得到：

$$
\begin{bmatrix} n_x c_1 + n_y s_1 & o_x c_1 + o_y s_1 & a_x c_1 + a_y s_1 & p_x c_1 + p_y s_1 - a_1 \\ n_z & o_z & a_z & p_z - d_1 \\ n_x s_1 - n_y c_1 & o_x s_1 - o_y c_1 & a_x s_1 - a_y c_1 & p_x s_1 - p_y c_1 \\ 0 & 0 & 0 & 1 \end{bmatrix} \tag{9-28}
$$

$$= \begin{bmatrix} c_{23} \; (c_4 c_5 c_6 - s_4 s_6) - s_{23} s_5 c_6 & s_{23} s_5 s_6 - c_{23} \; (c_4 c_5 s_6 + s_4 c_6) & c_{23} c_4 s_5 + s_{23} c_5 & p_x s_1 - a_1 \\ n_z & o_z & a_z & p_z - d_1 \\ n_x s_1 - n_y c_1 & o_x s_1 - o_y c_1 & a_x s_1 - a_y c_1 & p_x s_1 - p_y c_1 \\ 0 & 0 & 0 & 1 \end{bmatrix}$$

将矩阵两端元素对应相等即可以得到:

$$p_x \sin\theta_1 - p_y \cos\theta_1 = 0 \tag{9-29}$$

对上式进行变换可求出关节角 θ_1 为:

$$\theta_1 = \arctan(p_y / p_x) \tag{9-30}$$

(2) 求解关节角 θ_3

确定关节角 θ_1 的解之后,将式 (9-28) 矩阵中左右两边的元素 (1,4) 和 (2,4) 对应相等,得到方程:

$$\cos\theta_1 p_x - \sin\theta_1 p_y = \cos(\theta_2 + \theta_3) a_3 + d_4 \sin(\theta_2 + \theta_3) + \cos\theta_2 a_2 + a_1 \tag{9-31}$$
$$p_z = \cos(\theta_2 + \theta_3) a_3 + \sin\theta_2 a_2 - d_4 \cos(\theta_2 + \theta_3)$$

为了消除 θ_2,将式 (9-29) 和式 (9-31) 的平方相加得到:

$$a_3 \cos\theta_3 - d_4 \sin\theta_3 = k \tag{9-32}$$

其中,

$$k = \frac{d_4^2 + a_3^2 + a_2^2 - a_1^2 - m^2 \pm m - (p_z - d_1)^2}{2a_2} (m^2 = p_x^2 + p_y^2)$$

由此可得关节角 θ_3 解为:

$$\theta_3 = -\arctan\frac{a_3}{d_4} \pm \arctan\frac{k}{\sqrt{a_3^2 + d_4^2 - k^2}} \tag{9-33}$$

(3) 求解关节角 θ_2

用 ${}_3^2 T^{-1}(\theta_3) {}_2^1 T^{-1}(\theta_2) {}_1^0 T^{-1}(\theta_1)$ 左乘式 (9-23) 两边,得:

$${}_3^2 T^{-1}(\theta_3) {}_2^1 T^{-1}(\theta_2) {}_1^0 T^{-1}(\theta_1) {}_6^0 T = {}_4^3 T(\theta_4) {}_5^4 T(\theta_5) {}_6^5 T(\theta_6) \tag{9-34}$$

展开式 (9-34) 可得:

$$\begin{bmatrix} c_1 c_{23} & s_1 c_{23} & s_{23} & -a_3 - a_1 c_{23} - d_1 s_{23} - a_2 c_3 \\ s_1 & -c_1 & 0 & 0 \\ c_1 s_{23} & s_1 s_{23} & -c_{23} & d_1 c_{23} - a_1 s_{23} - a_2 s_3 \\ 0 & 0 & 0 & 1 \end{bmatrix} \begin{bmatrix} n_x & o_x & a_x & p_x \\ n_y & o_y & a_y & p_y \\ n_z & o_z & a_z & p_z \\ 0 & 0 & 0 & 1 \end{bmatrix}$$

$$= \begin{bmatrix} c_4 c_5 c_6 - s_4 s_6 & -c_4 c_5 s_6 - s_4 c_6 & c_4 s_5 & 0 \\ s_4 c_5 c_6 + c_4 s_6 & c_4 c_6 - s_4 c_5 s_6 & s_4 s_5 & 0 \\ -s_5 c_6 & s_5 s_6 & c_5 & d_4 \\ 0 & 0 & 0 & 1 \end{bmatrix} \tag{9-35}$$

将上式左右两边矩阵 (1,4) 和 (2,4) 元素对应相等,得:

$$a_3 = \sin(\theta_2 + \theta_3)(p_z - d_1) + \cos(\theta_2 + \theta_3)(p_x \cos\theta_1 + p_y \sin\theta_1 - a_1) - a_2 \cos\theta_3$$
$$d_4 = \sin(\theta_2 + \theta_3)(p_x \cos\theta_1 + p_y \sin\theta_1 - a_1) - \cos(\theta_2 + \theta_3)(p_z - d_1) - a_2 \sin\theta_3 \tag{9-36}$$

由上式可求得:

$$\sin(\theta_2 + \theta_3) = \frac{(d_1 - p_z)(a_3 + a_2 \cos\theta_3) - (p_y \sin\theta_1 + p_x \cos\theta_1 - a_1)(a_2 \sin\theta_3 + d_4)}{(p_y \sin\theta_1 + p_x \cos\theta_1 - a_1)^2 + (p_z - d_1)^2}$$

$$\cos(\theta_2+\theta_3)=\frac{(p_y\sin\theta_1+p_x\cos\theta_1-a_1)(a_3+a_2\cos\theta_3)+(d_1-p_z)(a_2\sin\theta_3+d_4)}{(p_y\sin\theta_1+p_x\cos\theta_1-a_1)^2+(p_z-d_1)^2}$$

$$(9\text{-}37)$$

将式（9-37）相除，得：

$$\theta_2+\theta_3=\arctan\frac{(d_1-p_z)(a_3+a_2\cos\theta_3)-(p_y\sin\theta_1+p_x\cos\theta_1-a_1)(a_2\sin\theta_3+d_4)}{(p_y\sin\theta_1+p_x\cos\theta_1-a_1)(a_3+a_2\cos\theta_3)+(d_1-p_z)(a_2\sin\theta_3+d_4)}$$

$$(9\text{-}38)$$

根据式（9-33）可得出关节角 θ_2 解为：

$$\theta_2=\arctan\frac{(d_1-p_z)(a_3+a_2\cos\theta_3)-(p_y\sin\theta_1+p_x\cos\theta_1-a_1)(a_2\sin\theta_3+d_4)}{(p_y\sin\theta_1+p_x\cos\theta_1-a_1)(a_3+a_2\cos\theta_3)+(d_1-p_z)(a_2\sin\theta_3+d_4)}$$

$$+\arctan\frac{a_3}{d_4}\pm\arctan\frac{k}{\sqrt{a_3^2+d_4^2-k^2}}$$

$$(9\text{-}39)$$

（4）求解关节角 θ_4

将式（9-35）中矩阵左右两边元素（1,3）和（3,3）对应相等，可得：

$$\cos\theta_4\sin\theta_5=\cos(\theta_2+\theta_3)(a_x\cos\theta_1+a_y\sin\theta_1)+a_z\sin(\theta_2+\theta_3)$$

$$(9\text{-}40)$$

$$\sin\theta_4\sin\theta_5=a_x\sin\theta_1-a_y\cos\theta_1$$

即可求出关节角 θ_4（要求 $\sin\theta_5\neq0$）的解为：

$$\theta_4=\arctan\frac{a_x\sin\theta_1-a_y\cos\theta_1}{\cos(\theta_2+\theta_3)(a_x\cos\theta_1+a_y\sin\theta_1)+a_z\sin(\theta_2+\theta_3)}$$

$$(9\text{-}41)$$

（5）求解关节角 θ_5

用式 ${}^0_1\boldsymbol{T}^{-1}(\theta_1){}^0_6\boldsymbol{T}={}^1_2\boldsymbol{T}(\theta_2){}^2_3\boldsymbol{T}(\theta_3){}^3_4\boldsymbol{T}(\theta_4){}^4_5\boldsymbol{T}(\theta_5){}^5_6\boldsymbol{T}(\theta_6)$ 左乘式（9-23）两边可得：

$$ {}^3_4\boldsymbol{T}^{-1}(\theta_4){}^2_3\boldsymbol{T}^{-1}(\theta_3){}^1_2\boldsymbol{T}^{-1}(\theta_2){}^0_1\boldsymbol{T}^{-1}(\theta_1){}^0_6\boldsymbol{T}={}^4_5\boldsymbol{T}(\theta_5){}^5_6\boldsymbol{T}(\theta_6)$$

$$(9\text{-}42)$$

将上式中矩阵左右两边元素（1,3）和（2,3）对应相等，得：

$$\sin\theta_5=a_x[\cos\theta_1\cos(\theta_2+\theta_3)\cos\theta_4+\sin\theta_1\sin\theta_4]$$

$$+a_y[\sin\theta_1\cos(\theta_2+\theta_3)\cos\theta_4+\cos\theta_1\sin\theta_4]+a_z\sin(\theta_2+\theta_3)\cos\theta_4$$

$$(9\text{-}43)$$

$$-\cos\theta_5=-a_x\cos\theta_1\sin(\theta_2+\theta_3)-a_y\sin\theta_1\sin(\theta_2+\theta_3)+a_z\cos(\theta_2+\theta_3)$$

由此可求得关节角 θ_5 的解为：

$$\theta_5=\arctan\frac{a_x(c_1c_{23}c_4+s_1a_4)+a_y(s_1c_{23}c_4+c_1s_4)+a_zs_{23}c_4}{a_xc_1s_{23}+a_ys_1s_{23}-a_zc_{23}}$$

$$(9\text{-}44)$$

（6）求解关节角 θ_6

用式 ${}^3_4\boldsymbol{T}^{-1}(\theta_4){}^2_3\boldsymbol{T}^{-1}(\theta_3){}^1_2\boldsymbol{T}^{-1}(\theta_2){}^0_1\boldsymbol{T}^{-1}(\theta_1)$ 左乘式（9-23）两边可得：

$$ {}^4_5\boldsymbol{T}^{-1}(\theta_5){}^3_4\boldsymbol{T}^{-1}(\theta_4){}^2_3\boldsymbol{T}^{-1}(\theta_3){}^1_2\boldsymbol{T}^{-1}(\theta_2){}^0_1\boldsymbol{T}^{-1}(\theta_1){}^0_6\boldsymbol{T}={}^5_6\boldsymbol{T}(\theta_6)$$

$$(9\text{-}45)$$

将上式中矩阵左右两边的元素（1，1）和（3，1）对应相等，可以得到：

$$c_6=n_x[c_5(c_1c_{23}c_4+s_1s_4)-c_1s_{23}s_5]+n_y[c_5(s_1c_{23}c_4-c_1s_4)-s_1s_{23}s_5]-n_z(s_{23}c_4c_5+c_{23}s_5)$$

$$s_6=n_x(s_1c_4-c_1c_{23}s_4)-n_y(s_1c_{23}s_4+c_1c_4)-n_zs_{23}s_4$$

$$(9\text{-}46)$$

由此可求得关节角 θ_6 的解为：

$$\theta_6=\arctan\frac{-n_x(c_1c_{23}s_4-s_1c_4)-n_y(s_1c_{23}s_4+c_1c_4)-n_zs_{23}s_4}{n_z(c_{23}s_5+s_{23}c_4c_5)-n_x(c_1c_{23}s_5-c_1c_{23}c_4c_5-s_1s_4c_5)-n_y(s_1s_{23}s_5-s_1c_{23}c_4c_5+c_1s_4c_5)}$$

$$(9\text{-}47)$$

当逆运动学遇到多个解时，最优解的选择成为一个问题，常用的选择方法如下：①在工业机器人运动学中，各个关节角都有一定的范围限制，因此可以去掉多组解中不在关节角范围情况的解；②使用"运动连续"原则来判断，机器人的运动具有连续性，本次逆解结果与上一次逆解的结果之间不可能突变，超出某个范围的解运动是不可能实现的，选择一个最接近的解；③在避免碰撞的前提下，按"最短行程"的准则来选优，即使每个关节移动量为最小，由于工业机器人前面三个连杆的尺寸较大，后面三个较小，故应加权处理，遵循"多移动小关节，少移动大关节"的原则。

9.3 ⬤ 关节空间轨迹规划

机器人关节空间内的轨迹规划是利用某段时间内机器人各关节角度变化函数来描述机器人运动轨迹，其上每个轨迹点的位姿都是根据基坐标系确定的。在关节空间内进行轨迹规划可以避免机器人运动过程中的奇异性问题。关节空间轨迹规划首先通过运动学逆解将每个作业路径点替换为一次关节变换，进而得到每个关节的时间角度函数图像。因为所有关节都是在同时运动的，所以机器人所有关节能同一时间到达各自的目标点，从而使机器人末端执行器在运动的每一个点上都具有相应的位姿。关节空间轨迹规划方法很多，常用的有三次多项式插值法、五次多项式插值法、抛物线过渡线性插值法以及样条曲线插值法等。为了使机器人运动曲线光滑，通常采用曲率变化相对较小的函数曲线对机器人进行关节空间内的轨迹规划。

9.3.1 五次多项式插值法

在轨迹规划中，五次多项式插值法能获得更为平滑的轨迹曲线。五次多项式函数中有 6 个未知系数，对其一阶求导可得到机器人各关节运动角速度，对其二阶求导可得到工业机器人各关节运动角加速度。用 $\theta_{(t)}$ 表示机器人运动过程中任一关节角度关于时间的运动函数，机器人各关节运动角位移函数为：

$$\theta_{(t)} = a_0 + a_1 t + a_2 t^2 + a_3 t^3 + a_4 t^4 + a_5 t^5 \tag{9-48}$$

对其一阶求导得各关节角速度函数为：

$$\dot{\theta}_{(t)} = a_1 + 2a_2 t + 3a_3 t^2 + 4a_4 t^3 + 5a_5 t^4 \tag{9-49}$$

对其二阶求导得各关节角加速度函数为

$$\ddot{\theta}_{(t)} = 2a_2 + 6a_3 t + 12a_4 t^2 + 20a_5 t^3 \tag{9-50}$$

为了得到一条唯一的关节运动轨迹曲线，必须对起始点的关节角度和关节角速度进行约束，同时还需约束起始时刻的角加速度，这六个约束函数表达为：

$$\begin{cases} \theta_{(t_0)} = \theta_0 \\ \theta_{(t_f)} = \theta_f \\ \dot{\theta}_{(t_0)} = \dot{\theta}_0 \\ \dot{\theta}_{(t_f)} = \dot{\theta}_f \\ \ddot{\theta}_{(t_0)} = \ddot{\theta}_0 \\ \ddot{\theta}_{(t_f)} = \ddot{\theta}_f \end{cases} \tag{9-51}$$

将这六个约束条件分别代入式（9-48）～式（9-50），联立得到方程组，求解该方程组可得六个系数的值，即：

$$\begin{cases} a_0=\theta_0 \\ a_1=\dot{\theta}_0 \\ a_2=\dfrac{\ddot{\theta}_0}{2} \\ a_3=\dfrac{20\theta_f-20\theta_0-(8\dot{\theta}_f+12\dot{\theta}_0)t_f-(3\ddot{\theta}_0-\ddot{\theta}_f)t_f^2}{2t_f^3} \\ a_4=\dfrac{30\theta_0-30\theta_f-(14\dot{\theta}_f+16\dot{\theta}_0)t_f-(3\ddot{\theta}_0-2\ddot{\theta}_f)t_f^2}{2t_f^4} \\ a_5=\dfrac{12\theta_f-12\theta_0-(6\dot{\theta}_f+6\dot{\theta}_0)t_f-(\ddot{\theta}_0-\ddot{\theta}_f)t_f^2}{2t_f^5} \end{cases} \tag{9-52}$$

利用式（9-52），如果知道机器人需要经过的起始点位姿，就能得出符合要求的机器人运动轨迹，该轨迹满足连续且光滑的要求，但是也因为轨迹太过光滑导致我们在进行机器人实时位姿控制时难以真正实现。

9.3.2 抛物线拟合的线性插值法

用多项式插值法得到关节运动轨迹曲线不易于在机器人运动控制中实现，为了能够更好地进行控制，要针对机器人运动轨迹曲线曲率进行规划，这时候可利用线性插值法进行插值。但不能直接对轨迹曲线采用线性插值法，因为这样会使机器人起始时刻和终止时刻的关节速度产生突变，失去连续性。因此，既想要关节运动轨迹曲线光滑，又想要关节速度也具有连续性，可先利用线性插值法对轨迹进行插值，然后在所有轨迹点周围采用抛物线拟合方法进行过渡。

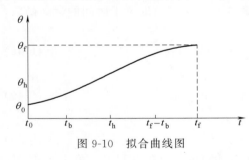

图 9-10 拟合曲线图

在将两段抛物线拟合的过程中，对每个轨迹点给予适当的曲率使整条曲线平滑，得到曲线图9-10。抛物线两个端点处的持续时间相同，曲率大小也相同。所以我们能够通过控制轨迹曲线的曲率变化得到不同的轨迹曲线，并且得到的所有轨迹曲线都具有对称性。在该段抛物线中：

$$\ddot{\theta}\,t_b=\frac{\theta_h-\theta_b}{t_h-t_b} \tag{9-53}$$

其中，$\ddot{\theta}$ 为关节加速度；θ_b 为过渡区关节角度。

$$\theta_b=\theta_0+\frac{1}{2}\ddot{\theta}\,t_b^2 \tag{9-54}$$

将式（9-53）和式（9-54）联立得：

$$\ddot{\theta}\,t_b^2-\ddot{\theta}\,t_f t_b+(\theta_f-\theta_0)=0 \tag{9-55}$$

其中，t_f 为期望运动时间，当给定任意 θ_f、θ_0 和 t_f 时，代入式（9-55）中可得到满足

条件的角加速度 $\ddot{\theta}$ 和时间 t_b，从而得到合适的运动轨迹。由于可以得到很多组不同 $\ddot{\theta}$ 值和 t_b 值，通常是先选取 $\ddot{\theta}$ 值后再计算得到对应的 t_b 值，但必须保证选择 $\ddot{\theta}$ 值足够大，不然 t_b 无解，在选取 $\ddot{\theta}$ 值后，结合给出的其他参数值，可解出 t_b 为：

$$t_b = \frac{t_f}{2} - \frac{\sqrt{\ddot{\theta}^2 t_f^2 - 4\ddot{\theta}(\theta_f - \theta_0)}}{2\ddot{\theta}} \tag{9-56}$$

根据式（9-56），为保证 t_b 有解，过渡区域加速度值 $\ddot{\theta}$ 必须足够大，即：

$$\ddot{\theta} \geq \frac{4(\theta_f - \theta_0)}{t_f^2} \tag{9-57}$$

当式（9-57）中等号成立时，线性域的长度缩减为零，整个路径段由两个过渡域组成，这两个过渡域在衔接处的斜率（代表速度）相等。当加速度的取值越来越大时，过渡域的长度会越来越短。如果加速度选为无限大，路径又回到简单的线性插值过程。

9.4 ▶ 笛卡儿空间轨迹规划

在生产实践中，我们最终都是希望机器人末端执行器按照指定要求进行轨迹运动的，这就要求我们必须进行笛卡儿空间轨迹规划，笛卡儿空间的轨迹规划对于末端执行器的运行轨迹非常直观，然而与关节空间的轨迹规划相比具有一个明显缺陷：容易产生机器人结构中的奇异位形问题。

笛卡儿空间轨迹规划是将机器人末端执行器的位姿以矩阵形式表示，矩阵中的元素为机器人的各关节参数，通过对机器人求逆解求出各关节参数。笛卡儿空间的轨迹规划流程可分为以下几步：

① 设定一个时间增量 $t = t + \Delta t$；
② 根据期望的轨迹曲线求出末端执行器对应时刻位姿；
③ 对机器人求逆解，求出末端执行器的关节参数；
④ 将得到的关节参数发送到控制端；
⑤ 循环上述步骤直到规划结束。

9.4.1 直线轨迹规划

直线轨迹规划是生产实践中最简单也最常用的轨迹规划方法，规划的轨迹为一条直线，中间可以有多个不同速度和加速度的过渡点。我们进行轨迹规划的目的是得出末端执行器的实时位姿，这就要求我们将整个运动过程分解为数个部分，并对每段求解出位姿。设置机器人起始点位姿矩阵 $\boldsymbol{T}_0$，终止点位姿矩阵 $\boldsymbol{T}_f$，它们之间可通过如下变换得出：

$$\boldsymbol{T}_f = \boldsymbol{T}_0 \boldsymbol{R}$$
$$\boldsymbol{T}_0^{-1} \boldsymbol{T}_f = \boldsymbol{T}_0^{-1} \boldsymbol{T}_0 \boldsymbol{R}$$
$$\boldsymbol{R} = \boldsymbol{T}_0^{-1} \boldsymbol{T}_f = \text{Trans}(x, y, z) \text{Rot}(q, \theta) \tag{9-58}$$

式中，$\boldsymbol{R}$ 代表从 $\boldsymbol{T}_0$ 到 $\boldsymbol{T}_f$ 的转换矩阵；$\text{Trans}(x, y, z)$ 代表从 $\boldsymbol{T}_0$ 到 $\boldsymbol{T}_f$ 的坐标转换，x、y、z 分别表示在三个坐标轴上的坐标增量；$\text{Rot}(q, \theta)$ 代表从 $\boldsymbol{T}_0$ 到 $\boldsymbol{T}_f$ 的角度转换，q 表示转换过程中的旋转轴，θ 表示旋转的角度。

将运动过程分解出的数个部分的转换用微分表示为：

$$\text{Trans}(\mathrm{d}x,\mathrm{d}y,\mathrm{d}z)=\begin{bmatrix}1&0&0&\mathrm{d}x\\0&1&0&\mathrm{d}y\\0&0&1&\mathrm{d}z\\0&0&0&1\end{bmatrix} \tag{9-59}$$

$$\text{Rot}(q,\mathrm{d}\theta)=\text{Rot}(X,\delta x)\text{Rot}(Y,\delta y)\text{Rot}(Z,\delta z)$$

$$=\begin{bmatrix}1&0&0&0\\0&1&-\delta x&0\\0&\delta x&1&0\\0&0&0&1\end{bmatrix}\begin{bmatrix}1&0&\delta y&0\\0&1&0&0\\-\delta y&0&1&0\\0&0&0&1\end{bmatrix}\begin{bmatrix}1&-\delta z&0&0\\\delta z&1&0&0\\0&0&1&0\\0&0&0&1\end{bmatrix}$$

$$=\begin{bmatrix}1&-\delta z&\delta y&0\\\delta x\delta y+\delta z&-\delta x\delta y\delta z&-\delta x&0\\-\delta y+\delta x\delta z&\delta x+\delta y\delta z&1&0\\0&0&0&1\end{bmatrix} \tag{9-60}$$

忽略高阶微分可得：

$$\text{Rot}(q,\mathrm{d}\theta)=\begin{bmatrix}1&-\delta z&\delta y&0\\\delta z&1&-\delta x&0\\-\delta y&\delta x&1&0\\0&0&0&1\end{bmatrix} \tag{9-61}$$

得到的每一个新位姿矩阵 $\boldsymbol{T}_{\text{new}}$ 能够根据上一个矩阵 $\boldsymbol{T}$ 得出：

$$\boldsymbol{T}_{\text{new}}=\boldsymbol{T}+\mathrm{d}\boldsymbol{T} \tag{9-62}$$

其中，$\mathrm{d}\boldsymbol{T}$ 代表矩阵增量，$\mathrm{d}\boldsymbol{T}=\Delta\cdot\boldsymbol{T}$，$\Delta$ 为微分转换中计算因子，该因子可由坐标转换矩阵与角度转换矩阵相乘后再消除一个单位得出：

$$\Delta=\text{Trans}(\mathrm{d}x,\mathrm{d}y,\mathrm{d}z)\text{Rot}(q,\mathrm{d}\theta)-\boldsymbol{I}=\begin{bmatrix}0&-\delta z&\delta y&\mathrm{d}x\\\delta z&0&-\delta x&\mathrm{d}y\\-\delta y&\delta x&0&\mathrm{d}z\\0&0&0&0\end{bmatrix} \tag{9-63}$$

9.4.2 圆弧轨迹规划

生产实践中另一种常见的轨迹规划形式为圆弧轨迹规划，直线和圆弧这两种轨迹是机器人运动的最常见轨迹。在规划的过程中，我们只需要规划出圆弧上三个点的位姿，包括起始点、终止点和一个中间点。圆弧轨迹规划又分为平面圆弧和空间圆弧两种，不同之处在于后者要选取多个基准平面。

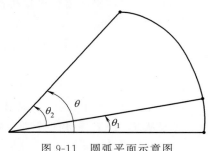

图 9-11　圆弧平面示意图

(1) 平面圆弧轨迹规划

平面圆弧轨迹规划中平面圆弧是指处于基准平面上的圆弧，基准平面根据基坐标系 $OXYZ$ 而定。在此选择平面 OXY 为圆弧所在平面，如图 9-11 所示。

$P_1(X_1,Y_1)$、$P_2(X_2,Y_2)$、$P_3(X_3,Y_3)$ 分别为平面 OXY 上不共线的三点，并且给出它们的位姿。现要求机器人末端执行器在整个运动过程中的速度为 v，运动时间为 t_s，可按照如下流程进行轨迹规划：

① 以 P_1、P_2、P_3 为圆上的三点作圆，并求出该圆的半径 R；

② 根据三点所在半径计算出总的圆心角 $\theta = \theta_1 + \theta_2$，$\theta_1$、$\theta_2$ 分别可由下式得出：

$$\theta_1 = 2\arcsin\left[\sqrt{(X_2 - X_1)^2 + (Y_2 - Y_1)^2}\,/2R\right] \tag{9-64}$$

$$\theta_2 = 2\arcsin\left[\sqrt{(X_3 - X_2)^2 + (Y_3 - Y_2)^2}\,/2R\right] \tag{9-65}$$

③ 求解出运动时间 t_s 内的角度变化量 $\mathrm{d}\theta = vt_s/R$ 和总的步数 $N = \theta/\mathrm{d}\theta + 1$，然后再利用下式求解出下一个运动点的位置：

$$\theta_{i+1} = \theta_i + \mathrm{d}\theta$$
$$X_{i+1} = R\cos(\theta_i + \mathrm{d}\theta) = X_i\cos\mathrm{d}\theta - Y_i\sin\mathrm{d}\theta \tag{9-66}$$
$$Y_{i+1} = R\sin(\theta_i + \mathrm{d}\theta) = Y_i\cos\mathrm{d}\theta - X_i\sin\mathrm{d}\theta$$

④ 循环上述步骤直到规划结束。

在式（9-66）中，$X_i = R\cos\theta_i$，$Y_i = R\sin\theta_i$。根据 θ_{i+1} 能够确定机器人末端执行器走完所有步数。当 $\theta_{i+1} \leqslant \varphi$ 时，循环上述步骤；当 $\theta_{i+1} > \varphi$ 时代表机器人末端执行器已经完成了整个轨迹规划，此时只需把最后一步改成 $\mathrm{d}\theta = \theta - \theta_i$。

（2）空间圆弧轨迹规划

空间圆弧是指不处于基准平面上的圆弧，即该圆弧相交于基准平面。在对空间圆弧进行轨迹规划时，通常是将空间圆弧转变为平面圆弧后再进行插补，具体流程如下：

① 根据给出的三点确定空间圆弧的平面并转化为平面圆弧。

② 按照上文平面圆弧轨迹规划的步骤②和③求解出下一个运动点的位置（X_{i+1}，Y_{i+1}）。

③ 把轨迹点（X_{i+1}，Y_{i+1}）代入基坐标系中得出相应坐标。

图 9-12 中，$P_1(X_1, Y_1, Z_1)$、$P_2(X_2, Y_2, Z_2)$、$P_3(X_3, Y_3, Z_3)$ 是轨迹运动中给定的不共线的三点，这三点即为机器人末端在工作空间中不同直线上的三个轨迹点，根据

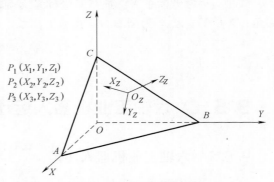

图 9-12 空间圆弧平面图

这三点得到的圆所在的平面与基坐标系所在的平面相交，可得到三条共面的线 AB、BC 和 CA。

在 P_1、P_2、P_3 所得到的平面中有：

$$\begin{vmatrix} X - X_3 & Y - Y_3 & Z - Z_3 \\ X_1 - X_3 & X_1 - X_3 & X_1 - X_3 \\ X_2 - X_3 & X_2 - X_3 & X_2 - X_3 \end{vmatrix} = 0 \tag{9-67}$$

过 $P_1 P_2$ 中点并且垂直 $P_1 P_2$ 的平面 V 的方程为：

$$\left[X - \frac{1}{2}(X_1 + X_2)\right](X_2 - X_1) + \left[Y - \frac{1}{2}(Y_1 + Y_2)\right](Y_2 - Y_1) +$$
$$\left[Z - \frac{1}{2}(Z_1 + Z_2)\right](Z_2 - Z_1) = 0 \tag{9-68}$$

同理可得到过 $P_2 P_3$ 的中点并且垂直 $P_2 P_3$ 的平面 W 的方程：

$$\left[X-\frac{1}{2}(X_2+X_3)\right](X_3-X_2)+\left[Y-\frac{1}{2}(Y_2+Y_3)\right](Y_3-Y_2)$$
$$+\left[Z-\frac{1}{2}(Z_2+Z_3)\right](Z_3-Z_2)=0 \tag{9-69}$$

把式（9-67）～式（9-69）联立并求解，可得到圆弧圆心坐标 $O_R(X_0,Y_0,Z_0)$，再根据下式求出圆弧的半径 R：

$$R=\sqrt{(X_1-X_0)^2+(Y_1-Y_0)^2+(Z_1-Z_0)^2} \tag{9-70}$$

以圆心坐标 O_R 为坐标系原点建立空间坐标系 $O_R X_R Y_R Z_R$，就实现了空间圆弧轨迹规划转变为平面圆弧轨迹规划的目的，接着只需要将所建立的坐标系 $O_R X_R Y_R Z_R$ 转变为基坐标系，就能得到轨迹点在基坐标系下的坐标值。

坐标系 $O_R X_R Y_R Z_R$ 与基坐标系 $OXYZ$ 之间的转换可通过转换矩阵 $\boldsymbol{T}_R$ 完成：

$$\boldsymbol{T}_R=\mathrm{Trans}(X_{O_R},Y_{O_R},Z_{O_R})\mathrm{Rot}(Z,\theta)\mathrm{Rot}(X,\alpha)$$

$$=\begin{bmatrix} \cos\theta & -\sin\theta\cos\theta & \sin\theta\cos\theta & X_{O_R} \\ \sin\theta & \cos\theta\cos\alpha & -\cos\theta\sin\alpha & Y_{O_R} \\ 0 & \sin\alpha & \cos\alpha & Z_{O_R} \\ 0 & 0 & 0 & 1 \end{bmatrix} \tag{9-71}$$

式中，θ 为坐标系 X_R 轴与基坐标系 X 轴的夹角；α 为坐标系 Z_R 轴与基坐标系 Z 轴的夹角；$X_{O_R}Y_{O_R}Z_{O_R}$ 为圆心 O_R 在基坐标系内的对应值。整个转换过程可简化表示为：

$$P_i=\boldsymbol{T}_R{}^{O_R}P_i \tag{9-72}$$

9.5 ⬣ 六轴工业机器人运动学仿真

9.5.1 六轴工业机器人建模

MATLAB 这款软件是由 Mathworks 公司出品用来进行开发算法，让数据可视化且能进行复杂数据分析与计算的软件。其图形处理的功能实现了数据计算结果的可视化，且其高效的数值计算功能把用户从复杂的数学运算中解放出来。此外，MATLAB 软件提供大量实用价值丰富的应用工具箱，为科学研究提供了许多方便实用的处理工具。

MATLAB 软件中 Robotic Toolbox 工具箱能够建立工业机器人的数学模型，并能以图形的方式表示出来，该工具箱还包含了正逆运动学和动力学以及轨迹规划的函数库，故 Robotic Toolbox 工具箱可以实现本节 FANUC ARC 100i 型六轴工业机器人的正逆运动学的仿真验证。

为了检验上文 D-H 参数的合理性以及构建 FANUC ARC 100i 型六轴工业机器人的各个关节和连杆，本节利用了 MATLAB 软件提供的 Robotic Toolbox 工具箱中的 LINK 函数，调用格式如下：

L＝LINK（[alpha A theta D sigma]，'modified'）

其中，alpha、A、theta、D 分别表示连杆转角、连杆长度、关节角和连杆偏距；Sigma 表示关节种类，1 表示移动关节，0 则表示转动关节；modified 表示运用的是改进的 D-H 参数。

(1) 基本变换

① 平移：T＝transl(0.5,0,0)%分别沿着 xyz 轴的平移。

$\gg$ T＝transl(0.5,0,0)

T＝

$$
\begin{array}{cccc}
1.0000 & 0 & 0 & 0.5000 \\
0 & 1.0000 & 0 & 0 \\
0 & 0 & 1.0000 & 0 \\
0 & 0 & 0 & 1.0000
\end{array}
$$

② 旋转：

a. 得到 3×3 阶矩阵：rotx(a)　roty(b)　rotz(c)%分别绕 xyz 轴的旋转。

$\gg$ T＝roty(pi/2)

T＝

$$
\begin{array}{ccc}
0 & 0 & 1 \\
0 & 1 & 0 \\
-1 & 0 & 0
\end{array}
$$

b. 得到 4×4 阶矩阵：trotx(a)　troty(b)　trotz(c)%分别绕 xyz 轴的旋转。

$\gg$ trotx(pi/2)

ans＝

$$
\begin{array}{cccc}
1 & 0 & 0 & 0 \\
0 & 0 & -1 & 0 \\
0 & 1 & 0 & 0 \\
0 & 0 & 0 & 1
\end{array}
$$

③ 复合变换：平移加旋转

$\gg$ trotx(pi/2)

ans＝

$$
\begin{array}{cccc}
1 & 0 & 0 & 0 \\
0 & 0 & -1 & 0 \\
0 & 1 & 0 & 0 \\
0 & 0 & 0 & 1
\end{array}
$$

(2) 创建机器人对象

① Link 类。链接对象保留与机器人关节和连杆相关的所有信息，如运动学参数、刚性体惯性参数、电机和传输参数。

a. Link 类相应函数：

A　　　　　　　　　连杆变换矩阵

RP　　　　　　　　关节类型：'R' 或 'P'

friction	摩擦力
nofriction	摩擦力忽略
dyn	显示动力学参数
islimit	测试关节是否超出软限制
isrevolute	测试是否为旋转关节
isprismatic	测试是否为移动关节
display	连杆参数以表格形式显示
char	转为字符串

b. link 类的运动学，动力学属性参数：

theta	关节角度
d	连杆偏移量
a	连杆长度
alpha	连杆扭角
sigma	旋转关节为 0，移动关节为 1
mdh	标准的 D-H 为 0，否则为 1
offset	关节变量偏移量（例如绕 Z 轴的旋转量）
qlim	关节变量范围 [min max]

m 质量

r 质心

I 惯性张量

B 黏性摩擦

Tc 静摩擦

G 减速比

Jm 转子惯量

② SerialLink 类。代表串行链路臂型机器人的实体类。链中的每个连杆和关节均由使用 D-H 参数（标准或修改）的连杆级对象描述。

a. SerialLink 相应函数：

SerialLink(L1 … Ln)：建立机器人关节连接

plot(theta)：显示机器人图形，theta＝[x0 … xn]，x 为关节变量，如角度

b. SerialLink 的相应属性：

links：连杆向量

gravity：重力加速度

base：基坐标系

tool：机器人的工具变换矩阵

qlim：关节极限位置

offset：关节偏移量

name：机器人的名字

manuf：制造者的名字

comment：注释

n：关节数

config：关节配置，如 'RRRRRR'

mdh：D-H 矩阵类型

theta：D-H 参数

d：D-H 参数

a：D-H 参数

alpha：D-H 参数

③ 建立机器人

a. 第一种建立方式（标准 D-H），如图 9-13 所示。

b. 第二种建立方式（改进 D-H），如图 9-14 所示。

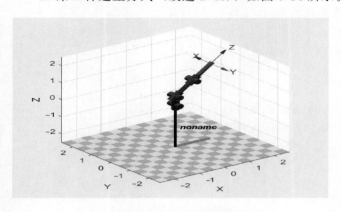

图 9-13 机器人本体建模

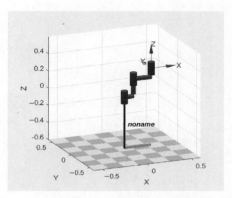

图 9-14 机器人本体建模（改进 D-H）

此处 Link 语法为：

L＝Link(DH，OPTIONS)

　　　　% -DH＝[THETA D A ALPHA SIGMA OFFSET]where SIGMA＝0 for a revolute and 1

　　　　% for a prismatic joint; and OFFSET is a constant displacement between the

　　　　% user joint variable and the value used by the kinematic model.

　　　　% - DH＝[THETA D A ALPHA SIGMA]where OFFSET is zero.

　　　　% - DH＝[THETA D A ALPHA],joint is assumed revolute and OFFSET is zero.

c. 标准型 D-H 和改进型 D-H 的区别，如图 9-15 所示。

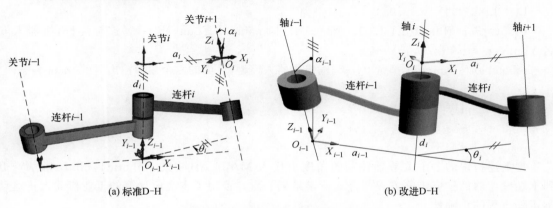

图 9-15 标准 D-H 和改进 D-H 模式图

9.5.2 六轴工业机器人正运动学仿真验证

为了验证工业机器人正运动学矩阵方程的正确性，本节采用对比法，首先给出工业机器人在初始状态下各个关节轴转动的角度值，代入式（9-23）求解出工业机器人末端操作器的位置和方程矩阵，然后把同样的角度值代入 MATLAB 程序中进行求解，若两种方式计算出的工业机器人末端操作器的位置和方程矩阵相同，则证实了本文所计算的工业机器人正运动学矩阵方程的正确性，否则该方程是错误的。

设指定的各个关节轴转动的角度值分别为 $\theta_1 = \pi/2$、$\theta_2 = -\pi/3$、$\theta_3 = -\pi/4$、$\theta_4 = \pi/3$、$\theta_5 = \pi/6$、$\theta_6 = -\pi/4$，把上述指定角度值代入式（9-23）可以计算出：

$$_6^0\boldsymbol{T} = \begin{bmatrix} 0.2 & 0.9 & 0.4 & 0 \\ 0.1 & 0.4 & -0.9 & -316.5 \\ -1 & 0.2 & -0.02 & -71.3 \\ 0 & 0 & 0 & 1 \end{bmatrix} \tag{9-73}$$

下面是六轴机器人 MATLAB 写运动学正解函数（D-H 模型）的案例。

例 1：利用 Matlab Robotic Toolbox 建立机器人模型。

alpha：连杆扭角；

a：连杆长度；

theta：关节转角；

d：关节距离；

offset：偏移。

下面是程序。

```
clear;
clc;
%建立机器人模型
%          theta    d       a       alpha    offset
L1=Link([0        0.4     0.025   pi/2     0        ]);%定义连杆的D-H参数
L2=Link([pi/2     0       0.56    0        0        ]);
L3=Link([0        0       0.035   pi/2     0        ]);
L4=Link([0        0.515   0       pi/2     0        ]);
L5=Link([pi       0       0       pi/2     0        ]);
L6=Link([0        0.08    0       pi/2     0        ]);
robot=SerialLink([L1 L2 L3 L4 L5 L6],' name ',' Younger ');%连接连杆,机器人取名Younger
robot.plot([0,pi/2,0,0,pi,0]);%输出机器人模型,后面的六个角为输出时的theta姿态

robot.display();

teach(robot);
```

把上述指定的各个关节轴转动的角度值代入 MATLAB 中的 RoboticToolbox 求解，得到末端操作器的位姿矩阵方程与上式所求结果一致，证明了本文所计算的工业机器人正运动学矩阵方程的正确性。

例 2：分两个程序：主函数和 function 函数建立模型。

（1）主函数

```
clear;
clc;
%建立机器人模型
%           theta     d          a          alpha     offset
SL1=Link([0        0          0.180      -pi/2     0        ],'standard');
SL2=Link([0        0          0.600      0         0        ],'standard');
SL3=Link([0        0          0.130      -pi/2     0        ],'standard');
SL4=Link([0        0.630      0          pi/2      0        ],'standard');
SL5=Link([0        0          0          -pi/2     0        ],'standard');
SL6=Link([0        0.1075     0          0         0        ],'standard');
starobot=SerialLink([SL1 SL2 SL3 SL4 SL5 SL6],'name','standard');
stat06=starobot.fkine([0,0,pi/2,0,0,pi/2])  %工具箱正解函数
stamyt06=mystafkine(0,0,pi/2,0,0,pi/2)    %手写正解函数
```

（2）function 函数

```
function [T06]=mystafkine(theta1,theta2,theta3,theta4,theta5,theta6)
SDH=[theta1  0          0.180      -pi/2;
     theta2  0          0.600      0;
     theta3  0          0.130      -pi/2;
     theta4  0.630      0          pi/2;
     theta5  0          0          -pi/2;
     theta6  0.1075     0          0];
```

T01=[cos(SDH(1,1))   −sin(SDH(1,1)) * cos(SDH(1,4))   sin(SDH(1,1)) * sin(SDH(1,4))   SDH(1,3) * cos(SDH(1,1));

   sin(SDH(1,1))   cos(SDH(1,1)) * cos(SDH(1,4))   −cos(SDH(1,1)) * sin(SDH(1,4))   SDH(1,3) * sin(SDH(1,1));

   0   sin(SDH(1,4))   cos(SDH(1,4))   SDH(1,2);

   0   0   0   1];

T12=[cos(SDH(2,1))   −sin(SDH(2,1)) * cos(SDH(2,4))   sin(SDH(2,1)) * sin(SDH(2,4))   SDH(2,3) * cos(SDH(2,1));

   sin(SDH(2,1))   cos(SDH(2,1)) * cos(SDH(2,4))   −cos(SDH(2,1)) * sin(SDH(2,4))   SDH(2,3) * sin(SDH(2,1));

   0   sin(SDH(2,4))   cos(SDH(2,4))   SDH(2,2);

   0   0   0   1];

T23=[cos(SDH(3,1))   −sin(SDH(3,1)) * cos(SDH(3,4))   sin(SDH(3,1)) * sin(SDH(3,4))   SDH(3,3) * cos(SDH(3,1));

$\sin(SDH(3,1))$ $\cos(SDH(3,1))*\cos(SDH(3,4))$ $-\cos(SDH(3,1))*\sin$
$(SDH(3,4))$ $SDH(3,3)*\sin(SDH(3,1));$

$\quad0\quad$ $\sin(SDH(3,4))$ $\cos(SDH(3,4))$
$SDH(3,2);$

$\quad0\quad$ $\quad0\quad$ $\quad0\quad$
$1];$

$T34=[\cos(SDH(4,1))$ $-\sin(SDH(4,1))*\cos(SDH(4,4))$ $\sin(SDH(4,1))*\sin$
$(SDH(4,4))$ $SDH(4,3)*\cos(SDH(4,1));$

$\sin(SDH(4,1))$ $\cos(SDH(4,1))*\cos(SDH(4,4))$ $-\cos(SDH(4,1))*\sin$
$(SDH(4,4))$ $SDH(4,3)*\sin(SDH(4,1));$

$\quad0\quad$ $\sin(SDH(4,4))$ $\cos(SDH(4,4))$
$SDH(4,2);$

$\quad0\quad$ $\quad0\quad$ $\quad0\quad$
$1];$

$T45=[\cos(SDH(5,1))$ $-\sin(SDH(5,1))*\cos(SDH(5,4))$ $\sin(SDH(5,1))*\sin$
$(SDH(5,4))$ $SDH(5,3)*\cos(SDH(5,1));$

$\sin(SDH(5,1))$ $\cos(SDH(5,1))*\cos(SDH(5,4))$ $-\cos(SDH(5,1))*\sin$
$(SDH(5,4))$ $SDH(5,3)*\sin(SDH(5,1));$

$\quad0\quad$ $\sin(SDH(5,4))$ $\cos(SDH(5,4))$
$SDH(5,2);$

$\quad0\quad$ $\quad0\quad$ $\quad0\quad$
$1];$

$T56=[\cos(SDH(6,1))$ $-\sin(SDH(6,1))*\cos(SDH(6,4))$ $\sin(SDH(6,1))*\sin$
$(SDH(6,4))$ $SDH(6,3)*\cos(SDH(6,1));$

$\sin(SDH(6,1))$ $\cos(SDH(6,1))*\cos(SDH(6,4))$ $-\cos(SDH(6,1))*\sin$
$(SDH(6,4))$ $SDH(6,3)*\sin(SDH(6,1));$

$\quad0\quad$ $\sin(SDH(6,4))$ $\cos(SDH(6,4))$
$SDH(6,2);$

$\quad0\quad$ $\quad0\quad$ $\quad0\quad$
$1];$

$T06=T01*T12*T23*T34*T45*T56;$

把上述指定的各个关节轴转动的角度值代入 MATLAB 中的 RoboticToolbox 求解，得到末端操作器的位姿矩阵方程与上式所求结果一致，证明了本文所计算的工业机器人正运动学矩阵方程的正确性，如图 9-16 所示。

9.5.3 六轴工业机器人逆运动学仿真验证

本书采用与 9.5.2 节同样的对比法来验证工业机器人逆运动学矩阵方程的正确性，首先给出工业机器人在初始状态下末端操作器的位置和姿态矩阵，根据公式求解出工业机器人各个关节转动的角度值，然后把同样的位置和姿态矩阵代入 MATLAB 程序中进行求解，若两种方式计算出的工业机器人关节角度值相同，则证实了本文所计算的工业机器人逆运动学矩阵方程的正确性，否则该方程是错误的，逆运动学矩阵方程检验流程图如图 9-17 所示。

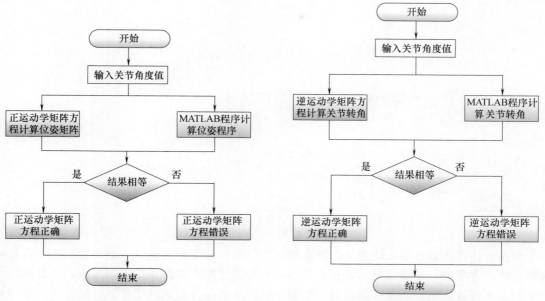

图 9-16 正运动学方程检验过程   图 9-17 逆运动学方程检验过程

假设工业机器人末端操作器位姿矩阵如下所示：

$$
{}^0_6\boldsymbol{T} = \begin{bmatrix} 0.3 & 0 & 0.9 & 0.7 \\ 0 & 1 & 0 & -0.501 \\ -0.9 & 0 & 0.4 & -0.35 \\ 0 & 0 & 0 & 1 \end{bmatrix} \tag{9-74}
$$

把给定的各个关节的转角值代入 9.2.2 节中的逆运动学求解公式中计算，可以得到 8 组解，把式（9-74）中的工业机器人位姿矩阵方程的值代入 MATLAB RotboticToolbox 工具箱中进行运算，可以计算出各个关节的转动角度值，两种方式所求的结果对比如表 9-3 所示。

表 9-3　计算结果与仿真结果

结果	θ_1/rad	θ_2/rad	θ_3/rad	θ_4/rad	θ_5/rad	θ_6/rad
计算	0.5778/1.6522	1.0274/1.5699	−0.8745	1.0724	0.6325	−0.7548/1.075
仿真	1.650964	1.027397	−0.874498	1.072398	0.632499	−0.754798

由表 9-3 可得，计算结果中的一组解与仿真所得的逆运动学解一致，故证实了本文所得出的工业机器人逆运动学矩阵方程的正确性。

逆运动学是找到机器人关节坐标的问题，给出了一个代表操纵者最后一个环节的同质转换。当路径在笛卡儿空间中规划时，这是非常有用的。笛卡儿轨迹演示中显示的直线路径，首先生成与特定关节坐标相对应的转换：

mdl_puma560 % 构造 puma560 机器人参数

167 ◀◀◀

q＝[0 −pi/4 −pi/4 0 pi/8 0]

answer：

q＝

0	−0.7854	−0.7854	0	0.3927	0

T＝p560.fkine(q) ％ 对指定关节坐标进行运动学求解
answer：
T＝

0.3827	0	0.9239	0.7371
0	1	0	−0.1501
−0.9239	0	0.3827	−0.3256
0	0	0	1

现在，任何特定机器人的逆运动程序都可以演示性地派生出来，一般来说，一个有效的封闭式解决方案可以获得。然而，我们只得到一个描述操纵器的在线运动参数，所以迭代一个解决方案将被使用。起点可以指定，否则可以默认为零（在这种情况下，这不是一个特别好的选择）。

```
qi＝p560.ikine(T)
％事实上,它不会收敛
qi＝
0.0000   −0.7854   −0.7854   0.0000   0.3927   −0.0000
％我们可以使用"pinv"选项帮助解决
qi＝p560.ikine(T,'pinv')
％结果为
qi＝
0.0000   −0.7854   −0.7854   0.0000   0.3927   −0.0000
％与原来的一组关节角度相同
q＝
0   −0.7854   −0.7854   0   0.3927   0
％   但一般来说,情况并非如此,有多个解决方案和找到的解决方案取决于初始角度的选择。
```

更有效的方法是使用支持带球形手腕的 6 轴机器人手臂解决方案工具箱分析常见案例

```
qi＝p560.ikine6s(T)
answer：
qi＝
2.7400   −3.0950   −0.7854   2.7547   1.2768   0.2787
％如预期的那样,这与原始关节角度不同
p560.fkine(qi)
ans＝
```

0.3827	0	0.9239	0.7371
0	1	0	−0.15
−0.9239	0	0.3827	−0.3256
0	0	0	1

%它给出了相同的最终效果姿势。分析解决方案允许指定特定的解决方案，使用字符串控制符并获取相同的一组关节角度

p560.ikine6s(T,'rdf')

ans＝

−0.0000　−0.7854　−0.7854　3.1416　−0.3927　−3.1416

%我们指定机器人处于右手配置中(r)，肘部向下(d)，手腕翻转(f)。解决方案并不总是可能的，例如，如果指定转换描述了操纵者无法触及的点。如上面提到的解决方案不一定是唯一的，并可能是操纵失去自由度的奇点或联合坐标变得线性依赖。逆向运动学也可以计算轨迹，如我们在 50 步中采取两个姿势之间的笛卡儿直线路径

T1＝transl(0.6,−0.5,0.0) % define the start point

T1＝

1.0000	0	0	0.6000
0	1.0000	0	−0.5000
0	0	1.0000	0
0	0	0	1.0000

T2＝transl(0.4,0.5,0.2)　% and destination

T2＝

1.0000	0	0	0.4000
0	1.0000	0	0.5000
0	0	1.0000	0.2000
0	0	0	1.0000

T＝ctraj(T1,T2,50)；　% compute a Cartesian path

%现在解决逆向运动学

q＝p560.ikine6s(T)；

%关于 q

q [double]：50x6 (2.4 kB)

%每个时间步骤有一行，每个关节角度有一列，让我们来研究一下导致直线的联合空间轨迹笛卡儿运动

subplot(3,1,1)；plot(q(:,1))；xlabel(' Time (s)')；ylabel(' Joint 1 (rad)')；

subplot(3,1,2)；plot(q(:,2))；xlabel(' Time (s)')；ylabel(' Joint 2 (rad)')；

subplot(3,1,3)；plot(q(:,3))；xlabel(' Time (s)')；ylabel(' Joint 3 (rad)')；

%这种空间轨迹现在可以形成动画

clf

p560.plot(q)

本部分首先介绍了研究对象 p560 型六轴工业机器人，然后分析了工业机器人的基础数学知识，其次采用改进的 D-H 参数法完成了运动学方程的建立，并通过齐次方程的变换完成了工业机器人正逆运动学解的推导运算，最后在 MATLAB 环境下完成了六轴工业机器人运动学模型的建立，并对所求的正逆运动学解进行了仿真验证，为下文动力学方程求解提供了参考。

9.5.4 关节空间轨迹规划

在实际应用中，我们一般都是知道末端的轨迹，然后使机器人动作。本文的例子是根据给定两个点的值，得到末端位姿，根据末端位姿再来规划轨迹。

```
% 轨迹规划中，首先建立机器人模型，6R 机器人模型，名称 modified puma560
% 定义机器人 a——连杆长度，d——连杆偏移量
    a2＝0.4318;a3＝0.02032;d2＝0.14909;d4＝0.43307;
%              thetai        di        ai-1        alphai-1
    L1＝Link([pi/2        0         0                0],' modified ');
    L2＝Link([0          d2         0               －pi/2],' modified ');
    L3＝Link([－pi/2      0         a2               0],' modified ');
    L4＝Link([0          d4         a3              －pi/2],' modified ');
    L5＝Link([0          0          0               pi/2],' modified ');
    L6＝Link([0          0          0              －pi/2],' modified ');
    robot＝SerialLink([L1,L2,L3,L4,L5,L6]);
    robot. name=' modified puma560 ';
%   robot. display();
%   robot. teach();
% 定义轨迹规划中初始关节角度(First_Theta)和终止关节角度(Final_Theta)、步数 777
    % First_Theta＝[0       pi/2    －pi/2    0        0       0];%就绪状态
    % Final_Theta＝[0       pi/4     pi       0       pi/4     0];%灵巧状态
% 角度变化
    First_Theta＝[0       pi/2    －pi/2    0        0       0];
    Final_Theta＝[pi/6   pi/4     pi      pi/3    pi/4    pi/2];
% jtraj 函数关节角空间轨迹规划
    step＝777;
    [q,qd,qdd]＝jtraj(First_Theta,Final_Theta,step);


%平面中一共分成 2×4＝8 个子画图区间，一共两行，每行四个
%在第一行第 1 个子图画位置信息
    subplot(2,4,1);
    i＝1:6;
    plot(q(:,i)); grid on;
    title('位置');
%在第一行第 2 个子图画速度信息
    subplot(2,4,2);
```

```
    i=1:6;
    plot(qd(:,i));grid on;
    title('速度');
%在第二行第 1 个子图画加速度信息
    subplot(2,4,5);
    i=1:6;
    plot(qdd(:,i));grid on;
    title('加速度');


%根据 First_Theta 和 Final_Theta 得到起始和终止的位姿矩阵
    %运用自带函数求解
%    T0=robot.fkine(First_Theta);
%    Tf=robot.fkine(Final_Theta);
    %根据改进 DH 模型的自编函数,kinematics 正运动学求解
    T0=kinematics(First_Theta);
    T0=SE3(T0);
    Tf=kinematics(Final_Theta);
    Tf=SE3(Tf);
%利用 ctraj 在笛卡儿空间规划轨迹
    Tc=ctraj(T0,Tf,step);
%在齐次旋转矩阵中提取移动变量,相当于笛卡儿坐标系的点的位置
    Tjtraj=transl(Tc);
    %在第二行第 2 个子图画 p1 到 p2 直线轨迹
    subplot(2,4,6);
    plot2(Tjtraj,'r');grid on;
    title('T0 到 Tf 直线轨迹');


%    hold on;
%在第一行三四子图和第二行三四子图,就相当于整个的右半部分画图
    subplot(2,4,[3,4,7,8]);


for Var=1:777
    T1=Tc(1,Var);
    T2=T1.T;
% Inverse_kinematics 逆运动学求解
qq(:,Var)=Inverse_kinematics(T2);
end
plot2(Tjtraj,'r');
robot.plot(qq');
```

如图 9-18 所示,红色细线就是规划的轨迹,六轴机器人 puma560 将会动态演示从起始点到终止点的过程。

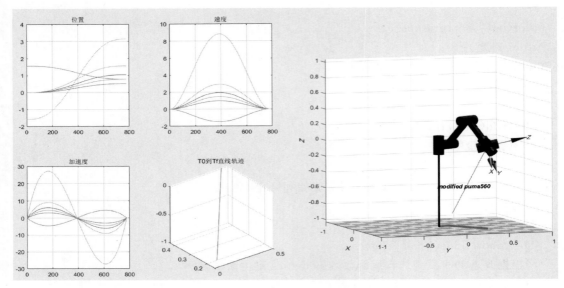

图 9-18　机械臂运动学仿真

习　题

9.1　点矢量 v 为 $\begin{bmatrix} 10.00 & 20.00 & 30.00 \end{bmatrix}^{\mathrm{T}}$，相对参考系作如下齐次坐标变换：

$$A = \begin{bmatrix} 0.866 & -0.500 & 0.000 & 11.0 \\ 0.500 & 0.866 & 0.000 & -3.0 \\ 0.000 & 0.000 & 1.000 & 9.0 \\ 0 & 0 & 0 & 1 \end{bmatrix}$$

写出变换后点矢量 v 的表达式，并说明是什么性质的变换，写出旋转算子 Rot 及平移算子 Trans。

9.2　有一旋转变换，先绕固定坐标系 Z_0 轴转 $45°$，再绕其 X_0 轴转 $30°$，最后绕其 Y_0 轴转 $60°$，试求该齐次坐标变换矩阵。

9.3　坐标系 $\{B\}$ 起初与固定坐标系 $\{O\}$ 相重合，现坐标系 $\{B\}$ 绕 Z_B 旋转 $30°$，然后绕旋转后的动坐标系的 X_B 轴旋转 $45°$，试写出该坐标系 $\{B\}$ 的起始矩阵表达式和最后矩阵表达式。

9.4　写出齐次变换阵 ${}_B^A\boldsymbol{H}$，它表示坐标系 $\{B\}$ 连续相对固定坐标系 $\{A\}$ 作以下变换：

（1）绕 Z_A 轴旋转 $90°$；

（2）绕 X_A 轴旋转 $-90°$；

（3）移动 $\begin{bmatrix} 3 & 7 & 9 \end{bmatrix}^{\mathrm{T}}$。

9.5　写出齐次变换矩阵 ${}_B^B\boldsymbol{H}$，它表示坐标系 $\{B\}$ 连续相对自身运动坐标系 $\{B\}$ 作以下变换：

（1）移动 $\begin{bmatrix} 3 & 7 & 9 \end{bmatrix}^{\mathrm{T}}$；

（2）绕 X_B 轴旋转 $90°$；

（3）绕 Z_B 轴转 $-90°$。

9.6　对于如图 9-19（a）所示的两个楔形物体，试用两个变换序列分别表示两个楔形物体的变换过程，使最后的状态如图 9-19（b）所示。

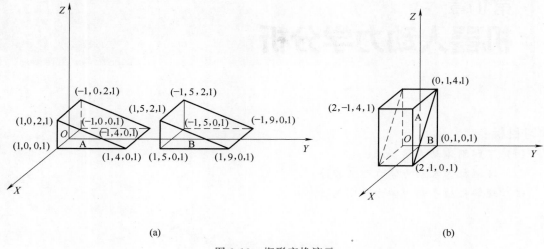

（a）   （b）

图 9-19　楔形变换演示

9.7　如图 9-20 所示的二自由度平面机械手，关节 1 为转动关节，关节变量为 θ_1；关节 2 为移动关节，关节变量为 d_2。试：

（1）建立关节坐标系，并写出该机械手的运动方程式。

（2）按下列关节变量参数求出手部中心的位置值。

θ_1	0°	30°	60°	90°
d_2/m	0.50	0.80	1.00	0.70

9.8　如图 9-21 所示为一个二自由度的机械手，两连杆长度均为 1m，试建立各杆件坐标系，求出 $\boldsymbol{T}_1$，$\boldsymbol{T}_2$ 的变换矩阵。

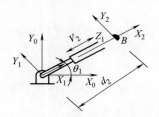

图 9-20　二自由度平面机械手

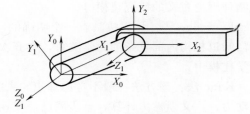

图 9-21　二自由度机械手

第10章 ►►
机器人动力学分析

学习目标：

（1）了解刚体动力学基础；

（2）理解机器人动力学方程的推导；

（3）理解机械手动力学方程实例。

10.1 ⬤ 刚体动力学

上一章就工业机器人运动学和轨迹规划进行了分析仿真，在实际生产实践中，不仅要求机器人在运动中具有平稳性，还要求机器人本体结构也具有稳定性，只有两者同时达到要求，机器人才能按照我们的期望进行工作，既具有平稳性又具有高精度。

对机械臂进行动力学建模是动力学分析的首要工作，常用的动力学建模有 Newton-Euler 法、Lagrange 法、Kane 法、旋量法等，以下为几种方法的简单介绍：

Newton-Euler 法：该方法首先需要针对机构建立一个力学方程式，再根据机构的内部结构关系将相关约束力代入方程式中进行化简，该方法需要进行复杂的力学计算，适用于结构物理理论意义的研究建模。

Lagrange 法：该方法具有一个明确的动力学表达式，在运用该方法进行动力学建模时，无需知道机构内部复杂的力学关系，在齐次坐标下使用起来最为简单，广泛应用于机构的动力学建模中。

Kane 法：该方法一般不考虑理想约束力，综合分析力学和理论力学优点，着重于广义主动力、广义惯性力计算，且步骤已经实现了程序化，便于计算机实现。

旋量法：该方法通过矩阵内元素对应为刚体的运动旋量，并以坐标的形式表示出来，这样可以完全避免其他方法所出现的奇异位形，该方法可以有效地计算末端位姿误差，主要适用于描述弯曲运动。

表 10-1　几种动力学建模方法的运算次数表

动力学建模方法	乘法运算次数	加法运算次数
Newton-Euler 法	1537	1188
Lagrange 法	852	738
Kane 法	646	394
旋量法	1148	947

由表 10-1 可以看出，Lagrange 法并不具有最快的运算次数，但用 Lagrange 法只需考虑系统的动能和势能，更容易得到动力学方程，所以更多地运用于机器人动力学研究中。

拉格朗日函数 L 被定义为系统动能 K 和位能 P 之差,即

$$L = K - P \tag{10-1}$$

其中,K 和 P 可以用任何方便描述的坐标系来表示。

系统动力学方程式,即拉格朗日方程如下:

$$F_i = \frac{\mathrm{d}}{\mathrm{d}t} \times \frac{\partial L}{\partial \dot{q}_i} - \frac{\partial L}{\partial q_i}, i = 1, 2, \cdots, n \tag{10-2}$$

式中,q_i 为表示动能和位能的坐标;$\dot{q}_i$ 为相应的速度;F_i 为作用在第 i 个坐标上的力或力矩,F_i 是力还是力矩,取决于 q_i 为直线坐标还是角坐标,这些力、力矩和坐标称为广义力、广义力矩和广义坐标;n 为连杆数目。

10.1.1 刚体的动能与位能

在理论力学或物理学力学部分,曾对如图 10-1 所示的一般物体平动时所具有的动能和位能进行过计算,其求法是大家所熟悉的,如下:

$$K = \frac{1}{2} M_1 \dot{x}_1^2 + \frac{1}{2} M_0 \dot{x}_0^2$$

$$P = \frac{1}{2} k (x_1 - x_0)^2 - M_1 g x_1 - M_0 g x_0$$

$$D = \frac{1}{2} c (\dot{x}_1 - \dot{x}_0)^2$$

$$W = F x_1 - F x_0$$

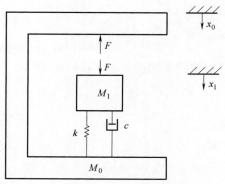

式中,K、P、D 和 W 分别表示物体所具有的动能、位能,所消耗的能量和外力对其所做的功;M_0、M_1 为支架和运动物体的质量;x_0 和 x_1 为运动坐标;g 为重力加速度;k 为弹簧胡克系数;c 为摩擦系数;F 为外施作用力。

图 10-1 一般物体的动能与位能

对于这一问题,存在两种情况:

① $x_0 = 0$,x_1 为广义坐标:

$$\frac{\mathrm{d}}{\mathrm{d}t}\left(\frac{\partial K}{\partial \dot{x}}\right) - \frac{\partial K}{\partial x_1} + \frac{\partial D}{\partial \dot{x}_1} + \frac{\partial P}{\partial x_1} = \frac{\partial W}{\partial x_1}$$

其中,左式第一项为动能随速度(或角速度)和时间的变化;第二项为动能随位置(或角度)的变化;第三项为能耗随速度的变化;第四项为位能随位置的变化。右式为实际外加力或力矩。代入相应各项的表达式,化简可得:

$$\frac{\mathrm{d}}{\mathrm{d}t}(M_1 \dot{x}_1) - 0 + c\dot{x}_0 + kx_1 - M_1 g = F$$

表示为一般形式为:

$$M_1 \ddot{x}_1 + c\dot{x}_1 + kx_1 = F + M_1 g$$

即为所求 $x_0 = 0$ 时的动力学方程式。其中,左式三项分别表示物体的加速度、阻力和弹力,而右式两项分别表示外加作用力和重力。

② $x_0 = 0$,x_0 和 x_1 均为广义坐标:

这时有下式:

$$M_1 \ddot{x}_1 + c(\dot{x}_1 - \dot{x}_0) + k(x_1 - x_0) - M_1 g = F$$

$$M_0\ddot{x}_0 + c(\dot{x}_1 - \dot{x}_0) - k(x_1 - x_0) - M_1 g = -F$$

或用矩阵形式表示为：

$$\begin{bmatrix} M_1 & 0 \\ 0 & M_0 \end{bmatrix} \begin{bmatrix} \ddot{x}_1 \\ \ddot{x}_0 \end{bmatrix} + \begin{bmatrix} c & -c \\ -c & c \end{bmatrix} \begin{bmatrix} \dot{x}_1 \\ \dot{x}_0 \end{bmatrix} + \begin{bmatrix} k & -k \\ -k & k \end{bmatrix} \begin{bmatrix} x_1 \\ x_0 \end{bmatrix} = \begin{bmatrix} F \\ -F \end{bmatrix}$$

下面考虑二连杆机械手。见图 10-2 的动能和位能，这种运动机构具有开式运动链，与复摆运动有许多相似之处。图中，T_1、T_2 为转矩，m_1 和 m_2 为连杆 1 及连杆 2 的质量，且以连杆末端的点质量表示，d_1 和 d_2 分别为两连杆的长度，θ_1 和 θ_2 为广义坐标，g 为重力加速度。

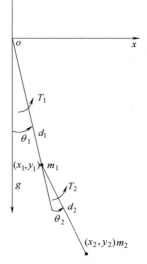

先计算连杆 1 的动能 K_1 和位能 P_1。因为 $K_1 = \frac{1}{2} m v^2$，$v_1 = d_1 \dot{\theta}_1$，$P_1 = m_1 g h_1$，$h_1 = -d_1 \cos\theta_1$，所以有：

$$K_1 = \frac{1}{2} m_1 d_1^2 \dot{\theta}_1^2$$

$$P_1 = -m_1 g d_1 \cos\theta_1$$

再计算连杆 2 的动能 K_2 和位能 P_2：

$$K_2 = \frac{1}{2} m_2 v_2^2, \quad P_2 = m_2 g y_2$$

式中：

$$v_2^2 = \dot{x}_2^2 + \dot{y}_2^2$$

$$x_2 = d_1 \sin\theta_1 + d_2 \sin(\theta_1 + \theta_2)$$

$$y_2 = -d_1 \cos\theta_1 - d_2 \cos(\theta_1 + \theta_2)$$

$$\dot{x}_2 = d_1 \cos\theta_1 \dot{\theta}_1 + d_2 \cos(\theta_1 + \theta_2)(\dot{\theta}_1 + \dot{\theta}_2)$$

$$\dot{y}_2 = d_1 \sin\theta_1 \dot{\theta}_1 + d_2 \sin(\theta_1 + \theta_2)(\dot{\theta}_1 + \dot{\theta}_2)$$

图 10-2　二连杆机械手

于是可求得：

$$v_2^2 = d_1^2 \dot{\theta}_1^2 + d_2(\dot{\theta}_1^2 + 2\dot{\theta}_1\dot{\theta}_2 + \dot{\theta}_2^2) + 2d_1 d_2 \cos\theta_2(\dot{\theta}_1^2 + \dot{\theta}_1\dot{\theta}_2)$$

以及：

$$K_2 = \frac{1}{2} m_2 d_1^2 \dot{\theta}_1^2 + \frac{1}{2} m_2 d_2^2 (\dot{\theta}_1 + \dot{\theta}_2)^2 + m_2 d_1 d_2 \cos\theta_2 (\dot{\theta}_1^2 + \dot{\theta}_1\dot{\theta}_2)$$

$$P_2 = -m_2 g d_1 \cos\theta_1 - m_2 g d_2 \cos(\theta_1 + \theta_2)$$

这样，二连杆机械手系统的总动能和总位能分别为

$$K = K_1 + K_2 = \frac{1}{2}(m_1 + m_2)d_1^2 \dot{\theta}_1^2 + \frac{1}{2} m_2 d_2^2 (\dot{\theta}_1 + \dot{\theta}_2)^2 + m_2 d_1 d_2 \cos\theta_2 (\dot{\theta}_1^2 + \dot{\theta}_1\dot{\theta}_2)$$

（10-3）

$$P = P_1 + P_2 = -(m_1 + m_2)g d_1 \cos\theta_1 - m_2 g d_2 \cos(\theta_1 + \theta_2)$$　　　（10-4）

10.1.2　动力学方程的两种求法

（1）拉格朗日功能平衡法

二连杆机械手系统的拉格朗日函数 L 可据式（10-1）、式（10-3）和式（10-4）求得

$$L = K - P$$

$$= \frac{1}{2}(m_1 + m_2)d_1^2\dot{\theta}_1^2 + \frac{1}{2}m_2 d_2^2(\dot{\theta}_1^2 + 2\dot{\theta}_1\dot{\theta}_2 + \dot{\theta}_2^2) + m_2 d_1 d_2 \cos\theta_2(\dot{\theta}_1^2 + \dot{\theta}_1\dot{\theta}_2) \tag{10-5}$$

$$+ (m_1 + m_2)gd_1\cos\theta_1 + m_2 g d_2\cos(\theta_1 + \theta_2)$$

对 L 求偏导数和导数

$$\frac{\partial L}{\partial \theta_1} = -(m_1 + m_2)gd_1\sin\theta_1 - m_2 g d_2\sin(\theta_1 + \theta_2)$$

$$\frac{\partial L}{\partial \theta_2} = -m_2 d_1 d_2\sin\theta_2(\dot{\theta}_1^2 + \dot{\theta}_1\dot{\theta}_2) - m_2 g d_2\sin(\theta_1 + \theta_2)$$

$$\frac{\partial L}{\partial \dot{\theta}_1} = -(m_1 + m_2)gd_1^2\theta_1 + m_2 d_2^2\dot{\theta}_1 + m_2 d_2^2\dot{\theta}_2 + m_2 d_1 d_2\cos\theta_2\dot{\theta}_1 + m_2 d_1 d_2\cos\theta_2\dot{\theta}_2$$

$$\frac{\partial L}{\partial \dot{\theta}_2} = m_2 d_2^2\dot{\theta}_1 + m_2 d_2^2\dot{\theta}_2 + m_2 d_1 d_2\cos\theta_2\dot{\theta}_1$$

以及

$$\frac{\mathrm{d}}{\mathrm{d}t}\frac{\partial L}{\partial \dot{\theta}_1} = [(m_1 + m_2)d_1^2 + m_2 d_2^2 + 2m_2 d_1 d_2\cos\theta_2]\ddot{\theta}_1$$

$$+ (m_2 d_2^2 + m_2 d_1 d_2\cos\theta_2)\ddot{\theta}_2 - 2m_2 d_1 d_2\sin\theta_2\dot{\theta}_1\dot{\theta}_2 - m_2 d_1 d_2\sin\theta_2\dot{\theta}_2^2$$

$$\frac{\mathrm{d}}{\mathrm{d}t}\frac{\partial L}{\partial \dot{\theta}_2} = m_2 d_2^2\ddot{\theta}_1 + m_2 d_2^2\ddot{\theta}_2 + m_2 d_1 d_2\cos\theta_2\ddot{\theta}_1 - m_2 d_1 d_2\sin\theta_2\dot{\theta}_1\dot{\theta}_2$$

把相应各导数和偏导数代入式（10-2），即可求得力矩 T_1 和 T_2 的动力学方程式

$$T_1 = \frac{\mathrm{d}}{\mathrm{d}t}\frac{\partial L}{\partial \dot{\theta}_1} - \frac{\partial L}{\partial \theta_1}$$

$$= [(m_1 + m_2)d_1^2 + m_2 d_2^2 + 2m_2 d_1 d_2\cos\theta_2]\ddot{\theta}_1 + (m_2 d_2^2 + m_2 d_1 d_2\cos\theta_2)\ddot{\theta}_2$$

$$- 2m_2 d_1 d_2\sin\theta_2\dot{\theta}_1\dot{\theta}_2 - m_2 d_1 d_2\sin\theta_2\dot{\theta}_2^2$$

$$+ (m_1 + m_2)gd_1\sin\theta_1 + m_2 g d_2\sin(\theta_1 + \theta_2) \tag{10-6}$$

$$T_2 = \frac{\mathrm{d}}{\mathrm{d}t}\frac{\partial L}{\partial \dot{\theta}_2} - \frac{\partial L}{\partial \theta_2}$$

$$= [m_2 d_2^2 + m_2 d_1 d_2\cos\theta_2]\ddot{\theta}_1 + m_2 d_2^2\ddot{\theta}_2 + m_2 d_1 d_2\sin\theta_2\dot{\theta}_1^2 + m_2 g d_2\sin(\theta_1 + \theta_2)$$

$$\tag{10-7}$$

式（10-6）和（10-7）对应一般形式和矩阵形式如下

$$T_1 = D_{11}\ddot{\theta}_1 + D_{12}\ddot{\theta}_2 + D_{111}\dot{\theta}_1^2 + D_{122}\dot{\theta}_2^2 + D_{112}\dot{\theta}_1\dot{\theta}_2 + D_{121}\dot{\theta}_2\dot{\theta}_1 + D_1 \tag{10-8}$$

$$T_2 = D_{21}\ddot{\theta}_1 + D_{22}\ddot{\theta}_2 + D_{211}\dot{\theta}_1^2 + D_{222}\dot{\theta}_2^2 + D_{212}\dot{\theta}_1\dot{\theta}_2 + D_{221}\dot{\theta}_2\dot{\theta}_1 + D_2 \tag{10-9}$$

$$\begin{bmatrix} T_1 \\ T_2 \end{bmatrix} = \begin{bmatrix} D_{11} & D_{12} \\ D_{21} & D_{22} \end{bmatrix} \begin{bmatrix} \ddot{\theta}_1 \\ \ddot{\theta}_2 \end{bmatrix} + \begin{bmatrix} D_{111} & D_{122} \\ D_{211} & D_{222} \end{bmatrix} \begin{bmatrix} \dot{\theta}_1^2 \\ \dot{\theta}_2^2 \end{bmatrix} + \begin{bmatrix} D_{112} & D_{121} \\ D_{212} & D_{221} \end{bmatrix} \begin{bmatrix} \dot{\theta}_1\dot{\theta}_2 \\ \dot{\theta}_2\dot{\theta}_1 \end{bmatrix} + \begin{bmatrix} D_1 \\ D_2 \end{bmatrix}$$

$$\tag{10-10}$$

式中，D_{ii} 称为关节 i 的有效惯量，因为关节 i 的加速度 $\ddot{\theta}_i$ 将在关节 i 上产生一个等于 $D_{ii}\ddot{\theta}_i$ 的惯性力；D_{ij} 称为关节 i 和 j 间耦合惯量，因为关节 i 和 j 的加速度 $\ddot{\theta}_i$ 和 $\ddot{\theta}_j$ 将在关

节 i 和 j 上分别产生一个等于 $D_{ji}\ddot{\theta}_i$ 或 $D_{ij}\ddot{\theta}_j$ 的惯性力；$D_{ijk}\dot{\theta}_j^2$ 项是由关节 j 的速度 $\dot{\theta}_j$ 在关节 i 上产生的向心力；$(D_{ijk}\dot{\theta}_j\dot{\theta}_k+D_{ikj}\dot{\theta}_k\dot{\theta}_j)$ 项是由关节 j 和 k 的速度 $\dot{\theta}_j$ 和 $\dot{\theta}_k$ 引起的作用于关节 i 的科氏力；D_i 表示关节 i 处的重力。

比较式（10-6）、式（10-7）与式（10-8）、式（10-9），可得本系统各系数如下：

有效惯量：

$$D_{11}=(m_1+m_2)d_1^2+m_2d_2^2+2m_2d_1d_2\cos\theta_2$$
$$D_{22}=m_2d_2^2$$

耦合惯量：

$$D_{12}=m_2d_2^2+m_2d_1d_2\cos\theta_2=m_2(d_2^2+d_1d_2\cos\theta_2)$$

向心加速度系数：

$$D_{111}=0$$
$$D_{122}=-m_2d_1d_2\sin\theta_2$$
$$D_{211}=m_2d_1d_2\sin\theta_2$$
$$D_{222}=0$$

科氏加速度系数：

$$D_{112}=D_{121}=-m_2d_1d_2\sin\theta_2$$
$$D_{212}=D_{221}=0$$

重力项：

$$D_1=(m_1+m_2)gd_1\sin\theta_1+m_2gd_2\sin(\theta_1+\theta_2)$$
$$D_2=m_2gd_2\sin(\theta_1+\theta_2)$$

下面对上例指定一些数字，用以估计此二连杆机械手在静止和固定重力负荷下的 T_1 和 T_2 值。计算条件如下：

① 关节 2 锁定，即维持恒速 $\ddot{\theta}_2=0$，即 $\dot{\theta}_0$ 为恒值；

② 关节 2 是不受约束的，即 $T_2=0$。

在第一个条件下，式（10-8），式（10-9）简化为，$T_1=D_{11}\ddot{\theta}_1=I_1\ddot{\theta}_1$，$T_2=D_{12}\ddot{\theta}_1$。

在第二个条件下：

$$T_2=D_{12}\ddot{\theta}_1+D_{22}\ddot{\theta}_2=0,T_1=D_{11}\ddot{\theta}_1+D_{12}\ddot{\theta}_2$$

解之得：

$$\ddot{\theta}_2=-\frac{D_{12}}{D_{22}}\ddot{\theta}_1$$

$$T_1=\left(D_{11}-\frac{D_{12}^2}{D_{22}}\right)\ddot{\theta}_1=I_1\ddot{\theta}_1$$

取 $d_1=d_2=1$，$m_1=2$，计算 $m_2=1$、4 和 100（分别表示机械手在空载、负载和在外层空间负载的三种不同情况；对于后者，由于失重而允许有大的负载）三个不同数值下的各系数值。表 10-2 给出这些系数值及其与位置 θ_2 的关系。其中，对于空载，$m_1=m_2=1$，对于地面满载，$m_1=2$，$m_2=4$，对于外层空间负载，$m_1=2$，$m_2=100$。

表 10-2 中最右两列为关节 1 上的有效惯量。在空载下，当 θ_2 变化时，关节 1 的有效惯量值在 3∶1（关节 2 锁定时）或 3∶2（关节 2 自由时）范围内变动，由表 10-2 还可以看出，在地面负载下，关节 1 的有效惯量随 θ_2 在 9∶1 范围内变化，此有效惯量值比空载时提高了

3 倍。在外层空间负载 100 情况下，有效惯量变化范围更大，可达 201：1。这些惯量的变化将对机械手的控制产生显著影响。

表 10-2 二连杆机械手不同负载下的系数值

负载	θ_2	$\cos\theta_2$	D_{11}	D_{12}	D_{22}	I_1	I_f
地面空载	0°	1	6	2	1	6	2
	90°	0	4	1	1	4	3
	180°	−1	2	0	1	2	2
	270°	0	4	1	1	4	3
地面满载	0°	1	18	8	4	18	2
	90°	0	10	4	4	10	6
	180°	−1	2	0	4	2	2
	270°	0	10	4	4	10	6
外空间负载	0°	1	402	200	100	402	2
	90°	0	202	100	100	202	102
	180°	−1	2	0	100	2	2
	270°	0	202	100	100	202	102

（2）牛顿欧拉动态平衡法

为了与拉格朗日法进行比较，看看哪种方法比较简便，用牛顿-欧拉（Newton-Euler）动态平衡法来获得上述同一个二连杆系统的动力学方程，其一般形式为

$$\frac{\partial W}{\partial q_i} = \frac{\mathrm{d}}{\mathrm{d}t} \times \frac{\partial K}{\partial \dot{q}_i} - \frac{\partial K}{\partial q_i} + \frac{\partial D}{\partial \dot{q}_i} + \frac{\partial P}{\partial q_i}, i = 1, 2, \cdots, n \tag{10-11}$$

式中，W、K、D、P 和 q_i 等的含义与拉格朗日法一样；i 为连杆代号，n 为连杆数目。

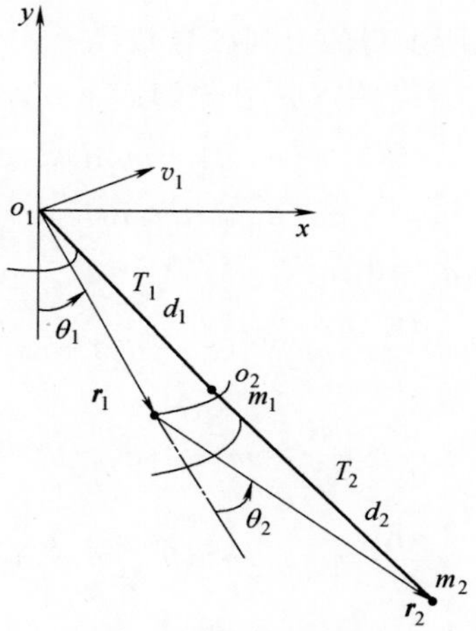

质量 m_1 和 m_2 的位置矢量 r_1 和 r_2（见图 10-3）为：

$r_1 = r_0 + (d_1\cos\theta_1)i + (d_1\sin\theta_1)j = (d_2\cos\theta_1)i + (d_1\sin\theta_1)j$

$r_2 = r_1 + [d_2\cos(\theta_1+\theta_2)]i + [d_2\sin\theta_1+\theta_2)]j$
$= [d_1\cos\theta_1 + d_2\cos(\theta_1+\theta_2)]i + [d_1\sin\theta_1 + d_2\sin(\theta_1+\theta_2)]j$

速度矢量 v_1 和 v_2：

$$v_1 = \frac{\mathrm{d}r_1}{\mathrm{d}t} = [-\dot{\theta}_1 d_1\sin\theta_1]i + [\dot{\theta}_1 d_1\cos\theta_1]j$$

$$v_2 = \frac{\mathrm{d}r_2}{\mathrm{d}t} = [-\dot{\theta}_1 d_1\sin\theta_1 - (\dot{\theta}_1+\dot{\theta}_2)d_2\sin(\theta_1+\theta_2)]i$$
$$+ [\dot{\theta}_1 d_1\cos\theta_1 - (\dot{\theta}_1+\dot{\theta}_2)d_2\cos(\theta_1+\theta_2)]j$$

图 10-3 二连杆机械手

再求速度的平方，计算结果得：

$$v_1^2 = d_1^2\dot{\theta}_1^2$$

$$v_2^2 = d_1^2\dot{\theta}_1^2 + d_2^2(\dot{\theta}_1^2 + 2\dot{\theta}_1\dot{\theta}_2 + \dot{\theta}_2^2) + 2d_1 d_2(\dot{\theta}_1^2 + 2\dot{\theta}_1\dot{\theta}_2)\cos\theta_2$$

于是可得系统功能：

$$K = \frac{1}{2}m_1 v_1^2 + \frac{1}{2}m_2 v_2^2$$

$$= \frac{1}{2}(m_1+m_2)d_1^2\dot{\theta}_1^2 + \frac{1}{2}m_2 d_2^2(\dot{\theta}_1^2 + 2\dot{\theta}_1\dot{\theta}_2 + \dot{\theta}_2^2) + m_2 d_1 d_2(\dot{\theta}_1^2 + 2\dot{\theta}_1\dot{\theta}_2)\cos\theta_2$$

系统能耗：

$$D=\frac{1}{2}c_1\dot{\theta}_1^2+\frac{1}{2}c_2\dot{\theta}_2^2$$

外力矩所做的功：

$$W=T_1\theta_1+T_2\theta_2$$

至此，求得关于 K、P、D 和 W 的四个标量方程式。有了这四个方程式，就能够按式 (10-11) 求出系统的动力学方程式。为此，先求有关导数和偏导数。

当 $q_i=\theta_1$ 时，

$$\frac{\partial K}{\partial \dot{\theta}_1}=(m_1+m_2)d_1^2\dot{\theta}_1+m_2d_2^2(\dot{\theta}_1+\dot{\theta}_2)+m_2d_1d_2(2\dot{\theta}_1+\dot{\theta}_2)\cos\theta_2$$

$$\frac{\mathrm{d}}{\mathrm{d}t}\times\frac{\partial K}{\partial \dot{\theta}_1}=(m_1+m_2)d_1^2\ddot{\theta}_1+m_2d_2^2(\ddot{\theta}_1+\ddot{\theta}_2)+m_2d_1d_2(2\ddot{\theta}_1+\ddot{\theta}_2)\cos\theta_2$$
$$-m_2d_1d_2(2\dot{\theta}_1+\dot{\theta}_2)\dot{\theta}_2\sin\theta_2$$

$$\frac{\partial K}{\partial \theta_1}=0$$

$$\frac{\partial D}{\partial \dot{\theta}_1}=c_1\dot{\theta}_1$$

$$\frac{\partial P}{\partial \theta_1}=(m_1+m_2)gd_1\sin\theta_1+m_2d_2\sin(\theta_1+\theta_2)$$

$$\frac{\partial W}{\partial \theta_1}=T_1$$

把所求得的上列各导数代入式 (10-11)，经合并整理可得

$$T_1=[(m_1+m_2)d_1^2+m_2d_2^2+2m_2d_1d_2\cos\theta_2]\ddot{\theta}_1$$
$$+(m_2d_2^2+m_2d_1d_2\cos\theta_2)\ddot{\theta}_2+c_1\dot{\theta}_1-(2m_2d_1d_2\sin\theta_2)\dot{\theta}_1\dot{\theta}_2$$
$$-(m_2d_1d_2\sin\theta_2)\ddot{\theta}_2+[(m_1+m_2)gd_1\sin\theta_1+m_2gd_2\sin(\theta_1+\theta_2)] \tag{10-12}$$

当 $q_i=\theta_2$ 时，

$$\frac{\partial K}{\partial \dot{\theta}_2}=m_2d_2^2(\dot{\theta}_1+\dot{\theta}_2)+m_2d_1d_2\dot{\theta}_1\cos\theta_2$$

$$\frac{\mathrm{d}}{\mathrm{d}t}\times\frac{\partial K}{\partial \dot{\theta}_2}=m_2d_2^2(\ddot{\theta}_1+\ddot{\theta}_2)+m_2d_1d_2\ddot{\theta}_1\cos\theta_2-m_2d_1d_2\dot{\theta}_1\dot{\theta}_2\sin\theta_2$$

$$\frac{\partial K}{\partial \theta_2}=-m_2d_2^2(\dot{\theta}_1^2+\dot{\theta}_1\dot{\theta}_2)\sin\theta_2$$

$$\frac{\partial D}{\partial \dot{\theta}_2}=c_2\dot{\theta}_2$$

$$\frac{\partial P}{\partial \dot{\theta}_2}=m_2gd_2\sin(\theta_1+\theta_2)$$

$$\frac{\partial W}{\partial \theta_2}=T_2$$

把上面各式代入式 (10-11)，并化简得到

$$T_2=(m_2d_2^2+m_2d_1d_2\cos\theta_2)\ddot{\theta}_1+m_2d_2^2\ddot{\theta}_2+m_2d_1d_2\sin\theta_2\dot{\theta}_1^2+c_2\dot{\theta}_2+m_2gd_2\sin(\theta_1+\theta_2)$$
$$\tag{10-13}$$

也可以把式 (10-12) 和式 (10-13) 写成式 (10-8) 和式 (10-9) 那样的一般形式。

比较式（10-6）、式（10-7）与式（10-12）、式（10-13）可见，如果不考虑摩擦（取 $c_1 = c_2 = 0$），那么式（10-6）与式（10-12）完全一样，式（10-7）与式（10-13）完全一致。在式（10-6）和式（10-7）中，没有考虑摩擦所消耗的能量，而式（10-12）和式（10-13）则考虑了这一损耗。因此，所求两种结果出现了这一差别。

10.2 ⊙ 机械手动力学方程

在分析简单二连杆机械手系统的基础上，分析由一组 A 变换描述的任何机械手，求出其动力学方程。推导过程分五步进行：

① 计算任一连杆上任一点的速度；
② 计算各连杆的动能和机械手的总动能；
③ 计算各连杆的位能和机械手的总位能；
④ 建立机械手系统的拉格朗日函数；
⑤ 对拉格朗日函数求导，以得到动力学方程式。

图 10-4 表示一个四连杆机械手的结构。我们先从这个例子出发，求得此机械手某个连杆（例如连杆 3）上某一点（如点 P）的速度、质点和机械手的动能与位能、拉格朗日算子，再求系统的动力学方程式。然后，由特殊到一般，导出任何机械手的速度、动能、位能和动力学方程的一般表达式。

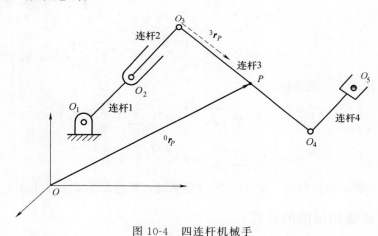

图 10-4　四连杆机械手

10.2.1　速度的计算

图 10-4 中连杆 3 上点 P 的位置为：

$$^0\boldsymbol{r}_P = \boldsymbol{T}_3\,^3\boldsymbol{r}_P$$

式中，$^0\boldsymbol{r}_P$ 为总（基）坐标系中对应的位置矢量；$^3\boldsymbol{r}_P$ 为局部（相对关节 O_3）坐标系中的位置矢量；$\boldsymbol{T}_3$ 为变换矩阵，包括旋转变换和平移变换。

对应任一连杆 i 上的一点，其位置为：

$$^0\boldsymbol{r} = \boldsymbol{T}_i\,^i\boldsymbol{r} \tag{10-14}$$

点 P 的速度为：

$$^0\boldsymbol{v}_P = \frac{\mathrm{d}}{\mathrm{d}t}(^0\boldsymbol{r}_P) = \frac{\mathrm{d}}{\mathrm{d}t}(\boldsymbol{T}_3{}^3\boldsymbol{r}_P) = \dot{\boldsymbol{T}}_3{}^3\boldsymbol{r}_P$$

式中，$\dot{\boldsymbol{T}}_3 = \dfrac{\mathrm{d}\boldsymbol{T}_3}{\mathrm{d}t} = \displaystyle\sum_{j=1}^{3} \frac{\partial \boldsymbol{T}_3}{\partial q_j}\dot{q}_j$，所以有：

$$^0\boldsymbol{v}_P = \Big(\sum_{j=1}^{3} \frac{\partial \boldsymbol{T}_3}{\partial q_j}\dot{q}_j\Big)^3\boldsymbol{r}_P$$

对于连杆 i 上任一点的速度：

$$\boldsymbol{v} = \frac{\mathrm{d}\boldsymbol{r}}{\mathrm{d}t} = \Big(\sum_{j=1}^{i} \frac{\partial \boldsymbol{T}_i}{\partial q_j}\dot{q}_j\Big)^i\boldsymbol{r} \tag{10-15}$$

P 点的加速度：

$$^0\boldsymbol{a}_P = \frac{\mathrm{d}}{\mathrm{d}t}(^0\boldsymbol{v}_P) = \frac{\mathrm{d}}{\mathrm{d}t}(\dot{\boldsymbol{T}}_3{}^3\boldsymbol{r}_P) = \frac{\mathrm{d}}{\mathrm{d}t}\Big(\sum_{j=1}^{3} \frac{\partial \boldsymbol{T}_3}{\partial q_j}\dot{q}_j\Big)^3\boldsymbol{r}_P$$

$$= \Big(\sum_{j=1}^{3} \frac{\partial \boldsymbol{T}_3}{\partial q_j}\frac{\mathrm{d}}{\mathrm{d}t}\dot{q}_j\Big)(^3\boldsymbol{r}_P) + \Big(\sum_{k=1}^{3}\sum_{j=1}^{3} \frac{\partial \boldsymbol{T}_3}{\partial q_j \partial q_k}\dot{q}_k\dot{q}_j\Big)(^3\boldsymbol{r}_P)$$

$$= \Big(\sum_{j=1}^{3} \frac{\partial \boldsymbol{T}_3}{\partial q_j}\ddot{q}_j\Big)(^3\boldsymbol{r}_P) + \Big(\sum_{k=1}^{3}\sum_{j=1}^{3} \frac{\partial \boldsymbol{T}_3}{\partial q_j \partial q_k}\dot{q}_k\dot{q}_j\Big)(^3\boldsymbol{r}_P)$$

速度的平方：

$$(^0\boldsymbol{v}_P)^2 = (^0\boldsymbol{v}_P)\cdot(^0\boldsymbol{v}_P) = \mathrm{Trace}[(^0\boldsymbol{v}_P)\cdot(^0\boldsymbol{v}_P)^{\mathrm{T}}]$$

$$= \mathrm{Trace}\Big[\sum_{j=1}^{3} \frac{\partial \boldsymbol{T}_3}{\partial q_j}\dot{q}_j(^3\boldsymbol{r}_P)\cdot\sum_{k=1}^{3}\Big(\frac{\partial \boldsymbol{T}_3}{\partial q_k}\Big)^{\mathrm{T}}\dot{q}_k(^3\boldsymbol{r}_P)^{\mathrm{T}}\Big]$$

$$= \mathrm{Trace}\Big[\sum_{j=1}^{3}\sum_{k=1}^{3} \frac{\partial \boldsymbol{T}_3}{\partial q_j}(^3\boldsymbol{r}_P)(^3\boldsymbol{r}_P)^{\mathrm{T}}\Big(\frac{\partial \boldsymbol{T}_3}{\partial q_j}\Big)^{\mathrm{T}}\dot{q}_j\dot{q}_k\Big]$$

对于任一机械手上一点速度的平方为：

$$\boldsymbol{v}^2 = \Big(\frac{\mathrm{d}\boldsymbol{r}}{\mathrm{d}t}\Big)^2 = \mathrm{Trace}\Big[\sum_{j=1}^{i} \frac{\partial \boldsymbol{T}_i}{\partial q_j}\dot{q}_j{}^i\boldsymbol{r}\sum_{k=1}^{i}\Big(\frac{\partial \boldsymbol{T}_i}{\partial q_k}\dot{q}_k{}^i\boldsymbol{r}\Big)^{\mathrm{T}}\Big]$$

$$= \mathrm{Trace}\Big[\sum_{j=1}^{i}\sum_{k=1}^{i} \frac{\partial \boldsymbol{T}_i}{\partial q_j}{}^i\boldsymbol{r}{}^i\boldsymbol{r}^{\mathrm{T}}\Big(\frac{\partial \boldsymbol{T}_i}{\partial q_k}\Big)^{\mathrm{T}}\dot{q}_j\dot{q}_k\Big] \tag{10-16}$$

式中，Trace 表示矩阵的迹。对于 n 阶方程来说，其迹即为其主对角线上各元素之和。

10.2.2 动能和位能的计算

令连杆 3 上任一质点 P 的质量为 $\mathrm{d}m$，则其动能为：

$$\mathrm{d}K_3 = \frac{1}{2}\boldsymbol{v}_P^2\mathrm{d}m$$

$$= \frac{1}{2}\mathrm{Trace}\Big[\sum_{j=1}^{3}\sum_{k=1}^{3} \frac{\partial \boldsymbol{T}_3}{\partial q_j}(^3\boldsymbol{r}_P\mathrm{d}m^3\boldsymbol{r}_P^{\mathrm{T}})\Big(\frac{\partial \boldsymbol{T}_3}{\partial q_k}\Big)^{\mathrm{T}}\dot{q}_j\dot{q}_k\Big]$$

任一机械手连杆 i 上位置矢量 $^i\boldsymbol{r}$ 的质点，其动能如下式所示：

$$\mathrm{d}K_i = \frac{1}{2}\mathrm{Trace}\Big[\sum_{j=1}^{i}\sum_{k=1}^{i} \frac{\partial \boldsymbol{T}_i}{\partial q_j}(^i\boldsymbol{r}_P{}^i\boldsymbol{r}_P{}^{\mathrm{T}})\Big(\frac{\partial \boldsymbol{T}_i}{\partial q_k}\Big)^{\mathrm{T}}\dot{q}_j\dot{q}_k\Big]\mathrm{d}m$$

$$= \frac{1}{2}\mathrm{Trace}\Big[\sum_{j=1}^{i}\sum_{k=1}^{i} \frac{\partial \boldsymbol{T}_i}{\partial q_j}(^i\boldsymbol{r}\mathrm{d}m^i\boldsymbol{r}^{\mathrm{T}})\Big(\frac{\partial \boldsymbol{T}_i}{\partial q_k}\Big)^{\mathrm{T}}\dot{q}_j\dot{q}_k\Big]$$

对于连杆 3 积分 $\mathrm{d}K_3$，得到连杆 3 的动能为：

$$K_3 = \int_{\text{连杆}3} \mathrm{d}K_3 = \frac{1}{2}\operatorname{Trace}\left[\sum_{j=1}^{3}\sum_{k=1}^{3}\frac{\partial \boldsymbol{T}_3}{\partial q_j}\left(\int_{\text{连杆}3}{}^3\boldsymbol{r}_P{}^3\boldsymbol{r}_P^{\mathrm{T}}\mathrm{d}m\right)\left(\frac{\partial \boldsymbol{T}_3}{\partial q_k}\right)^{\mathrm{T}}\dot{q}_j\dot{q}_k\right]$$

式中，积分 $\displaystyle\int_{\text{连杆}3}{}^3\boldsymbol{r}_P{}^3\boldsymbol{r}_P^{\mathrm{T}}\mathrm{d}m$ 称为连杆的伪惯量矩阵，并记为：

$$\boldsymbol{I}_3 = \int_{\text{连杆}3}{}^3\boldsymbol{r}_P{}^3\boldsymbol{r}_P^{\mathrm{T}}\mathrm{d}m$$

这样，

$$K_3 = \int_{\text{连杆}3} \mathrm{d}K_3 = \frac{1}{2}\operatorname{Trace}\left[\sum_{j=1}^{3}\sum_{k=1}^{3}\frac{\partial \boldsymbol{T}_3}{\partial q_j}\boldsymbol{I}_3\left(\frac{\partial \boldsymbol{T}_3}{\partial q_k}\right)^{\mathrm{T}}\dot{q}_j\dot{q}_k\right]$$

任何机械手上任一连杆 i 的动能为

$$K_i = \int_{\text{连杆}3} \mathrm{d}K_i = \frac{1}{2}\operatorname{Trace}\left[\sum_{j=1}^{i}\sum_{k=1}^{i}\frac{\partial \boldsymbol{T}_i}{\partial q_j}\boldsymbol{I}_i\left(\frac{\partial \boldsymbol{T}_i}{\partial q_k}\right)^{\mathrm{T}}\dot{q}_j\dot{q}_k\right] \tag{10-17}$$

式中，$\boldsymbol{I}_i$ 为伪惯量矩阵，其一般表达式为：

$$\boldsymbol{I}_i = \int_{\text{连杆}i}{}^i\boldsymbol{r}_P{}^i\boldsymbol{r}_P^{\mathrm{T}}\mathrm{d}m = \int_i{}^i\boldsymbol{r}^i\boldsymbol{r}^{\mathrm{T}}\mathrm{d}m$$

$$= \begin{bmatrix} \int^i x^2\mathrm{d}m & \int^i x^i y\,\mathrm{d}m & \int^i x^i z\,\mathrm{d}m & \int^i x\,\mathrm{d}m \\ \int^i x^i y\,\mathrm{d}m & \int^i y^2\mathrm{d}m & \int^i y^i z\,\mathrm{d}m & \int^i y\,\mathrm{d}m \\ \int^i x^i z\,\mathrm{d}m & \int^i y^i z\,\mathrm{d}m & \int^i z^2\mathrm{d}m & \int^i z\,\mathrm{d}m \\ \int^i x\,\mathrm{d}m & \int^i y\,\mathrm{d}m & \int^i z\,\mathrm{d}m & \int\mathrm{d}m \end{bmatrix}$$

根据理论物理或物理学可知，物体的转动惯量、矢量积和一阶矩为：

$$\boldsymbol{I}_{xx} = \int(y^2+z^2)\mathrm{d}m, \boldsymbol{I}_{yy} = \int(x^2+z^2)\mathrm{d}m, \boldsymbol{I}_{zz} = \int(x^2+y^2)\mathrm{d}m$$

$$\boldsymbol{I}_{xy} = \boldsymbol{I}_{yz} = \int xy\,\mathrm{d}m, \boldsymbol{I}_{xz} = \boldsymbol{I}_{zx} = \int xz\,\mathrm{d}m, \boldsymbol{I}_{yz} = \boldsymbol{I}_{zy} = \int yz\,\mathrm{d}m$$

$$mx = \int x\,\mathrm{d}m, my = \int y\,\mathrm{d}m, mz = \int z\,\mathrm{d}m$$

如果令：

$$\int x^2\mathrm{d}m = -\frac{1}{2}\int(y^2+z^2)\mathrm{d}m + \frac{1}{2}\int(x^2+z^2)\mathrm{d}m + \frac{1}{2}\int(x^2+y^2)\mathrm{d}m$$

$$= (-\boldsymbol{I}_{xx}+\boldsymbol{I}_{yy}+\boldsymbol{I}_{zz})/2$$

$$\int y^2\mathrm{d}m = +\frac{1}{2}\int(y^2+z^2)\mathrm{d}m - \frac{1}{2}\int(x^2+z^2)\mathrm{d}m + \frac{1}{2}\int(x^2+y^2)\mathrm{d}m$$

$$= (+\boldsymbol{I}_{xx}-\boldsymbol{I}_{yy}+\boldsymbol{I}_{zz})/2$$

$$\int z^2\mathrm{d}m = +\frac{1}{2}\int(y^2+z^2)\mathrm{d}m + \frac{1}{2}\int(x^2+z^2)\mathrm{d}m - \frac{1}{2}\int(x^2+y^2)\mathrm{d}m$$

$$= (+\boldsymbol{I}_{xx}+\boldsymbol{I}_{yy}-\boldsymbol{I}_{zz})/2$$

于是，可以把 $\boldsymbol{I}_i$ 表示为：

$$I_i = \begin{bmatrix} (-I_{xx}+I_{yy}+I_{zz})/2 & I_{ixy} & I_{ixz} & m_i\overline{x}_i \\ I_{ixy} & (+I_{xx}-I_{yy}+I_{zz})/2 & I_{iyz} & m_i\overline{y}_i \\ I_{ixz} & I_{iyz} & (+I_{xx}+I_{yy}-I_{zz})/2 & m_i\overline{z}_i \\ m_i\overline{x}_i & m_i\overline{y}_i & m_i\overline{z}_i & m_i \end{bmatrix}$$

$$(10\text{-}18)$$

具有 n 个连杆的机械手总的动能为：

$$K = \sum_{i=1}^{n} K_i = \frac{1}{2} \sum_{i=1}^{n} \text{Trace}\left[\sum_{j=1}^{i}\sum_{k=1}^{i} \frac{\partial T_i}{\partial q_j} I_i \left(\frac{\partial T_i}{\partial q_k}\right)^{\text{T}} \dot{q}_j \dot{q}_k\right] \tag{10-19}$$

此外，连杆 i 的传动装置动能为：

$$K_{ai} = \frac{1}{2} I_{ai} \dot{q}_i^2$$

式中，I_{ai} 为传动装置的等效转动惯量，对于平动关节，I_{ai} 为等效质量；q_i 为关节 i 的速度。

所有关节的传动装置总动能为：

$$K_a = \frac{1}{2} \sum_{i=1}^{n} I_{ai} \dot{q}_i^2$$

于是得到机械手系统（包括传动装置）的总动能为：

$$\begin{aligned} K_t &= K + K_a \\ &= \frac{1}{2} \sum_{i=1}^{n}\sum_{j=1}^{i}\sum_{k=1}^{i} \text{Trace}\left(\frac{\partial T_i}{\partial q_j} I_i \left(\frac{\partial T_i}{\partial q_k}\right)^{\text{T}}\right) \dot{q}_j \dot{q}_k + \frac{1}{2} \sum_{i=1}^{n} I_{ai} \dot{q}_i^2 \end{aligned} \tag{10-20}$$

下面再来计算机械手的位能。一个在高度 h 处质量为 m 的物体，其位能为 $P=mgh$，连杆 i 在位置 ^ir 处的质量 dm，其位能为：

$$dP_i = -dm\boldsymbol{g}^{\text{T0}}\boldsymbol{r} = -\boldsymbol{g}^{\text{T}} T_i {}^i\boldsymbol{r} dm$$

式中，$\boldsymbol{g}^{\text{T}} = [g_x, g_y, g_z, 1]$。

$$\begin{aligned} P_i &= \int_{\text{连杆}i} dP_i = -\int_{\text{连杆}i} \boldsymbol{g}^{\text{T}} T_i {}^i\boldsymbol{r} dm = -\boldsymbol{g}^{\text{T}} T_i \int_{\text{连杆}i} {}^i\boldsymbol{r} dm \\ &= -\boldsymbol{g}^{\text{T}} T_i m_i {}^i\boldsymbol{r}_i = -m_i \boldsymbol{g}^{\text{T}} T_i {}^i\boldsymbol{r} \end{aligned}$$

式中，m_i 为连杆 i 的质量；$^i\boldsymbol{r}_i$ 为连杆 i 相对于其前端关节坐标系的重心位置。

由于传动装置的重力作用 P_{ai} 一般是很小的，可以略之不计，所以，机械手系统的总位能为

$$P = \sum_{i=1}^{n} (P_i - P_{ai}) \approx \sum_{i=1}^{n} P_i = -\sum_{i=1}^{n} m_i \boldsymbol{g}^{\text{T}} T_i {}^i\boldsymbol{r}_i \tag{10-21}$$

10.2.3　动力学方程的推导

根据式（10-1）求拉格朗日函数：

$$\begin{aligned} L &= K_t - P \\ &= \frac{1}{2} \sum_{i=1}^{n}\sum_{j=1}^{i}\sum_{k=1}^{i} \text{Trace}\left(\frac{\partial T_i}{\partial q_j} I_i \left(\frac{\partial T_i}{\partial q_k}\right)^{\text{T}}\right) \dot{q}_j \dot{q}_k + \frac{1}{2} \sum_{i=1}^{n} I_{ai} \dot{q}_i^2 + \sum_{i=1}^{n} m_i \boldsymbol{g}^{\text{T}} T_i {}^i\boldsymbol{r}_i \quad (n=1,2\cdots) \end{aligned} \tag{10-22}$$

再根据式（10-2）求拉格朗日方程，先求导数：

$$\frac{\partial L}{\partial \dot{q}_p} = \frac{1}{2} \sum_{i=1}^{n} \sum_{k=1}^{i} \mathrm{Trace}\left(\frac{\partial \boldsymbol{T}_i}{\partial q_p} \boldsymbol{I}_i \left(\frac{\partial \boldsymbol{T}_i}{\partial q_k}\right)^{\mathrm{T}}\right) \dot{q}_k + \frac{1}{2} \sum_{i=1}^{n} \sum_{j=1}^{i} \mathrm{Trace}\left(\frac{\partial \boldsymbol{T}_i}{\partial q_p} \boldsymbol{I}_i \left(\frac{\partial \boldsymbol{T}_i}{\partial q_j}\right)^{\mathrm{T}}\right) \dot{q}_j + \boldsymbol{I}_{ap} \dot{q}_p^2 \ (p=1,2,\cdots,n)$$

据式（10-18）知，$\boldsymbol{I}_i$ 为对称矩阵，即 $\boldsymbol{I}_i^{\mathrm{T}} = \boldsymbol{I}_i$，所以下式成立：

$$\mathrm{Trace}\left(\frac{\partial \boldsymbol{T}_i}{\partial q_j} \boldsymbol{I}_i \left(\frac{\partial \boldsymbol{T}_i}{\partial q_k}\right)^{\mathrm{T}}\right) = \mathrm{Trace}\left(\frac{\partial \boldsymbol{T}_i}{\partial q_k} \boldsymbol{I}_i^{\mathrm{T}} \left(\frac{\partial \boldsymbol{T}_i}{\partial q_j}\right)^{\mathrm{T}}\right) = \mathrm{Trace}\left(\frac{\partial \boldsymbol{T}_i}{\partial q_k} \boldsymbol{I}_i \left(\frac{\partial \boldsymbol{T}_i}{\partial q_j}\right)^{\mathrm{T}}\right)$$

$$\frac{\partial L}{\partial \dot{q}_p} = \sum_{i=1}^{n} \sum_{k=1}^{i} \mathrm{Trace}\left(\frac{\partial \boldsymbol{T}_i}{\partial q_p} \boldsymbol{I}_i \left(\frac{\partial \boldsymbol{T}_i}{\partial q_k}\right)^{\mathrm{T}}\right) \dot{q}_k + \boldsymbol{I}_{ap} \dot{q}_p^2$$

当 $p>i$ 时，后面连杆变量 q_p 对前面各连杆不产生影响，即 $\partial \boldsymbol{T}_i / \partial q_p = 0, p>i$。
因为

$$\frac{\mathrm{d}}{\mathrm{d}t}\left(\frac{\partial L}{\partial q_p}\right) = \sum_{k=1}^{i} \frac{\partial}{\partial q_k}\left(\frac{\partial \boldsymbol{T}_i}{\partial q_j}\right) \dot{q}_k$$

所以

$$\frac{\mathrm{d}}{\mathrm{d}t}\left(\frac{\partial L}{\partial \dot{q}_p}\right) = \sum_{i=p}^{n} \sum_{k=1}^{i} \mathrm{Trace}\left(\frac{\partial \boldsymbol{T}_i}{\partial q_k} \boldsymbol{I}_i \left(\frac{\partial \boldsymbol{T}_i}{\partial q_p}\right)^{\mathrm{T}}\right) \ddot{q}_k + \boldsymbol{I}_{ap} \ddot{q}_p +$$
$$\sum_{i=p}^{n} \sum_{j=1}^{i} \sum_{k=1}^{i} \mathrm{Trace}\left(\frac{\partial^2 \boldsymbol{T}_i}{\partial q_j \partial q_k} \boldsymbol{I}_i \left(\frac{\partial \boldsymbol{T}_i}{\partial q_p}\right)^{\mathrm{T}}\right) \dot{q}_j \dot{q}_k +$$
$$\sum_{i=p}^{n} \sum_{j=1}^{i} \sum_{k=1}^{i} \mathrm{Trace}\left(\frac{\partial^2 \boldsymbol{T}_i}{\partial q_p \partial q_k} \boldsymbol{I}_i \left(\frac{\partial \boldsymbol{T}_i}{\partial q_j}\right)^{\mathrm{T}}\right) \dot{q}_j \dot{q}_k$$
$$= \sum_{i=p}^{n} \sum_{k=1}^{i} \mathrm{Trace}\left(\frac{\partial \boldsymbol{T}_i}{\partial q_k} \boldsymbol{I}_i \left(\frac{\partial \boldsymbol{T}_i}{\partial q_p}\right)^{\mathrm{T}}\right) \ddot{q}_k + \boldsymbol{I}_{ap} \ddot{q}_p +$$
$$2 \sum_{i=p}^{n} \sum_{j=1}^{i} \sum_{k=1}^{i} \mathrm{Trace}\left(\frac{\partial^2 \boldsymbol{T}_i}{\partial q_j \partial q_k} \boldsymbol{I}_i \left(\frac{\partial \boldsymbol{T}_i}{\partial q_k}\right)^{\mathrm{T}}\right) \dot{q}_j \dot{q}_k$$

再求 $\partial L / \partial q_p$ 项：

$$\frac{\partial L}{\partial q_p} = \frac{1}{2} \sum_{i=p}^{n} \sum_{j=1}^{i} \sum_{k=1}^{i} \mathrm{Trace}\left(\frac{\partial^2 \boldsymbol{T}_i}{\partial q_j \partial q_k} \boldsymbol{I}_i \left(\frac{\partial \boldsymbol{T}_i}{\partial q_k}\right)^{\mathrm{T}}\right) \dot{q}_j \dot{q}_k +$$
$$\frac{1}{2} \sum_{i=p}^{n} \sum_{j=1}^{i} \sum_{k=1}^{i} \mathrm{Trace}\left(\frac{\partial^2 \boldsymbol{T}_i}{\partial q_k \partial q_p} \boldsymbol{I}_i \left(\frac{\partial \boldsymbol{T}_i}{\partial q_j}\right)^{\mathrm{T}}\right) \dot{q}_j \dot{q}_k + \sum_{i=p}^{n} m_i \boldsymbol{g}^{\mathrm{T}} \frac{\partial \boldsymbol{T}_i}{\partial q_p} {}_i \boldsymbol{r}_i$$
$$= \sum_{i=p}^{n} \sum_{j=1}^{i} \sum_{k=1}^{i} \mathrm{Trace}\left(\frac{\partial^2 \boldsymbol{T}_i}{\partial q_p \partial q_j} \boldsymbol{I}_i \left(\frac{\partial \boldsymbol{T}_i}{\partial q_k}\right)^{\mathrm{T}}\right) \dot{q}_j \dot{q}_k + \sum_{i=p}^{n} m_i \boldsymbol{g}^{\mathrm{T}} \frac{\partial \boldsymbol{T}_i}{\partial q_p} {}_i \boldsymbol{r}_i$$

在上列两式运算中，交换第二项和式的哑元 j 和 k，然后与第一项和式合并，获得化简式，把所得两式代入（10-2）的右式得

$$\frac{\mathrm{d}}{\mathrm{d}t} \times \frac{\partial L}{\partial \dot{q}_p} - \frac{\partial L}{\partial q_p} = \sum_{i=p}^{n} \sum_{k=1}^{i} \mathrm{Trace}\left(\frac{\partial \boldsymbol{T}_i}{\partial q_k} \boldsymbol{I}_i \left(\frac{\partial \boldsymbol{T}_i}{\partial q_p}\right)^{\mathrm{T}}\right) \ddot{q}_k + \boldsymbol{I}_{ap} \ddot{q}_p +$$
$$\sum_{i=p}^{n} \sum_{j=1}^{i} \sum_{k=1}^{i} \mathrm{Trace}\left(\frac{\partial^2 \boldsymbol{T}_i}{\partial q_p \partial q_j} \boldsymbol{I}_i \left(\frac{\partial \boldsymbol{T}_i}{\partial q_k}\right)^{\mathrm{T}}\right) \dot{q}_j \dot{q}_k - \sum_{i=p}^{n} m_i \boldsymbol{g}^{\mathrm{T}} \frac{\partial \boldsymbol{T}_i}{\partial q_p} {}_i \boldsymbol{r}_i$$

交换上列各和式的哑元，以 i 代替 p，以 j 代替 i，以 m 代替 j，即可得具有 n 个连杆的机械手系统动力学方程如下：

$$\boldsymbol{T}_i = \sum_{j=i}^{n} \sum_{k=1}^{j} \mathrm{Trace}\left(\frac{\partial \boldsymbol{T}_j}{\partial q_k} \boldsymbol{I}_j \frac{\partial \boldsymbol{T}_j^{\mathrm{T}}}{\partial q_i}\right) \ddot{q}_k + \boldsymbol{I}_{ai} \ddot{q}_i$$

$$+ \sum_{j=1}^{n} \sum_{k=1}^{j} \sum_{m=1}^{j} \text{Trace}\left(\frac{\partial^2 \boldsymbol{T}_i}{\partial q_k \partial q_m} \boldsymbol{I}_j \frac{\partial \boldsymbol{T}_j^{\text{T}}}{\partial q_k}\right) \dot{q}_k \dot{q}_m - \sum_{j=1}^{n} m_j \boldsymbol{g}^{\text{T}} \frac{\partial \boldsymbol{T}_i}{\partial q_i} {}^i \boldsymbol{r}_i \tag{10-23}$$

这些方程式是与求和次序无关的，我们把式（10-23）写成如下形式

$$T_i = \sum_{j=1}^{n} D_{ij} \ddot{q}_j + \boldsymbol{I}_{\text{ai}} \ddot{q}_i + \sum_{j=1}^{6} \sum_{k=1}^{6} D_{ijk} \dot{q}_j \dot{q}_k + D_i \tag{10-24}$$

式中，取 $n=6$，而且

$$D_{ij} = \sum_{p=\max i, j}^{6} \text{Trace}\left(\frac{\partial \boldsymbol{T}_p}{\partial q_j} \boldsymbol{I}_p \frac{\partial \boldsymbol{T}_p^{\text{T}}}{\partial q_i}\right) \tag{10-25}$$

$$D_{ijk} = \sum_{p=\max i, j, k}^{6} \text{Trace}\left(\frac{\partial^2 \boldsymbol{T}_p}{\partial q_j \partial q_k} \boldsymbol{I}_p \frac{\partial \boldsymbol{T}_p^{\text{T}}}{\partial q_i}\right) \tag{10-26}$$

$$D_i = \sum_{p=1}^{6} -m_p \boldsymbol{g}^{\text{T}} \frac{\partial \boldsymbol{T}_p}{\partial q_i} {}^p \boldsymbol{r}_p \tag{10-27}$$

上述各方程与 10.1.2 节的惯量项及重力项一样。这些项在机械手控制中特别重要，因为它们直接影响机械手系统的稳定性和定位精度。只有当机械手高速运动时，向心力和科氏力才表现得比较突出，这时，它们所产生的误差不大。传动装置的惯量 $\boldsymbol{I}_{\text{ai}}$ 往往具有相当大的值，而且对减少有效惯量的结构相关性和耦合惯量项的相对重要性有显著影响。

10.2.4 动力学方程的简化

上一节中惯量项 D_{ij} 和重力项 D_i 等的计算必须进行化简，才便于实际计算。

（1）惯量项 D_{ij} 的简化

对于 6 连杆机械手，其微分变化 $\mathrm{d}\boldsymbol{T}_s$ 与坐标系 $\boldsymbol{T}_6$ 内的微分变化 ${}^{T_6}\boldsymbol{\Delta}_i$ 和任何关节坐标 q_i 内的微分变化 $\mathrm{d}q_i$ 之间具有下列关系：

$$\mathrm{d}\boldsymbol{T}_6 = \boldsymbol{T}_6 {}^{T_6}\boldsymbol{\Delta}_i \mathrm{d}q_i$$

即有 $\dfrac{\partial \boldsymbol{T}_6}{\partial q_i} = \boldsymbol{T}_6 {}^{T_6}\boldsymbol{\Delta}_i$，这实际上是 $p=6$ 时的特例。可以把它推广至一般形式：

$$\frac{\partial \boldsymbol{T}_p}{\partial q_i} = \boldsymbol{T}_p {}^{T_p}\boldsymbol{\Delta}_i \tag{10-28}$$

式中，${}^{T_p}\boldsymbol{\Delta}_i = (A_i, A_{i+1}, \cdots, A_p)^{-I_{i-1}}\boldsymbol{\Delta}_i(A_i, A_{i+1}, \cdots, A_p)$，而微分坐标变换为：

$${}^{t-1}\boldsymbol{T}_p = (A_i, A_{i+1}, \cdots, A_p)$$

对于旋转关节，可得各矢量为：

$$\left.\begin{array}{l} {}^p d_{ix} = -{}^{i-1}n_{px} {}^{i-1}p_{py} + {}^{i-1}n_{py} {}^{i-1}p_{px} \\ {}^p d_{iy} = -{}^{i-1}o_{px} {}^{i-1}p_{py} + {}^{i-1}o_{py} {}^{i-1}p_{px} \\ {}^p d_{iz} = -{}^{i-1}a_{px} {}^{i-1}p_{py} + {}^{i-1}a_{py} {}^{i-1}p_{px} \end{array}\right\} \tag{10-29}$$

$${}^p\boldsymbol{\delta}_i = -{}^{i-1}n_{pz}\boldsymbol{i} + {}^{i-1}o_{pz}\boldsymbol{j} + {}^{i-1}a_{pz}\boldsymbol{k} \tag{10-30}$$

上式中采用了下列缩写：把 ${}^{T_p}d_i$ 写为 ${}^p d_i$，把 ${}^{T_{i-1}}n$ 写成 ${}^{i-1}n_p$，等等。

对于棱柱（平移）关节，可得各矢量为：

$${}^p\boldsymbol{d}_i = {}^{i-1}n_{pz}\boldsymbol{i} + {}^{i-1}o_{pz}\boldsymbol{j} + {}^{i-1}a_{pz}\boldsymbol{k}$$

$${}^p\boldsymbol{\delta}_i = 0\boldsymbol{i} + 0\boldsymbol{j} + 0\boldsymbol{k}$$

将式（10-28）代入式（10-25）得：

$$D_{ij} = \sum_{p=\max i,j}^{6} \text{Trace}(\boldsymbol{T}_p{}^p\boldsymbol{\Delta}_j\boldsymbol{I}_p^{\text{T}p}\boldsymbol{\Delta}_i^{\text{T}}\boldsymbol{T}_p^{\text{T}})$$

对上式中间三项展开得：

$$D_{ij} = \sum_{p=\max i,j}^{6} \text{Trace}\left[\boldsymbol{T}_p
\begin{bmatrix}
0 & -{}^p\delta_{jz} & {}^p\delta_{jy} & {}^p\delta_{jx} \\
{}^p\delta_{jx} & 0 & -{}^p\delta_{jx} & {}^p\delta_{jy} \\
-{}^p\delta_{jy} & {}^p\delta_{jx} & 0 & {}^p\delta_{jz} \\
0 & 0 & 0 & 0
\end{bmatrix}\right.$$

$$\times
\begin{bmatrix}
\dfrac{-I_{xx}+I_{yy}+I_{zz}}{2} & I_{xy} & I_{xz} & m_i\bar{x}_i \\
I_{xy} & \dfrac{I_{xx}+I_{yy}+I_{zz}}{2} & I_{yz} & m_i\bar{y}_i \\
I_{xz} & I_{yz} & \dfrac{I_{xx}+I_{yy}-I_{zz}}{2} & m_i\bar{z}_i \\
m_i\bar{x}_i & m_i\bar{y}_i & m_i\bar{z}_i & m_i
\end{bmatrix}$$

$$\times
\begin{bmatrix}
0 & {}^p\delta i_{jz} & -{}^p\delta_{iy} & 0 \\
-{}^p\delta_{ix} & 0 & {}^p\delta_{ix} & 0 \\
{}^p\delta_{iy} & -{}^p\delta_{ix} & 0 & 0 \\
{}^p\delta_{ix} & {}^p\delta_{iy} & {}^p\delta_{iz} & 0
\end{bmatrix}\boldsymbol{T}_p^{\text{T}}\right]$$

这中间三项相乘所获得矩阵的底行及右式各元均为零。它们左乘 $\boldsymbol{T}_p$ 和右乘 $\boldsymbol{T}_p^{\text{T}}$ 时，只用到 $\boldsymbol{T}_p$ 变换的旋转部分。在这种运算下，矩阵的迹为不变式。因此，只需要上述表达式中间三项的迹，它的简化矢量形式为：

$$D_{ij} = \sum_{p=\max i,j}^{6} m_p[{}^p\boldsymbol{\delta}_x^{\text{T}}\boldsymbol{k}_p{}^p\boldsymbol{\delta}_j + {}^p\boldsymbol{d}_i \cdot {}^p\boldsymbol{d}_j + {}^p\bar{\boldsymbol{r}}_p({}^p\boldsymbol{d}_i \times {}^p\boldsymbol{\delta}_j + {}^p\boldsymbol{d}_j \times {}^p\boldsymbol{\delta}_j)] \quad (10\text{-}31)$$

式中，

$$\boldsymbol{k}_p =
\begin{bmatrix}
k_{pxx}^2 & -k_{pzy}^2 & -k_{pxz}^2 \\
-k_{pxy}^2 & k_{pyy}^2 & -k_{pyz}^2 \\
-k_{pxz}^2 & -k_{pyz}^2 & k_{pzz}^2
\end{bmatrix}$$

${}^p\bar{\boldsymbol{r}}_p$ 为质心矢量，以及：

$$m_pk_{pxx}^2 = I_{pxx}, m_pk_{pyy}^2 = I_{pyy}, m_pk_{pzz}^2 = I_{pzz},$$

$$m_pk_{pxy}^2 = I_{pxy}, m_pk_{pyz}^2 = I_{pyz}, m_pk_{pxz}^2 = I_{pxz}$$

如果设定上式中非对角线各惯量项为 0，即为一个正态假设，那么式（10-31）进一步简化为：

$$D_{ij} = \sum_{p=\max i,j}^{6} m_p[{}^p\delta_{ix}k_{pxx}^2{}^p\delta_{jx} + {}^p\delta_{iy}k_{pyy}^2{}^p\delta_{jy} + {}^p\delta_{iz}k_{pzz}^2{}^p\delta_{jz}]$$

$$+[{}^p\boldsymbol{d}_i \cdot {}^p\boldsymbol{d}_j] + [{}^p\bar{\boldsymbol{r}}_p({}^p\boldsymbol{d}_i \times {}^p\boldsymbol{\delta}_j + {}^p\boldsymbol{d}_j \times {}^p\boldsymbol{\delta}_j)] \quad (10\text{-}32)$$

由式（10-32）可见，D_{ij} 式的每一元是由三组项组成的。其第一组项 ${}^p\delta_{ix}k_{pxx}^2 \cdots$ 表示

质量 m_p 在连杆 p 上的分布作用。第二组项表示连杆 p 质量的分布，记为有效力矩臂 ${}^p\boldsymbol{d}_i \cdot {}^p\boldsymbol{d}_j$。最后一组项是由于连杆 p 的质心不在连杆 p 的坐标系原点而产生的。当各连杆的质心相距较大时，上述第二部分的项将起主要作用，而且可以忽略第一组项和第三组项的影响。

(2) 惯性项 D_{ii} 的简化

在式（10-32）中，当 $i=j$ 时，D_{ij} 可进一步简化为 D_{ii} 如下：

$$D_{ii} = \sum_{p=i}^{6} m_p [{}^p\delta_{ix}^2 k_{pxx}^2 + {}^p\delta_{iy}^2 k_{pyy}^2 + {}^p\delta_{iz}^2 k_{pzz}^2] + [{}^p\boldsymbol{d}_i \cdot {}^p\boldsymbol{d}_i] + [2{}^p\bar{\boldsymbol{r}}_p \cdot ({}^p\boldsymbol{d}_i \times {}^p\boldsymbol{\delta}_i)]$$

$$(10\text{-}33)$$

如果为旋转关节，那么把式（10-29）和（10-30）代入上式可得

$$D_{ii} = \sum_{p=i}^{6} m_p \{[n_{px}^2 k_{pxx}^2 + o_{py}^2 k_{pyy}^2 + a_{pz}^2 k_{pzz}^2] +$$

$$[\bar{\boldsymbol{p}}_p \cdot \bar{\boldsymbol{p}}_p] + [2{}^p\bar{\boldsymbol{r}}_p \cdot [(\bar{\boldsymbol{p}}_p \cdot \boldsymbol{n}_p)\boldsymbol{i} + (\bar{\boldsymbol{p}}_p \cdot \boldsymbol{o}_p)\boldsymbol{j} + (\bar{\boldsymbol{p}}_p \cdot \boldsymbol{a}_p)\boldsymbol{k}]]\} \quad (10\text{-}34)$$

式中，$\boldsymbol{n}_p$、$\boldsymbol{o}_p$、$\boldsymbol{a}_p$ 和 $\boldsymbol{p}_p$ 为 ${}^{(i-1)}\boldsymbol{T}_p$ 的矢量，且：

$$\bar{\boldsymbol{p}} = p_x \boldsymbol{i} + p_y \boldsymbol{j} + 0\boldsymbol{k}$$

可使式（10-33）和式（10-34）中的有关对应项相等：

$${}^p\delta_{ix}^2 k_{pxx}^2 + {}^p\delta_{iy}^2 k_{pyy}^2 + {}^p\delta_{iz}^2 k_{pzz}^2 = n_{px}^2 k_{pxx}^2 + o_{py}^2 k_{pyy}^2 + a_{pz}^2 k_{pzz}^2$$

$${}^p\boldsymbol{d}_i \cdot {}^p\boldsymbol{d}_i = \bar{\boldsymbol{p}}_p \cdot \bar{\boldsymbol{p}}_p$$

$${}^p\boldsymbol{d}_i \times {}^p\boldsymbol{\delta}_i = (\bar{\boldsymbol{p}}_p \cdot \boldsymbol{n}_p)\boldsymbol{i} + (\bar{\boldsymbol{p}}_p \cdot \boldsymbol{o}_p)\boldsymbol{j} + (\bar{\boldsymbol{p}}_p \cdot \boldsymbol{a}_p)\boldsymbol{k}$$

正如式（10-32）一样，D_{ii} 和式的每个元也是由三个项组成的。如果为棱柱关节，${}^p\boldsymbol{\delta}_i = 0$，${}^p\boldsymbol{d}_i \cdot {}^p\boldsymbol{d}_i = 1$，那么：

$$D_{ii} = \sum_{p=1}^{6} m_p \quad (10\text{-}35)$$

(3) 重力项 D_i 的化简

将式（10-28）代入式（10-27），得：

$$D_i = \sum_{p=1}^{6} -m_p \boldsymbol{g}^{\mathrm{T}} {}^p\boldsymbol{\Delta}_i {}^p\bar{\boldsymbol{r}}_p$$

把 $\boldsymbol{T}_p$ 分离为 $\boldsymbol{T}_{i-1}{}^{i-1}\boldsymbol{T}_p$，并用 ${}^{i-1}\boldsymbol{T}_p^{-1}{}^{i-1}\boldsymbol{T}_p$ 后乘 ${}^p\boldsymbol{\Delta}_i$，得：

$$D_i = \sum_{p=1}^{6} -m_p \boldsymbol{g}^{\mathrm{T}} \boldsymbol{T}_{i-1}{}^{i-1}\boldsymbol{T}_p {}^p\boldsymbol{\Delta}_i \boldsymbol{T}_{i-1}{}^{i-1}\boldsymbol{T}_p^{-1}{}^p\bar{\boldsymbol{r}}_p \quad (10\text{-}36)$$

当 ${}^{i-1}\boldsymbol{\Delta}_i = {}^{i-1}\boldsymbol{T}_p {}^p\boldsymbol{\Delta}_i {}^{i-1}\boldsymbol{T}_p^{-1}$，$\boldsymbol{r}_p = {}^i\boldsymbol{T}_p {}^p\bar{\boldsymbol{r}}_p$ 时，可以进一步化简 D_i 为：

$$D_i = -\boldsymbol{g}^{\mathrm{T}} \boldsymbol{T}_{i-1}{}^{i-1}\boldsymbol{\Delta}_i \sum_{p=1}^{6} m_p {}^{i-1}\bar{\boldsymbol{r}}_p \quad (10\text{-}37)$$

定义 ${}^{i-1}\boldsymbol{g} = -\boldsymbol{g}^{\mathrm{T}} \boldsymbol{T}_{i-1}{}^{i-1}\boldsymbol{\Delta}_i$，则有：

$${}^{i-1}\boldsymbol{g} = -[g_x \quad g_y \quad g_z \quad 0] \begin{bmatrix} n_x & o_x & a_x & p_x \\ n_y & o_y & a_y & p_y \\ n_z & o_z & a_z & p_z \\ 0 & 0 & 0 & 1 \end{bmatrix} \begin{bmatrix} 0 & -\delta_z & \delta_y & d_x \\ \delta_z & 0 & -\delta_x & d_y \\ -\delta_y & o_z & 0 & d_z \\ 0 & 0 & 0 & 0 \end{bmatrix} \quad (10\text{-}38)$$

对应旋转关节 i，${}^{i-1}\boldsymbol{\Delta}_i$ 对应于绕 z 轴的旋转。于是，可把上式简化为：

$$^{i-1}\boldsymbol{g} = -\begin{bmatrix} g_x & g_y & g_z & 0 \end{bmatrix} \begin{bmatrix} n_x & o_x & a_x & p_x \\ n_y & o_y & a_y & p_y \\ n_z & o_z & a_z & p_z \\ 0 & 0 & 0 & 1 \end{bmatrix} \begin{bmatrix} 0 & -1 & 0 & 0 \\ 1 & 0 & 0 & 0 \\ 0 & 0 & 0 & 0 \\ 0 & 0 & 0 & 0 \end{bmatrix} = \begin{bmatrix} -\boldsymbol{g} \cdot \boldsymbol{o} & \boldsymbol{g} \cdot \boldsymbol{n} & 0 & 0 \end{bmatrix}$$

（10-39）

于是，可把 D_i 写为

$$D_i = {}^{i-1}\boldsymbol{g} \sum_{p=i}^{6} m_p {}^{i-1}\overline{\boldsymbol{r}}_p \tag{10-40}$$

10.3 ➡ 机械手动力学方程实例

10.3.1 二连杆机械手动力学方程

在本章 10.1 节讨论过二连杆机械手的动力学方程，见图 10-2 和图 10-3 及有关各方程式。在此，仅讨论二连杆机械手有效惯量项、耦合惯量项及重力项的计算。

首先，规定机械手的坐标系，如图 10-5，并计算 $\boldsymbol{A}$ 矩阵和 $\boldsymbol{T}$ 矩阵。表 10-3 表示各连杆参数。

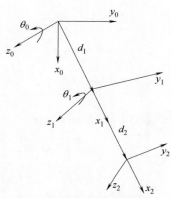

图 10-5　二连杆机械手的坐标系

表 10-3　二连杆机械手连杆参数

连杆	变量	α	a	d	$\cos\alpha$	$\sin\alpha$
1	θ_1	0^0	d_1	0	1	0
2	θ_2	0^0	d_2	0	1	0

$\boldsymbol{A}$ 矩阵和 $\boldsymbol{T}$ 矩阵如下：

$$\boldsymbol{A}_1 = {}^{0}\boldsymbol{T}_1 = \begin{bmatrix} c_1 & -s_1 & 0 & d_1 c_1 \\ s_1 & c_1 & 0 & d_1 s_1 \\ 0 & 0 & 1 & 0 \\ 0 & 0 & 0 & 1 \end{bmatrix}$$

$$\boldsymbol{A}_2 = {}^{1}\boldsymbol{T}_2 = \begin{bmatrix} c_2 & -s_2 & 0 & d_2 c_2 \\ s_2 & c_2 & 0 & d_2 s_2 \\ 0 & 0 & 1 & 0 \\ 0 & 0 & 0 & 1 \end{bmatrix}$$

$$^{0}\boldsymbol{T}_2 = \begin{bmatrix} c_{12} & -s_{12} & 0 & d_1 c_1 + d_2 c_2 \\ s_{12} & c_{12} & 0 & d_1 s_1 + d_2 s_2 \\ 0 & 0 & 1 & 0 \\ 0 & 0 & 0 & 1 \end{bmatrix}$$

因两关节均属旋转型，所以，可据式（10-29）和式（10-30）来计算 $\boldsymbol{d}$ 和 $\boldsymbol{\delta}$。

以 ${}^{0}\boldsymbol{T}_1$ 为基础，有下式：

$$^{1}\boldsymbol{d}_1 = 0\boldsymbol{i} + d_1\boldsymbol{j} + 0\boldsymbol{k}, {}^{1}\boldsymbol{\delta}_1 = 0\boldsymbol{i} + 0\boldsymbol{j} + 1\boldsymbol{k}$$

以 ${}^{1}\boldsymbol{T}_2$ 为基础，可得下式：

$${}^2\boldsymbol{d}_2 = 0\boldsymbol{i} + d_2\boldsymbol{j} + 0\boldsymbol{k}, {}^2\boldsymbol{\delta}_2 = 0\boldsymbol{i} + 0\boldsymbol{j} + 1\boldsymbol{k}$$

以 ${}^0\boldsymbol{T}_2$ 为基础，可得下式：

$${}^2\boldsymbol{d}_1 = \mathrm{s}_2 d_1\boldsymbol{i} + (\mathrm{c}_2 d_1 + d_2)\boldsymbol{j} + 0\boldsymbol{k}, {}^2\boldsymbol{\delta}_1 = 0\boldsymbol{i} + 0\boldsymbol{j} + 1\boldsymbol{k}$$

对于这个简单机械手，其所有惯性力矩为零，就像 ${}^1\boldsymbol{r}_1$ 和 ${}^2\boldsymbol{r}_2$ 为零一样。因此，从式 (10-34) 可立即得到：

$$
\begin{aligned}
D_{11} &= \sum_{p=1}^{2} m_p \{ [n_{px}^2 k_{pxx}^2] + [\overline{\boldsymbol{p}}_p \cdot \overline{\boldsymbol{p}}_p] \} \\
&= m_1(p_{1x}^2 + p_{1x}^2) + m_2(p_{2x}^2 + p_{2x}^2) \\
&= m_1 d_1^2 + m_2(d_1^2 + d_2^2 + 2\mathrm{c}_2 d_1 d_2) \\
&= (m_1 + m_2)d_1^2 + m_2 d_2^2 + 2m_2 d_1 d_2 \mathrm{c}_2
\end{aligned}
$$

$$
\begin{aligned}
D_{22} &= \sum_{p=2}^{2} \dot{m}_p \{ [n_{px}^2 k_{pxx}^2] + [\overline{\boldsymbol{p}}_p \cdot \overline{\boldsymbol{p}}_p] \} \\
&= m_2({}^1 p_{2x}^2 + {}^1 p_{2x}^2) = m_2 d_2^2
\end{aligned}
$$

再据式 (10-32) 求 D_{12}：

$$
\begin{aligned}
D_{12} &= \sum_{p=\max 1,2}^{2} m_p \{ [{}^p\boldsymbol{d}_1 \cdot {}^p\boldsymbol{d}_2] \} = m_2({}^2\boldsymbol{d}_1 \cdot {}^2\boldsymbol{d}_2) \\
&= m_2(\mathrm{c}_2 d_1 + d_2)d_2 = m_2(\mathrm{c}_2 d_1 d_2 + d_2^2)
\end{aligned}
$$

最后计算重力项 D_1 和 D_2，为此先计算 ${}^2\boldsymbol{g}$ 和 ${}^1\boldsymbol{g}$。

因为 ${}^{i-1}\boldsymbol{g} = [-\boldsymbol{g} \cdot \boldsymbol{o} \quad \boldsymbol{g} \cdot \boldsymbol{n} \quad 0 \quad 0]$

所以可得下列各式：

$$
\begin{aligned}
\boldsymbol{g} &= [g \quad 0 \quad 0 \quad 0] \\
{}^0\boldsymbol{g} &= [0 \quad g \quad 0 \quad 0] \\
{}^1\boldsymbol{g} &= [g\mathrm{s}_1 \quad g\mathrm{c}_1 \quad 0 \quad 0]
\end{aligned}
$$

再求各质心矢量 ${}^i\overline{\boldsymbol{r}}_p$：

$$
{}^2\overline{\boldsymbol{r}}_2 = \begin{bmatrix} 0 \\ 0 \\ 0 \\ 1 \end{bmatrix} \quad
{}^1\overline{\boldsymbol{r}}_2 = \begin{bmatrix} \mathrm{c}_2 d_2 \\ \mathrm{s}_2 d_2 \\ 0 \\ 1 \end{bmatrix} \quad
{}^0\overline{\boldsymbol{r}}_2 = \begin{bmatrix} \mathrm{c}_1 d_1 + \mathrm{c}_{12} d_2 \\ \mathrm{s}_1 d_1 + \mathrm{s}_{12} d_2 \\ 0 \\ 1 \end{bmatrix}
$$

$$
{}^1\overline{\boldsymbol{r}}_1 = \begin{bmatrix} 0 \\ 0 \\ 0 \\ 1 \end{bmatrix} \quad
{}^0\overline{\boldsymbol{r}}_1 = \begin{bmatrix} \mathrm{c}_1 d_1 \\ \mathrm{s}_1 d_1 \\ 0 \\ 1 \end{bmatrix}
$$

于是可据式 (10-40) 求得 D_1 和 D_2：

$$
\begin{aligned}
D_1 &= m_1 {}^0\boldsymbol{g} {}^0\overline{\boldsymbol{r}}_1 + m_2 {}^0\boldsymbol{g} {}^0\overline{\boldsymbol{r}}_2 = m_1 g\mathrm{s}_1 d_1 + m_2 g(\mathrm{s}_1 d_1 + \mathrm{s}_{12} d_2) \\
&= (m_1 + m_2)g d_1 \mathrm{s}_1 + m_2 g d_2 \mathrm{s}_{12}
\end{aligned}
$$

$$
D_2 = m_2 {}^1\boldsymbol{g} {}^1\overline{\boldsymbol{r}}_2 = m_2 \boldsymbol{g}(\mathrm{s}_1 \mathrm{c}_2 + \mathrm{c}_1 \mathrm{s}_2) = m_2 \boldsymbol{g} d_2 \mathrm{s}_{12}
$$

以上所求各项，可与 10.1.2 节中的 D_{11}、D_{22}、D_1 和 D_2 加以比较，以检验计算结果的正确性。

10.3.2 三连杆机械手的速度和加速度方程

在操作机器人的控制中，往往需要各连杆末端的速度和加速度，或者要求控制系统提供一定的驱动力矩或力，以保证机械手各连杆以确定的速度和加速度运动。因此，有必要举例说明如何建立机械手速度和加速度方程。

图 10-6 表示出一种三连杆机械手的结构和坐标系。我们将建立其速度和加速度方程。

(1) 位置方程

机械手装置的端部对底座坐标系原点的相对位置方程为：

$$\begin{bmatrix} x \\ y \\ z \\ 1 \end{bmatrix} = \boldsymbol{\phi}_1 \boldsymbol{T}_{12} \boldsymbol{\phi}_2 \boldsymbol{T}_{23} \boldsymbol{\phi}_3 \boldsymbol{T}_{34} \begin{bmatrix} x_4 \\ y_4 \\ z_4 \\ 1 \end{bmatrix} = \boldsymbol{T}_3 \begin{bmatrix} x_4 \\ y_4 \\ z_4 \\ 1 \end{bmatrix}$$

式中

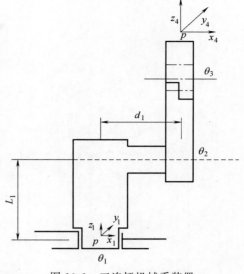

图 10-6 三连杆机械手装置

$$\boldsymbol{\phi}_1 = \text{Rot}(z_1, \theta_1) = \begin{bmatrix} c_1 & -s_1 & 0 & 0 \\ s_1 & c_1 & 0 & 0 \\ 0 & 0 & 1 & 0 \\ 0 & 0 & 0 & 1 \end{bmatrix}$$

$$\boldsymbol{T}_{12} = \text{Trans}(d_1, 0, L_1) \text{Rot}(y_1, 90) = \begin{bmatrix} 0 & 0 & 1 & d_1 \\ 0 & 1 & 0 & 0 \\ -1 & 0 & 0 & L_1 \\ 0 & 0 & 0 & 1 \end{bmatrix}$$

$$\boldsymbol{\phi}_2 = \text{Rot}(z_2, \theta_2) = \begin{bmatrix} c_2 & -s_2 & 0 & 0 \\ s_2 & c_2 & 0 & 0 \\ 0 & 0 & 1 & 0 \\ 0 & 0 & 0 & 1 \end{bmatrix}$$

$$\boldsymbol{T}_{23} = \text{Trans}(-L_2, 0, 0) = \begin{bmatrix} 1 & 0 & 0 & -L_2 \\ 0 & 1 & 0 & 0 \\ 0 & 0 & 1 & 0 \\ 0 & 0 & 0 & 1 \end{bmatrix}$$

$$\boldsymbol{\phi}_3 = \text{Rot}(z_3, \theta_3) = \begin{bmatrix} c_3 & -s_3 & 0 & 0 \\ s_3 & c_3 & 0 & 0 \\ 0 & 0 & 1 & 0 \\ 0 & 0 & 0 & 1 \end{bmatrix}$$

$$\boldsymbol{T}_{34} = \text{Trans}(-L_3, 0, 0)\text{Rot}(y, 90) = \begin{bmatrix} 0 & 0 & -1 & -L_3 \\ 0 & 1 & 0 & 0 \\ 1 & 0 & 0 & 0 \\ 0 & 0 & 0 & 1 \end{bmatrix}$$

于是有下式：

$$\boldsymbol{T}_3 = \begin{bmatrix} 0 & -s_1 & c_1 & d_1 c_1 \\ 0 & c_1 & s_1 & d_1 s_1 \\ -1 & 0 & 0 & L_1 \\ 0 & 0 & 0 & 1 \end{bmatrix} \begin{bmatrix} c_2 & -s_2 & 0 & -L_2 c_2 \\ s_2 & c_2 & 0 & -L_2 s_2 \\ 0 & 0 & 0 & 0 \\ 0 & 0 & 0 & 1 \end{bmatrix} \begin{bmatrix} 0 & -s_3 & -c_3 & -L_3 c_3 \\ 1 & c_3 & -s_3 & -L_3 s_3 \\ 0 & 0 & 0 & 0 \\ 0 & 0 & 0 & 1 \end{bmatrix}$$

$$= \begin{bmatrix} c_1 & s_1 s_2 s_3 - s_1 c_2 s_3 & s_1 s_2 c_3 - s_1 c_2 s_3 & L_3 s_1(s_2 c_3 + c_2 s_3) + L_2 s_1 s_2 + d_1 c_1 \\ s_1 & -c_1 s_2 s_3 + c_1 c_2 c_3 & -c_1 s_2 c_3 - c_1 c_2 s_3 & -L_3 c_1(s_2 c_3 + c_2 s_3) - L_2 c_1 s_2 + d_1 s_1 \\ 0 & s_2 s_3 + s_2 c_3 & c_2 c_3 - s_2 s_3 & L_3(c_2 c_3 - s_2 s_3) + L_2 c_2 + L_1 \\ 0 & 0 & 0 & 1 \end{bmatrix}$$

$$= \begin{bmatrix} s_1 c_2 & -s_1 c_{23} & s_1 s_{23} & d_1 c_1 + s_1(L_2 s_2 + L_3 s_{23}) \\ c_1 c_2 & c_1 c_{23} & -c_1 s_{23} & d_1 s_1 - c_1(L_2 s_2 + L_3 s_{23}) \\ 0 & s_{23} & c_{23} & L_1 + L_2 c_2 + L_3 c_{23} \\ 0 & 0 & 0 & 1 \end{bmatrix}$$

(2) 速度方程

机械手末端（工具）对基坐标系原点的速度方程为：

$$\begin{bmatrix} \dot{x} \\ \dot{y} \\ \dot{z} \\ 1 \end{bmatrix} = \frac{\mathrm{d}}{\mathrm{d}t} \begin{bmatrix} x \\ y \\ z \\ 1 \end{bmatrix} = [\omega_1 \boldsymbol{\theta}_1 \boldsymbol{\phi}_1 \boldsymbol{T}_{12} \boldsymbol{\phi}_2 \boldsymbol{T}_{23} \boldsymbol{\phi}_3 \boldsymbol{T}_{34} + \omega_2 \boldsymbol{\theta}_1 \boldsymbol{\phi}_1 \boldsymbol{T}_{12} \boldsymbol{\theta}_2 \boldsymbol{\phi}_2 \boldsymbol{T}_{23} \boldsymbol{\phi}_3 \boldsymbol{T}_{34} +$$

$$\omega_3 \boldsymbol{\phi}_1 \boldsymbol{T}_{12} \boldsymbol{\phi}_2 \boldsymbol{\theta}_3 \boldsymbol{T}_{23} \boldsymbol{\phi}_3 \boldsymbol{T}_{34}] \begin{bmatrix} x_4 \\ y_4 \\ z_4 \\ 1 \end{bmatrix}$$

式中，ω_1、ω_2 和 ω_3 分别为轴 z_1、z_2 和 z_3 的旋转角速度；$\boldsymbol{\theta}_1$、$\boldsymbol{\theta}_2$ 和 $\boldsymbol{\theta}_3$ 为旋转求导运算矩阵，且：

$$\boldsymbol{\theta}_1 = \boldsymbol{\theta}_2 = \boldsymbol{\theta}_3 = \begin{bmatrix} 0 & -1 & 0 & 0 \\ 1 & 0 & 0 & 0 \\ 0 & 0 & 0 & 0 \\ 0 & 0 & 0 & 0 \end{bmatrix}$$

于是有：

$$\dot{\boldsymbol{T}}_{31} = \omega_1 \boldsymbol{\theta}_1 \boldsymbol{\phi}_1 \boldsymbol{T}_{12} \boldsymbol{\phi}_2 \boldsymbol{T}_{23} \boldsymbol{\phi}_3 \boldsymbol{T}_{34} = \cdots\cdots$$

$$= \omega_1 \begin{bmatrix} -s_1 & c_1 & 0 & 0 \\ c_1 & s_1 & 0 & 0 \\ 0 & 0 & 0 & 0 \\ 0 & 0 & 0 & 0 \end{bmatrix} \begin{bmatrix} 0 & 0 & 1 & d_1 \\ 0 & 1 & 0 & 0 \\ -1 & 0 & 0 & L_1 \\ 0 & 0 & 0 & 1 \end{bmatrix} \begin{bmatrix} c_2 & -s_2 & 0 & -L_2 c_2 \\ s_2 & c_2 & 0 & -L_2 c_2 \\ 0 & 0 & 1 & L_1 \\ 0 & 0 & 0 & 1 \end{bmatrix} \begin{bmatrix} 0 & -s_3 & -c_3 & -L_3 c_3 \\ 0 & c_3 & -s_3 & -L_3 s_3 \\ 1 & 0 & 0 & 0 \\ 0 & 0 & 0 & 1 \end{bmatrix}$$

$$=\omega_1\begin{bmatrix}-s_1 & -c_1c_{23} & c_1s_{23} & L_3c_1s_{23}+L_2c_1s_2-d_1s_1\\ c_1 & -s_1c_{23} & s_1s_{23} & L_3s_1s_{23}+L_2s_1s_2-d_1c_1\\ 0 & 0 & 0 & 0\\ 0 & 0 & 0 & 0\end{bmatrix}$$

$$\dot{T}_{32}=\omega_2\boldsymbol{\phi}_1\boldsymbol{T}_{12}\boldsymbol{\theta}_2\boldsymbol{\phi}_2\boldsymbol{T}_{23}\boldsymbol{\phi}_3\boldsymbol{T}_{34}=\cdots$$

$$=\omega_2\begin{bmatrix}0 & s_1 & c_1 & d_1c_1\\ 0 & -c_1 & s_1 & d_2s_1\\ -1 & 0 & 0 & L_1\\ 0 & 0 & 0 & 1\end{bmatrix}\begin{bmatrix}-s_2 & -c_2 & 0 & 0\\ c_2 & -s_2 & 0 & 0\\ 0 & 0 & 0 & 0\\ 0 & 0 & 0 & 0\end{bmatrix}\begin{bmatrix}1 & 0 & 0 & -L_2\\ 0 & 1 & 0 & 0\\ 0 & 0 & 1 & 0\\ 0 & 0 & 0 & 1\end{bmatrix}\begin{bmatrix}0 & -s_3 & -c_3 & -L_3c_3\\ 0 & c_3 & -s_3 & -L_3s_3\\ 1 & 0 & 0 & 0\\ 0 & 0 & 0 & 1\end{bmatrix}$$

$$=\omega_2\begin{bmatrix}0 & -s_1c_2s_3-s_1s_2c_3 & -s_1c_2c_3+s_1s_2s_3 & L_3(-s_1c_2c_3+s_1s_2s_3)+L_2c_1s_2\\ 0 & c_1c_2s_3+c_1s_2c_3 & c_1c_2c_3-c_1s_2s_3 & L_3(c_1s_2c_3-c_1s_2s_3)+L_2c_1c_2\\ 0 & -s_2s_3+c_2c_3 & -s_2c_3-c_2s_3 & -L_3(s_2c_3+c_2s_3)-L_2s_2\\ 0 & 0 & 0 & 0\end{bmatrix}$$

$$=\omega_2\begin{bmatrix}0 & -s_1s_{23} & -s_1c_{23} & -L_3s_1c_{23}+L_2s_1c_2\\ 0 & c_1s_{23} & c_1c_{23} & L_3c_1c_2+L_2c_1c_2\\ 0 & c_{23} & -s_{23} & -L_3s_{23}-L_2s_2\\ 0 & 0 & 0 & 0\end{bmatrix}$$

$$\dot{T}_{33}=\omega_3\boldsymbol{\phi}_1\boldsymbol{T}_{12}\boldsymbol{\phi}_2\boldsymbol{T}_{23}\boldsymbol{\phi}_3\boldsymbol{T}_{34}=\cdots$$

$$=\omega_3\begin{bmatrix}0 & s_1 & c_1 & d_1c_1\\ 0 & -c_1 & s_1 & d_2s_1\\ -1 & 0 & 0 & L_1\\ 0 & 0 & 0 & 1\end{bmatrix}\begin{bmatrix}c_2 & -s_2 & 0 & -L_2c_2\\ s_2 & c_2 & 0 & -L_2s_2\\ 0 & 0 & 1 & 0\\ 0 & 0 & 0 & 1\end{bmatrix}\begin{bmatrix}0 & -1 & 0 & 0\\ 1 & 0 & 0 & 0\\ 0 & 0 & 0 & 0\\ 0 & 0 & 0 & 0\end{bmatrix}\begin{bmatrix}0 & -s_3 & -c_3 & -L_3c_3\\ 0 & c_3 & -s_3 & -L_3s_3\\ 1 & 0 & 0 & 0\\ 0 & 0 & 0 & 1\end{bmatrix}$$

$$=\omega_3\begin{bmatrix}0 & -s_1c_2s_3-s_1s_2c_3 & -s_1c_2c_3+s_1s_2s_3 & L_3(-s_1c_2c_3+s_1s_2s_3)\\ 0 & c_1c_2s_3+c_1s_2c_3 & c_1c_2c_3-c_1s_2s_3 & L_3(c_1c_2c_3-c_1s_2s_3)\\ 0 & -s_2s_3+c_2c_3 & -s_2c_3-c_2s_3 & -L_3(s_2c_3+c_2s_3)\\ 0 & 0 & 0 & 0\end{bmatrix}$$

$$=\omega_3\begin{bmatrix}0 & -s_1s_{23} & -s_1c_{23} & -L_3s_1c_{23}\\ 0 & c_1s_{23} & c_1c_{23} & L_3c_1c_{23}\\ 0 & c_{23} & -s_{23} & -L_3s_{23}\\ 0 & 0 & 0 & 0\end{bmatrix}$$

因而可得速度方程为：

$$\begin{bmatrix}\dot{x}\\ \dot{y}\\ \dot{z}\\ 1\end{bmatrix}=\omega_1\begin{bmatrix}-s_1 & -c_1c_{23} & c_1s_{23} & L_3c_1s_{23}+L_2c_1s_2-d_1s_1\\ c_1 & -s_1c_{23} & s_1s_{23} & L_3s_1s_{23}+L_2s_1s_2-d_1c_1\\ 0 & 0 & 0 & 0\\ 0 & 0 & 0 & 0\end{bmatrix}\begin{bmatrix}x_4\\ y_4\\ z_4\\ 1\end{bmatrix}$$

$$+\omega_2\begin{bmatrix}0 & -s_1s_{23} & -s_1c_{23} & -L_3s_1c_{23}+L_2s_1c_2\\ 0 & c_1s_{23} & c_1c_{23} & L_3c_1c_2+L_2c_1c_2\\ 0 & c_{23} & -s_{23} & -L_3s_{23}-L_2s_2\\ 0 & 0 & 0 & 0\end{bmatrix}\begin{bmatrix}x_4\\ y_4\\ z_4\\ 1\end{bmatrix}$$

$$+\omega_3\begin{bmatrix}0 & -s_1s_{23} & -s_1c_{23} & -L_3s_1c_{23}\\ 0 & c_1s_{23} & c_1c_{23} & L_3c_1c_{23}\\ 0 & c_{23} & -s_{23} & -L_3s_{23}\\ 0 & 0 & 0 & 0\end{bmatrix}\begin{bmatrix}x_4\\ y_4\\ z_4\\ 1\end{bmatrix}$$

（3）加速度方程

$$\begin{bmatrix}\ddot{x}\\ \ddot{y}\\ \ddot{z}\\ 1\end{bmatrix}=\frac{\mathrm{d}}{\mathrm{d}t}\begin{bmatrix}\dot{x}\\ \dot{y}\\ \dot{z}\\ 1\end{bmatrix}=[(\omega_1^2\theta_1\theta_1\pmb{\phi}_1\pmb{T}_{12}\pmb{\phi}_2\pmb{T}_{23}\pmb{\phi}_3\pmb{T}_{34}+\omega_1\omega_2\theta_1\pmb{\phi}_1\pmb{T}_{12}\pmb{\phi}_2\pmb{T}_{23}\pmb{\phi}_3\pmb{T}_{34}+$$

$$\omega_1\omega_3\pmb{\theta}_1\pmb{\phi}_1\pmb{T}_{12}\pmb{\phi}_2\pmb{T}_{23}\pmb{\theta}_3\pmb{\phi}_3\pmb{T}_{34}+\alpha_1\pmb{\theta}_1\pmb{T}_{12}\pmb{\phi}_2\pmb{T}_{23}\pmb{\phi}_3\pmb{T}_{34})+$$

$$(\omega_2\omega_1\pmb{\theta}_1\pmb{\phi}_1\pmb{T}_{12}\pmb{\theta}_2\pmb{\phi}_2\pmb{T}_{23}\pmb{\phi}_3\pmb{T}_{34}+\omega_2^2\pmb{\phi}_1\pmb{T}_{12}\pmb{\theta}_2\pmb{\theta}_2\pmb{\phi}_2\pmb{T}_{23}\pmb{\phi}_3\pmb{T}_{34}+$$

$$\omega_2\omega_3\pmb{\theta}_1\pmb{\phi}_1\pmb{T}_{12}\pmb{\theta}_2\pmb{\phi}_2\pmb{T}_{23}\pmb{\theta}_3\pmb{\phi}_3\pmb{T}_{34}+\alpha_2\pmb{\phi}_1\pmb{T}_{12}\pmb{\theta}_2\pmb{\phi}_2\pmb{T}_{23}\pmb{\phi}_3\pmb{T}_{34})+$$

$$(\omega_3\omega_1\pmb{\theta}_1\pmb{\phi}_1\pmb{T}_{12}\pmb{\phi}_2\pmb{T}_{23}\pmb{\theta}_3\pmb{\phi}_3\pmb{T}_{34}+\omega_3\omega_2\pmb{\phi}_1\pmb{T}_{12}\pmb{\theta}_2\pmb{\phi}_2\pmb{T}_{23}\pmb{\theta}_3\pmb{\phi}_3\pmb{T}_{34}+$$

$$\omega_3^2\pmb{\phi}_1\pmb{T}_{12}\pmb{\phi}_2\pmb{T}_{23}\pmb{\theta}_3\pmb{\theta}_3\pmb{\phi}_3\pmb{T}_{34}+\alpha_3\pmb{\phi}_1\pmb{T}_{12}\pmb{\phi}_2\pmb{T}_{23}\pmb{\theta}_3\pmb{\phi}_3\pmb{T}_{34})\pmb{T}_4$$

$$=(\ddot{\pmb{T}}_{31}+\ddot{\pmb{T}}_{32}+\ddot{\pmb{T}}_{33})\pmb{T}_4=\ddot{\pmb{T}}_3\pmb{T}_4$$

式中，$\pmb{T}_4=[x_4\ \ y_4\ \ z_4\ \ 1]^{\mathrm{T}}$，$\alpha_1$、$\alpha_2$ 和 α_3 分别为绕轴 z_1、z_2 和 z_3 旋转的角加速度。

$$\ddot{\pmb{T}}_{31}=\omega_1^2\pmb{\theta}_1\pmb{\theta}_1\pmb{\phi}_1\pmb{T}_{12}\pmb{\phi}_2\pmb{T}_{23}\pmb{\phi}_3\pmb{T}_{34}+\omega_1\omega_2\pmb{\theta}_1\pmb{\phi}_1\pmb{T}_{12}\pmb{\theta}_2\pmb{\phi}_2\pmb{T}_{23}\pmb{\phi}_3\pmb{T}_{34}+$$

$$\omega_1\omega_2\pmb{\theta}_1\pmb{\phi}_1\pmb{T}_{12}\pmb{\phi}_2\pmb{T}_{23}\pmb{\theta}_3\pmb{\phi}_3\pmb{T}_{34}+\alpha_1\pmb{\theta}_1\pmb{\phi}_1\pmb{T}_{12}\pmb{\phi}_2\pmb{T}_{23}\pmb{\phi}_3\pmb{T}_{34}$$

$$=\omega_1\pmb{\theta}_1\dot{\pmb{T}}_{31}+\omega_1\pmb{\theta}_1\dot{\pmb{T}}_{32}+\omega_1\pmb{\theta}_1\dot{\pmb{T}}_{33}+\alpha_1/\omega_1\dot{\pmb{T}}_{31}$$

$$=\omega_1\pmb{\theta}_1(\dot{\pmb{T}}_{31}+\dot{\pmb{T}}_{32}+\dot{\pmb{T}}_{33})+\alpha_1/\omega_1\dot{\pmb{T}}_{31}$$

$$=\cdots$$

$$=\begin{bmatrix}-\omega_1^2c_1-\alpha_1s_1 & \omega_1^2s_1c_{23}-\omega_1(\omega_2+\omega_3)c_1s_{23}-\alpha_1c_1c_{23}\\ -\omega_1^2s_1+\alpha_1c_1 & -\omega_1^2c_1c_{23}-\omega_1(\omega_2+\omega_3)s_1s_{23}-\alpha_1s_1c_{23}\\ 0 & 0\\ 0 & 0\end{bmatrix}$$

$$-\omega_1^2s_1s_{23}-\omega_1(\omega_2+\omega_3)c_1c_{23}+\alpha_1c_1s_{23}$$

$$\omega_1^2c_1s_{23}-\omega_1(\omega_2+\omega_3)s_1c_{23}+\alpha_1s_1s_{23}$$

$$0$$

$$0$$

$$-\omega_1^2 L_3 s_1 s_{23} - \omega_1(\omega_2+\omega_3)L_3 c_1 c_{23} - \omega_1\omega_2 L_2 c_1 c_2 + \omega_1^2 L_2 s_1 s_2 + \alpha_1 L_3 c_1 s_{23} + $$
$$\alpha_1 L_2 c_1 s_2 - \alpha_1 d_1 s_1 + d_1 \omega_1^2 c_1$$

$$\omega_2^2 L_3 c_1 s_{23} - \omega_1(\omega_2+\omega_3)L_3 s_1 c_{23} - \omega_1\omega_2 L_2 s_1 c_2 + \omega_1^2 L_2 c_1 s_2 + \alpha_1 L_3 s_1 s_{23} + $$
$$\alpha_1 L_2 s_1 s_2 + \alpha_1 d_1 c_1 + d_2 \omega_1^2 s_1$$

$$0$$

$$0$$

$$\ddot{\boldsymbol{T}}_{32} = \omega_2\omega_1\boldsymbol{\theta}_1\boldsymbol{\phi}_1\boldsymbol{T}_{12}\boldsymbol{\theta}_2\boldsymbol{\phi}_2\boldsymbol{T}_{23}\boldsymbol{\phi}_3\boldsymbol{T}_{34} + \omega_2^2\boldsymbol{\phi}_1\boldsymbol{T}_{12}\boldsymbol{\theta}_2\boldsymbol{\theta}_2\boldsymbol{\phi}_2\boldsymbol{T}_{23}\boldsymbol{\phi}_3\boldsymbol{T}_{34}$$
$$+ \omega_2\omega_3\boldsymbol{\phi}_1\boldsymbol{T}_{12}\boldsymbol{\theta}_2\boldsymbol{\phi}_2\boldsymbol{T}_{23}\boldsymbol{\theta}_3\boldsymbol{\phi}_3\boldsymbol{T}_{34} + \alpha_2\boldsymbol{\theta}_1\boldsymbol{\phi}_1\boldsymbol{T}_{12}\boldsymbol{\theta}_2\boldsymbol{\phi}_2\boldsymbol{T}_{23}\boldsymbol{\phi}_3\boldsymbol{T}_{34}$$
$$= \omega_1\theta_1\dot{\boldsymbol{T}}_{32} + \alpha_2/\omega_2\dot{\boldsymbol{T}}_{32} + \omega_2^2[\boldsymbol{\phi}_1\boldsymbol{T}_{12}\boldsymbol{\theta}_2][\boldsymbol{\theta}_2][\boldsymbol{\phi}_2\boldsymbol{T}_{23}][\boldsymbol{\phi}_3\boldsymbol{T}_{34}] + $$
$$\omega_2\omega_3[\boldsymbol{\phi}_1\boldsymbol{T}_{12}\boldsymbol{\theta}_2][\boldsymbol{\phi}_2\boldsymbol{T}_{23}][\boldsymbol{\theta}_3][\boldsymbol{\phi}_3\boldsymbol{T}_{34}]$$
$$= \cdots$$

$$= \begin{bmatrix} 0 & -\omega_1\omega_2 c_1 s_{23} - \alpha_2 s_1 s_{23} - \omega_2(\omega_2+\omega_3)s_1 c_{23} \\ 0 & -\omega_1\omega_2 s_1 s_{23} - \alpha_2 c_1 s_{23} + \omega_2(\omega_2+\omega_3)c_1 c_{23} \\ 0 & \alpha_2 c_{23} - \omega_2(\omega_2+\omega_3)s_{23} \\ 0 & 0 \end{bmatrix}$$

$$-\omega_1\omega_2 c_1 c_{23} - \alpha_2 s_1 c_{23} + \omega_2(\omega_2+\omega_3)s_1 s_{23}$$
$$-\omega_1\omega_2 s_1 c_{23} + \alpha_2 c_1 c_{23} - \omega_2(\omega_2+\omega_3)c_1 s_{23}$$
$$-\alpha_2 s_{23} - \omega_2(\omega_2+\omega_3)c_{23}$$
$$0$$

$$-\omega_1\omega_2(L_3 c_1 c_{23} + L_2 c_1 c_2) - \alpha_2(L_3 s_1 c_{23} + L_2 s_1 c_2) + \omega_2^2 L_2 s_1 s_2 + \omega_2(\omega_2+\omega_3)L_3 s_1 s_{23}$$
$$-\omega_1\omega_2(L_3 s_1 c_{23} + L_2 s_1 c_2) + \alpha_2(L_3 c_1 c_{23} + L_2 c_1 c_2) - \omega_2^2 L_2 c_1 s_2 - \omega_2(\omega_2+\omega_3)L_3 c_1 s_{23}$$
$$-\alpha_2(L_3 s_{23} + L_2 s_2) - \omega_2^2 L_2 c_2 - \omega_2(\omega_2+\omega_3)L_3 c_{23}$$
$$0$$

$$\ddot{\boldsymbol{T}}_{33} = \omega_1\theta_1\dot{\boldsymbol{T}}_{33} + \omega_3\omega_2\boldsymbol{\phi}_1\boldsymbol{T}_{12}\boldsymbol{\theta}_2\boldsymbol{\phi}_2\boldsymbol{T}_{23}\boldsymbol{\phi}_3\boldsymbol{T}_{34}$$
$$+ \omega_3^2\boldsymbol{\phi}_1\boldsymbol{T}_{12}\boldsymbol{\phi}_2\boldsymbol{T}_{23}\boldsymbol{\theta}_3\boldsymbol{\theta}_3\boldsymbol{\phi}_3\boldsymbol{T}_{34} + \alpha_3/\omega_3\dot{\boldsymbol{T}}_{33}$$
$$= \cdots$$

$$= \begin{bmatrix} 0 & -(\omega_3\omega_1 c_1 + \alpha_3 s_1)s_{23} - \omega_3(\omega_2-\omega_3)s_1 c_{23} \\ 0 & -(\omega_3\omega_1 s_1 - \alpha_3 c_1)s_{23} + \omega_3(\omega_2-\omega_3)c_1 c_{23} \\ 0 & -\omega_3(\omega_2+\omega_3)s_{23} + \alpha_3 c_{23} \\ 0 & 0 \end{bmatrix}$$

$$-(\omega_3\omega_2 c_1 + \alpha_3 s_1)c_{23} + \omega_3(\omega_2-\omega_3)s_1 s_{23}$$
$$-(\omega_3\omega_2 s_1 - \alpha_3 c_1)c_{23} - \omega_3(\omega_2-\omega_3)c_1 s_{23}$$
$$-\omega_3(\omega_2-\omega_3)c_{23} - \alpha_3 s_{23}$$
$$0$$

$$-L_3(\omega_3\omega_1 c_1 + \alpha_3 s_1)c_{23} + L_3\omega_3(\omega_2-\omega_3)s_1 s_{23}$$
$$-L_3(\omega_3\omega_1 s_1 - \alpha_3 c_1)c_{23} - L_3\omega_3(\omega_2-\omega_3)c_1 s_{23}$$
$$-L_3\omega_3(\omega_2-\omega_3)c_{23} - L_3\alpha_3 s_{23}$$
$$0$$

于是可得加速度方程

$$\begin{bmatrix} \ddot{x} \\ \ddot{y} \\ \ddot{z} \\ 1 \end{bmatrix} = (\ddot{\boldsymbol{T}}_{31} + \ddot{\boldsymbol{T}}_{32} + \ddot{\boldsymbol{T}}_{33}) \begin{bmatrix} x_4 \\ y_4 \\ z_4 \\ 1 \end{bmatrix} = \ddot{\boldsymbol{T}}_3 \begin{bmatrix} x_4 \\ y_4 \\ z_4 \\ 1 \end{bmatrix}$$

式中

$$\ddot{\boldsymbol{T}}_3 = \begin{bmatrix} -\omega_1^2 c_1 - \alpha_1 s_1 \\ -\omega_1^2 s_1 + \alpha_1 c_1 \\ 0 \\ 0 \end{bmatrix}$$

$(\omega_1^2 - \omega_2^2 + \omega_3^2 - 2\omega_2\omega_3)s_1 c_{23} - 2\omega_1(\omega_2 + \omega_3)c_1 s_{23} - \alpha_1 c_1 c_{23} - (\alpha_2 + \alpha_3)s_1 s_{23}$

$-(\omega_1^2 - \omega_2^2 + \omega_3^2 - 2\omega_2\omega_3)c_1 c_{23} - 2\omega_1(\omega_2 + \omega_3)s_1 s_{23} - \alpha_1 s_1 c_{23} - (\alpha_2 + \alpha_3)c_1 c_{23}$

$-(\omega_2 + \omega_3)^2 s_{23} + (\alpha_2 + \alpha_3)c_{23}$

0

$-(\omega_1^2 - \omega_2^2 + \omega_3^2 - 2\omega_2\omega_3)s_1 s_{23} - 2\omega_1(\omega_2 + \omega_3)c_1 s_{23} - (\alpha_2 + \alpha_3)s_1 c_{23} + \alpha_1 c_1 s_{23}$

$(\omega_1^2 - \omega_2^2 + \omega_3^2 - 2\omega_2\omega_3)c_1 s_{23} - 2\omega_1(\omega_2 + \omega_3)s_1 c_{23} + (\alpha_2 + \alpha_3)c_1 c_{23} + \alpha_1 s_1 s_{23}$

$-(\omega_2 + \omega_3)^2 c_{23} - (\alpha_2 + \alpha_3)s_{23}$

0

$L_3(\omega_1^2 - \omega_2^2 + \omega_3^2 - 2\omega_2\omega_3)c_1 s_{23} - 2\omega_1(\omega_2 + \omega_3)L_3 s_1 c_{23} + L_3(\alpha_1 + \alpha_3)c_1 c_{23} +$
$L_3\alpha_1 s_1 s_{23} - 2L_2\omega_1\omega_2 s_1 c_2 - L_2\alpha_2 s_1 c_2 + L_2(\omega_1^2 + \omega_2^2)s_1 s_2 + L_2\alpha_1 c_1 s_2 +$
$d_1\omega_1^2 c_1 - d_1\alpha_1 s_1$

$L_3(\omega_1^2 - \omega_2^2 + \omega_3^2 - 2\omega_2\omega_3)c_1 s_{23} - 2\omega_1(\omega_2 + \omega_3)L_3 s_1 c_{23} + L_3(\alpha_2 + \alpha_3)c_1 c_{23} +$
$L_3\alpha_1 s_1 s_{23} - 2L_2\omega_1\omega_2 s_1 c_2 - L_2\alpha_2 c_1 c_2 + L_2(\omega_1^2 + \omega_2^2)c_1 s_2 + L_2\alpha_1 s_1 s_2$
$-d_1\omega_1^2 s_1 - d_1\alpha_1 c_1$

$L_3(\omega_1^2 - \omega_2^2 + \omega_3^2 - 2\omega_2\omega_3)c_{23} - L_3(\alpha_2 + \alpha_3)s_{23} - L_2\alpha_1 s_2 - L_2\omega_2^2 c_2$

0

习 题

10.1 拉格朗日动力学方程式的一般表示形式与各变量含义是什么？

10.2 推导机器人动力学方程的一般步骤是什么？

10.3 连杆机械手的速度和加速度方程计算步骤是什么？

10.4 确定图 10-7 所示二连杆机械手的动力学方程式，把每个连杆当作均匀长方形刚体，其长、宽、高分别为 l_i、ω_i 和 h_i，总质量为 m_i（$i=1,2$）。

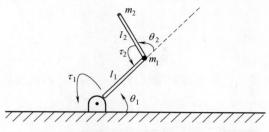

图 10-7　质量均匀分布的二连杆机械手

10.5　二连杆机械手如图 10-8 所示。连杆长度为 d_i，质量为 m_i，重心位置为 $(0.5d_i,0,0)$，连杆惯量为 $I_{zz_i}=\dfrac{1}{3}m_id_i^2$，$I_{yy_i}=\dfrac{1}{3}m_id_i^2$，$I_{xx_i}=0$，传动机构的惯量为 $I_{a_i}=0(i=1,2)$。

（1）用矩阵法求运动方程，即确定其参数 D_{ij}、D_{ijk} 和 D_i。

（2）已知 $\theta_i=45°$，$\dot{\theta}_i=\Omega$，$\ddot{\theta}_i=0$，$\theta_2=-20°$，$\dot{\theta}_2=0$，$\ddot{\theta}_2=0$，求矩阵 $\boldsymbol{T}_1$ 和 $\boldsymbol{T}_2$。

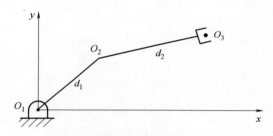

图 10-8　质量集中的二连杆机械手

10.6　建立图 10-9 所示机械手的变换矩阵和速度求解公式。假设各关节速度为已知，只要把与第一个关节速度有关的各矩阵乘在一起即可。

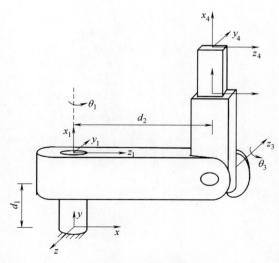

图 10-9　三连杆机械手

10.7 求出图 10-10 所示二连杆机械手的动力学方程。连杆 1 的惯量矩阵为：

$$\boldsymbol{I} = \begin{bmatrix} I_{xx1} & 0 & 0 \\ 0 & I_{yy1} & 0 \\ 0 & 0 & I_{zz1} \end{bmatrix}$$

假设连杆 2 的全部质量 m_2 集中在末端执行器一点上，而且重力方向是垂直向下的。

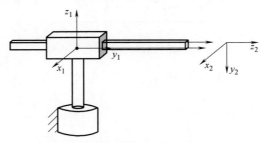

图 10-10 极坐标型二连杆机械手

第11章 ▶▶
机器人应用生产线的规划与设计

学习目标：

（1）了解机器人生产线规划的内容；

（2）了解机械传动机构的分类、特点、应用场合，能够根据具体问题选择不同的传动机构；

（3）了解机器人的选择和常用的机器器件的选择方法并会应用；

（4）掌握控制系统设计中用到的 PLC 基本知识、传感器技术、人机界面与组态技术等；

（5）掌握冲压机器人应用生产线和喷涂机器人生产线案例设计的方法。

我们知道，现在各种具有高端科技的机器人，已经在众多的领域得到较广泛的应用，占有举足轻重的地位。随着科技的发展，工业机器人行业更是大热，各行各业都能看到机器人的身影，如汽车制造、3C 电子制造、五金制造、陶瓷卫浴、物流运输等行业都已经用工业机器人替代人工，原来几十、几百工人的车间都被几条生产线所代替，中间只需要两三名工人监控就可以。而且随着我国劳动成本的逐年增加，老龄化社会的到来，我国对工业机器人及机器人生产线的需求将逐步增加，数字化、智能化改造已经成为我国生产企业持续发展的方向。随着现代工业自动化技术的不断发展，工业用机器人逐渐成为机器人队伍中的主力军，越来越多地被用在工业生产现场。其原因，一是生产线引入机器人，使得生产效率、生产精度、柔性、自动化率等显著提高，产品的不良率大大降低；二是随着我国劳动力成本的逐年提高，越来越多的制造类企业不得不考虑使用机器人来取代人类的一些作业劳动，从而降低用工成本。于是机器人自动化生产线乃至机器人无人车间将逐渐取代现有的人工生产线，并逐渐成为主流。对我国现有的机械加工行业来说，采用配套机器人来实现生产线的自动化，被越来越多的加工制造企业所接受，因此机器人生产线的规划与设计成为非常重要的问题。

社会在发展，技术也在进步，特别是有科技含量的新技术不断促进着机器人应用生产线的发展，机器人应用生产线未来的发展趋势主要体现出以下 5 个特点：

（1）机器人应用生产线的特征参数化和多功能化

设计机器人应用生产线的过程本质就是求解约束问题的过程，即由结构、功能及制造等约束，经迭代与参数修改求解问题解的过程，其中的一大部分工作是不断地修改满足要求的参数。设计时，尺寸可以实现生产线的参数化与变量化。参数的改变可以在设计模型上及时准确地反馈出来，减少设计出现不必要的错误。

此外，工程师在机器人应用生产线的参数化与变量化设计中，对功能结构及加工特征进行考虑，而不需要去设计产品的几何外形的结构，这其实也符合技术人员的传统习惯。可以极大地提高设计效率是参数化设计的优点，也是机器人应用生产线发展需要达到的目的。机器人应用生产线的设计中包含的几何与非几何参数都作为约束的变量，建立求解关系式。处于不同模块的各种变量关系可实现数据的全相关。特征参数化和变量化是发展方向，也是设计机器应用人生产线的基础。

（2）机器人应用生产线的智能化

人工智能是一门使用计算机模拟人的思维过程与学习、推理、思考、规划、决策等行为的技术。人工智能技术可以用于机器人应用生产线，它能够自主学习，并可获取触觉、视觉等能力，对新事物进行推理、联想、判断和决策，从而实现设计自动化，减少人工，也可以使设计过程简单、安全、高效。

（3）机器人应用生产线的集成化

企业生产的产品设计、加工与管理、售后服务是一体的，需要整体考虑，而这些过程的集成化可以提供一种新的解决问题的方法与思路。机器人应用生产线的推广应用可以给企业产生积极影响，但这些生产线的系统是相互独立的，各产品的结构与信息不同，相互间很难转化并进行资料的共享，这样就使得系统可靠性与性能降低了。

机器人应用生产线的集成化要以数字化为基础，统一信息表达，统一各界面和数据结构，将设计、生产与服务结合起来，尽可能实现资料共享，提供系统的可靠性，实现集成化是趋势，也是计算机集成制造的基础。

（4）机器人应用生产线的网络化

互联网技术可以实现自动化生产线各组成单元的联网通信，实现共享资源。机械产品是一个系统，需要很多部门与企业的相互协作，一起跨越地点完成工作。而网络化技术可以实现不同人员在不同时间与地点进行协作完成工作。网络技术的发展也可促进资源的合理分配，提高企业竞争力与活力。

（5）机器人应用生产线的标准化

标准化是针对社会实践中的重复性事物进行标准的统一，是实现最佳效益的方式。自动化生产线的各种开发与数据交换的标准需要进行统一，包括设计、数据和接口的统一，在一定程度可以促进参数化、集成化，从而加快设计开发进程。

11.1 ● 机器人应用生产线的规划

机器人应用生产线有提高劳动生产率，稳定和提高产品质量，改善劳动条件，降低生产成本，缩短生产周期，保证生产均衡性，提高经济效益等功能。机器人应用生产线主要应用在机械制造、机械零件加工、装配作业、焊接作业等方面。在开发机器人应用生产线时，首先需要对工程项目进行可行性分析，在引入机器人应用生产线之前，必须仔细了解该生产线的目的以及主要的技术要求，然后要对机器人生产线的生产工艺进行分析，确定生产的主要流程，最后还要进行节拍分析，机器人生产线的产品生产节拍决定着机器人生产线所生产的产品的质量。

11.1.1 可行性分析

可行性分析是通过对项目的主要内容和配套条件，如市场需求、资源供应、建设规模、工艺路线、设备选型、环境影响、资金筹措、盈利能力等，从技术、经济、工程等方面进行调查研究和分析比较，并对项目建成以后可能取得的财务、经济效益及社会环境影响进行预测，从而提出该项目是否值得投资和如何进行建设的咨询意见，为项目决策提供依据的一种综合性的系统分析方法。

可行性分析应具有预见性、公正性、可靠性、科学性的特点。可行性研究要求以全面、系统的分析为主要方法，以经济效益为核心，围绕影响项目的各种因素，运用大量的数据资料论证拟建项目是否可行，对整个可行性研究提出综合分析评价，指出优缺点和建议。为了结论的需要，往往还需要加上一些附件，如试验数据、论证材料、计算图表、附图等，以增强可行性报告的说服力。

对于机器人生产线的可行性分析一般包括以下三点：

(1) 投资必要性

在投资前（如果是改建要充分考虑原有的资源），在投资必要性的论证上，一是要做好投资环境的分析，对构成投资环境的各种要素进行全面的分析论证，要生产的产品必须符合国家经济和社会发展的长期规划，部门与地区规划，经济建设的指导方针、任务、产业政策、投资政策和技术经济政策以及国家和地方性法规等；二是要做好市场研究，包括市场供求预测、国内外同类产品的现状、产品原材料的来源、生产出的产品的销售渠道、竞争力分析、价格分析、定位及营销策略论证；三是建厂条件和厂址方案，由于机器人一般体积比较大、质量比较重，运行时噪声比较大，要求厂房必须是一楼或是地下室，远离生活区，隔音效果要好，要考虑现有厂房是否合乎要求，若重建厂房，对厂房的规模、地理位置、气象、水文、地质、地矿条件和社会经济状况、交通运输及水电等的现状和发展趋势要进行分析。

(2) 技术可行性

主要从项目实施的技术角度，合理设计技术方案，并进行比选和评价。对产品的生产过程和产品本身充分进行了调查后，就要规划初步的技术方案，为此要进行如下工作：作业量及难度分析；编制作业流程卡片；绘制时序表，确定作业范围并初选机器人型号；确定相应的外围设备；确定工程难点并进行试验取证；确定人工干预程度等；提出几个规划方案并绘制相应的机器人工作站；制作生产线的平面配置图，编制说明文件；对方案进行先进性评估，具体内容包括机器人系统、外围设备以及控制、通信系统等的先进性。

(3) 组织可行性

项目的实施是本单位自行开发设计还是聘请专业人员来进行设计。若是自行开发那要制定合理的项目实施进度计划、设计合理的组织机构、选择经验丰富的管理人员、建立良好的协作关系、制定合适的培训计划等，保证项目顺利执行；若是聘请专业人员来进行设计，那么本单位也要派出专门的人员来进行协调沟通，给专业人员提供全面周到的服务，使项目能顺利进行。

11.1.2　机器人应用生产线的生产工艺分析

(1) 熟悉产品的生产工艺

熟悉产品生产工艺才能更好地依据产品的特点、特殊性来设计机器人生产线，同时生产工艺也是一个产品装配过程的完整体现，通常生产工艺会对产品生产过程中的每一步进行详细说明，并规定相应的合格标准。因此熟知产品的生产工艺是设计机器人生产线前必做的准备。生产工艺多以工艺指导书的形式体现。

(2) 工艺分析

在机械零件加工制造业中，零件的加工质量、加工效率和加工成本与零件的加工工艺密切相关。零件加工工艺性分析，是机械加工制造业至关重要的技术准备，它是决定零件加工方法、加工质量、加工成本的重要指导性文件，是机器人自动化生产线设计不可缺少的工艺性文件。

（3）加工零件工艺分析

规划设计机器人应用生产线时，设计人员必须对加工零件的工件材料、加工内容、加工精度、加工质量等进行详细的工艺分析，制定详细的零件加工工艺路线，编写零件加工过程工艺卡片，明确零件加工时的定位面、夹紧点，制定有效的加工切削参数，包括切削速度、进给量和切削深度。考虑零件加工时所采用的夹具、刀具、量具及零件加工后的检测方法，工件在各工序之间流转时需要的清洗、储存、翻转、搬运等中间工位，考虑零件流转过程中所需要的零件输送平面、输送方式，零件输送过程中的导向定位、信号检测，考虑机械手抓取工件时的定位、夹紧、松开、检测等，这些工艺参数的确定，对设计机器人自动化生产线具有非常重要的作用。

11.1.3　机器人生产线的节拍分析

在做节拍分析之前我们要先引入两个概念，生产线和生产流水线。生产线就是产品生产过程所经过的路线，即从原料进入生产现场开始，经过加工、运送、装配、检验等一系列生产活动所构成的路线。生产线是按对象原则组织起来的，是完成产品工艺过程的一种生产组织形式，即按产品专业化原则，配备生产某种产品（零部件）所需要的各种设备、工人，负责完成某种产品（零部件）的全部制造工作。

生产流水线的基本原理是把一个生产重复的过程分解为若干个子过程，前一个子过程为下一个子过程创造执行条件，每一个过程可以与其他子过程同时进行。简而言之，就是"功能分解，空间上顺序依次进行，时间上重叠并行"。优点是这样生产起来会比较快，因为每个人只需要做一样事，对自己所做的事都非常熟悉；缺点是工作的人会觉得很乏味。所以机器人生产线采用流水线是最适合的。

明确产品的生产节拍，并对机器人生产线各个工作站进行节拍分析。产品的生产节拍决定产品的产量，生产线的效率是指生产线单位时间生产出成品或半成品的数量，它是一个生产线验收合格的重要指标。我们需要对各个工作站进行节拍分析，整合小结拍工位，消除瓶颈工位，减少不必要的操作。生产节拍是由工艺操作时间和辅助作业时间组成的，首先要计算生产线的平衡率（线体平衡率），其公式为

线体平衡率＝（所有工序节拍之和× 100％）/（瓶颈工序节拍×人员）

因为自动化装配生产线中节拍最长的工位限制其他工位的运行，所以一个生产线的生产节拍就是运行时间最长的工位节拍。设计过程中需要考虑运行时间最长工位能否缩短运行时间，减少节拍瓶颈，尽量使各个工位的运行节拍保持均衡。

流水线、自动化流水线的节拍就是顺序生产两件相同制品之间的时间间隔，它表明了流水线生产率的高低，是流水线重要的工作参数。其计算公式为

$$r = F/N$$

式中　r——流水线的节拍（分、件）；

　　F——计划周期内有效工作时间，min，$F = F_0 \times K$；

　　F_0——计划期内制度工作时间，min；

　　K——时间利用系数；

　　N——计划期的产品产量，件。

确定时间利用系数 K 时要考虑几个因素：设备修理、调整、更换模具的时间及工人休息的时间。一般 K 取 0.9～0.96，两班工作时间 K 取 0.95。

　　计划期的产品产量 N 除应根据生产计划规定的出产量计算外，还应考虑生产中不可避免的废品和备品的数量。

　　当生产线上加工的零件少，节拍只有几秒或者几十秒时，零件就要采取成批运输，此时顺序生产两批同样制品之间的时间间隔称为节奏，它等于节拍与运输批量的乘积。流水线采取成批运输制品时，如果批量较大，虽然可以简化运输工作，但是生产线的制品占用量却要随之增大。所以对劳动量大、制品质量大、价值高的产品要采用较小的运输批量；反之，则应扩大运输批量。

　　流水线的节拍确定后，要根据节拍来调节工艺过程，使各道工序的时间与流水线的节拍相等或成整数倍比例关系，这个工作称为工序同期化。工序同期化是组织流水线的必要条件，也是提高设备负荷和劳动生产率、缩短生产周期的重要方法。

　　进行工序同期化的措施有：

　　① 提高设备的生产效率。可以通过改装机器人、改装设备、改变设备型号、同时加工几个制件等措施来提高设备的生产效率。

　　② 改变工艺装备。采用快速安装卡具、模具，减少装夹零件的辅助时间的方法来改进工艺装备。

　　③ 改进工作地布置与操作方法，减少辅助时间。

　　④ 优化机器人的程序，提高机器人的运行速度。

　　⑤ 详细地进行工序的合并与分解。首先将工序分成几部分，然后根据节拍重新组合工序，以达到同期化的要求，这是装配工序同期化的主要方法。

　　工序同期化以后，可以根据确定的工序时间来计算各道工序的设备需要量，即

$$m_i = t_i / r$$

式中　m_i——第 i 道工序所需设备台数；

　　　t_i——第 i 道工序的单件时间定额，min，包括工人在传送带上取放制品的时间；

　　　r——流水线的节拍，分/件。

　　一般来说，计算出的设备数若不是整数时，所取的设备数为大于计算数的邻近整数。若某设备的负荷较大，就应转移部分工序到其他设备上或增加工作时间来减少设备的负荷。

11.2 ◆ 机器人应用生产线的设计

　　在完成了对机器人应用生产线设计的前期准备工作后，需要对机器人应用生产线的设计方案进行确定，在机器人应用生产线设计方案的确定过程中需要对机器人应用生产线进行多套方案设计，并在上述方案中选择最优的设计方案。最优机器人应用生产线设计方案的评价标准：简单实用、可靠性高、尽可能地减少人工操作，满足所有功能生产成本低、生产效率高。

　　机器人应用生产线由机器人系统及其辅助设备控制系统和工件的传输系统组成，根据产品或零件的具体情况、工艺要求、工艺过程生产率要求和自动化程度等因素不同，机器人应用生产线的结构及其复杂程度，往往有很大的差别。对于具体的机器人应用生产线，其组成和生产过程并不是完全相同的，但一般机器人应用生产线都由几个部分组成，其组成如图 11-1 所示。

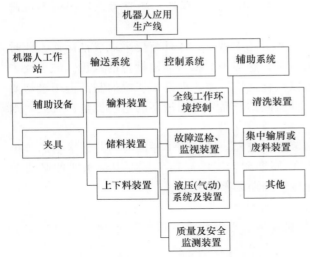

图 11-1　机器人应用生产线组成结构图

11.2.1　机械传动机构

机器人应用生产线的传动方式一般分为直线导轨机构、带传动机构、间歇运动机构、滚珠丝杠传动机构和齿轮传动机构 5 类。

11.2.1.1　直线导轨机构认知及应用

直线滚珠导轨机构（简称直线导轨）是一种标准化的导向部件，可以提供高精度的直线运动导向功能，已商业化并大批量生产，设计仪器或设备需要时，很容易采购。

直线导轨由一根长导轨和若干滑块组成，滑块数根据需要而定。两根导轨可以平行安装。我国生产轻载荷型和四方向载荷型 2 种类型的直线导轨。轻载荷型直线导轨只有两组钢球；四方向等载荷型直线导轨上下左右承载能力相同，刚度高。从外形上看，直线导轨实际上就是由能相对运动的导轨与滑块两大部分组成的。当导轨与滑块做相对运动时，钢球沿着导轨上的滚道滚动，形成滚动摩擦。端盖的作用为固定滚珠，使滚珠能形成一个循环回路。直线导轨属于精密部件，出厂时已经过检测与精密调整，用户可以直接使用。

直线导轨的特点是运动阻力小、运动精度高、定位精度高、容许大负荷及能长期保持高精度等，因此，能为各种执行机构提供高精度的导向功能。

（1）滚动直线导轨副的性能特点

① 定位精度高。滚动直线导轨的运动借助钢球滚动来实现，导轨副摩擦阻力小，动、静摩擦阻力差值小，低速时不易产生爬行。其重复定位精度高，适合做频繁启动或换向的运动部件。同时根据需要，可以适当增加预负载，确保钢球不发生滑动，实现平稳运动，减小运动的冲击和振动。

② 磨损小。对于滑动导轨面的流体润滑，由于油膜的浮动，产生的运动精度误差是无法避免的。在绝大多数情况下，流体润滑只限于边界区域，由金属接触而产生的直接摩擦是无法避免的，在这种情况下，大量的能量与摩擦损耗被浪费掉。与之相反，滚动接触由于摩擦耗能小，滚动面的摩擦损耗也相应减少，因此能使滚动直线导轨系统长期处于高精度状态。同时，由于使用润滑油很少，在机床的润滑系统设计及使用维护方面都变得非常容易。

③ 适应高速运动且大幅度降低驱动功率。采用滚动直线导轨的机床由于摩擦力小，可使所需要的动力源及动力传递机构小型化，使驱动扭矩大大减小，使机床所需要的电力降低 80%，节能效果明显，可实现机床的高速运动，使机床的工作效率提高 20%～30%。

④ 承载能力强。滚动直线导轨副具有较好的承载性能，可以承受不同方向的力和力矩载荷，如承受上下左右方向的力，以及颠簸力矩、摇动力矩和摆动力矩，因此，具有很好的载荷适应性。在设计制造中适当地预加载荷可以增加阻尼，以提高抗振性，同时可以消除高频振动现象，而滑动导轨在平行接触面方向可承受的侧面负荷较小，易造成机床运行精度不良。

⑤ 组装容易并且具有互换性。传统的滑动导轨必须对导轨面进行刮研，既费时又费事，且一旦机床精度不良，必须再刮研一次。滚动导轨具有互换性，只要更换滑块或导轨或整个滚动导轨副，机床即可重新获得高精度。

如前所述，由于滚珠在导轨与滑块之间的相对运动为滚动，可减少摩擦损失（通常滚动摩擦系数为滑动摩擦系数的 2% 左右），因此采用滚动导轨的传动机构远远优先传统滑动导轨。

（2）滚动直线导轨副的选用方法

滚动直线导轨副具有承载能力大、接触刚性高、可靠性高等特点，主要在机床的床身、工作台导轨和主柱上下升降导轨上使用，在选用时可以根据载荷大小、受力方向、冲击和振动大小等情况来选择。

① 受力方向。由于滚动直线导轨副的滑块与导轨上通常有 4 列圆弧滚道，因此能承受 4 个方向的负荷和翻转力矩。导轨承受能力随滚道中心距的增大而增大。

② 负荷大小。不同规格滚动直线导轨副有不同的承载能力，可根据承受负荷大小来选择。为使每副滚动直线导轨均有比较理想的使用寿命，可根据所选厂家提供的近似公式计算额定寿命和额定小时寿命，以便给定合理的维修和更换周期。另外，还要考虑滑块承受载荷后，每个滑块滚动阻力的影响，进行滚动阻力的计算，以便确定合理的驱动力。

③ 预加负载的选择。根据设计结构的冲击、振动情况及精度要求，选择合适的预压值。

（3）滚动直线导轨副的现状

目前，国外生产滚动直线导轨副的厂商主要集中在美国、英国、德国及日本等国家。国内在滚动直线导轨副的制造方面还处于初始阶段，与国外相比，仍有差距，主要表现为品种少、产量小、使用寿命低、噪声大，加工工艺也不如国外先进。以南京工艺装备制造有限公司、广东凯特精密机械有限公司为代表，国内企业正在努力缩小这种差距，它们的部分产品已经具有国际先进水平。

（4）滚动直线导轨副的发展趋势

滚动直线导轨副的新类型、新功能目前在不断涌现，并正在向组合化、集成化、高速、低噪声和智能化的方向发展。

① 用滚珠保持的滚动直线导轨副。THK 公司采用滚珠保持架与滚珠构成一体的方式，保持滚珠平稳地进行循环运动，消除了滚珠间的相互摩擦，开发了噪声低、免维修、寿命长、速度可达 300m/min 的超高速直线运动 SSR 导轨副，并已开始推广。该导轨副在 100m/min 运动速度下噪声小于 50dB，摩擦波动幅度减小为以往产品的 1/5，另外，通过了一次加油脂 $2cm^3$，运行 2800km 的试验。今后，带滚珠保持架的直线导轨副将逐渐成为高档数控机床选用的主流。

② THK 智能驱动系统。日本的 THK 智能驱动系统（intelligent actuator），以直流（direct current，DC）电机为动力，采用精密滚珠丝杠副、新型滚动直线导轨副来实现直线运动，是结构十分紧凑的组合部件，它具有有丰富的控制功能和方便操作的特点，可采用计算机数控（computer numerical control，CNC）技术控制。

③ 直线电动机和直线导轨并用。采用一体化直线电动机的滑台系统具有结构紧凑、运动中动力大的特点，同时滑台系统的定位精度也有所提高。SFK 直线系统有限公司与 Pratec 直线电动机制造厂进行合作，并于 1996 年开始推广一体化的直线电动机滑台系统产品。

④ 混合工作台。日本研制了一种新型的滚动直线导轨副工作台，它具有一套滑动电磁

块装置，可在定位加工时吸到导轨上以增加摩擦力，从而提高了系统的抗振性，所以它又称为混合工作台。

⑤ 带磁栅测量系统的滚动直线导轨副。瑞士的 Schineeber AG 公司与 Herdenhain GM. BH 合作开发了名为"Monorail"的滚动直线导轨副，它把直线运动的导向功能与磁栅数显的位移检测功能合二为一。磁化钢带粘贴在导轨的侧面，而拾取信号的磁头则与导轨副的滑块固定并与之同步运动。

⑥ 新材料制造的滚动直线导轨副。由于用户要求的多样化及使用环境的不同，出现了用新材料制造的滚动直线导轨副。例如，产品的导轨轴、滑块、钢球、密封端和保持器均采用不锈钢材料制作，而方向器采用合成树脂，因此耐腐蚀性提高。对于要求高温和真空用途的导轨，方向器可以采用不锈钢材料。此外，用陶瓷材料制造的滚动直线导轨副将会得到开发应用。

⑦ 直线传动组合单元。德国聂夫（NEFF）公司于 20 世纪 80 年代中期推出了"WIE-SEL"直线传动组合单元并获得德国专利，它是将滚珠丝杠副安装在铝合金制造的长方形内腔中，在铝合金框架上端镶嵌滚动导轨，导轨上滑块与螺母固定，滚珠丝杠副带动滑板做往复直线运动。这种滚动原件组成的直线传动装置具有高效、高速的特点，是工业机器人、自动化立体仓库、工厂自动化设备等的理想执行机构。

目前，在恶劣环境（如高粉尘浓度、强酸、强碱和高腐蚀场合）中使用直线导轨还有一定的局限性，但是随着直线导轨技术的日益完善，因直线导轨具有高速性、控制性、丰富的类型和功能等诸多突出的优点，可以预期，此机构作为一个功能部件将越来越多地用在机器人、数控机床等机械设备上。

11.2.1.2 带传动机构

带传动是利用张紧在带轮上的传动带与带轮的摩擦或啮合来传动的。带传动通常是由主动轮、从动轮和张紧在两轮上的环形带组成的。根据传动原理不同，带传动可分为摩擦传动型和啮合传动型两大类。

（1）摩擦传动型

摩擦传动型是利用传动带与带轮之间的摩擦力传递运动和动力的，如图 11-2 所示。摩擦传动型传动中，根据挠性带截面形状不同，可以分为以下五种。

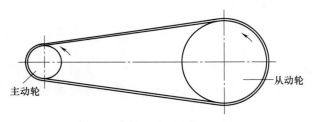

图 11-2　摩擦传动型带传动示意图

① 普通平带传动。平带传动中带的截面形状为矩形，工作时带的内面是工作面，与圆柱形带轮工作面接触，属于平面摩擦传动，如图 11-3（a）所示。

② V 带传动。V 带传动中带的截面形状为等腰梯形。工作时带的两侧面都是工作面，与带轮的环槽侧面接触，属于楔面摩擦传动。在相同的带张紧程度下，V 带传动的摩擦力要比平带传动的大 70%，因此其承载能力比平带传动高。在一般的机械传动中，V 带传动现已取代了平带传动，成为常用的带传动装置，如图 11-3（b）所示。

③ 多楔带传动。多楔带传动中带的截面形状为多楔形，多楔带是以平带为基体、内表面具有若干等距纵向 V 形楔的环形传动带，其工作面为楔的侧面，它具有平带柔软、V 带摩擦力大的特点，如图 11-3（c）所示。

④ 圆带传动。圆带传动中带的截面形状为圆形，圆形带有圆皮带、圆绳带、圆锦轮带

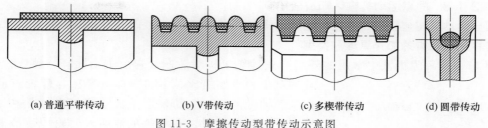

(a) 普通平带传动　　　(b) V带传动　　　(c) 多楔带传动　　　(d) 圆带传动

图 11-3　摩擦传动型带传动示意图

等，其传动能力小，主要用于带速 $V<15m/s$、传动比 $i=0.5\sim3$ 的小功率传动，如仪器和家用器械中，如图 11-3（d）所示。

⑤ 高速带传动。带速 $v>30m/s$，高速轴转速 $n=10000\sim50000r/min$ 的带传动属于高速带传动。

高速带传动要求运转平稳、传动可靠并具有一定的寿命。高速带常采用质量轻、薄面均匀、挠曲性好的环形平带，过去多用丝织带，近年来国内外普遍采用锦纶编织带、薄型锦纶片复合平带等。

高速带轮要求质量轻、结构对称均匀、强度高、运转时空气阻力小，通常采用钢或铝合金制造，带轮各个面均应进行精加工，并进行动平衡。为了防止带从带轮上滑落，大、小带轮轮缘表面都应加工出凸度，制成鼓形面或双锥面，如图 11-4 所示。在轮缘表面常开环形槽，以防止在带与轮缘表面间形成空气层而降低摩擦系数，影响正常传动。

（2）啮合传动型

啮合传动型是指同步带传动，同步带传动是靠带上的齿与带轮上的齿槽的啮合作业来传递运动和动力的。同步带传动工作时带与带轮之间不会产生相对滑动，能够获得准确的传动比，因此它兼有带传动和齿轮啮合传动的特性与优点。带的最基本参数是节距，它是在规定的张紧力下，同步带纵截面上相邻两齿对称中心线的直线距离，如图 11-5 所示。

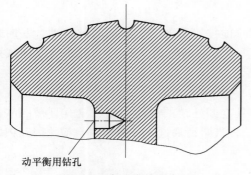

动平衡用钻孔

图 11-4　高速带轮示意图

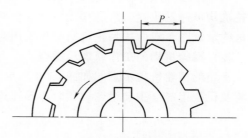

图 11-5　啮合传动型带传动示意图

由于啮合传动不是靠摩擦力传递动力，带预紧力可以很小，作用于带轮轴和其轴承上的力也小。其主要缺点在于制造和安装精度要求较高，中心距要求较严格。同步带在各种机械中的应用日益广泛。

总的来说，在两类带传动中，由于都采用带作为中间挠性元件来传递运动和动力，因此具有结构简单、传动平稳、缓冲吸振和能实现较大距离间的传动等特点。对摩擦型带传动还具有过载时将引起带在带轮上打滑，起到防止其他零件损坏的优点。其缺点是带与轮面之间存在相对滑动，导致传动效率低，传动比不准确，带的寿命较短。

11.2.1.3　间歇运动机构认知及应用

间歇运动机构包括棘轮机构、槽轮机构、不完全齿轮机构和凸轮间歇运动机构等。

（1）棘轮机构的工作原理和类型

图 11-6 所示为机械中常用的外啮合式棘轮机构示意图，它由主动摆杆、棘爪、棘轮、

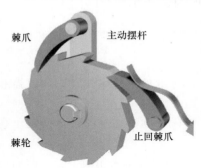

止回棘爪和机架组成。主动摆杆空套在与棘轮固定连接的从动轴上，并与驱动棘爪用转动副相连。当主动摆杆顺时针方向转动时，驱动棘爪便插入棘轮的齿槽中，使棘轮跟着转动一定角度，此时，止回棘爪阻止棘轮发生逆时针方向的转动，而驱动棘爪能够在棘轮齿背上滑过，这时棘轮静止不动。因此，当主动摆杆做连续往复摆动时，棘轮做单向间歇运动。

① 齿式棘轮机构和摩擦式棘轮机构。齿式棘轮机构结构简单，制造方便；动与停的时间比可通过选择合适的驱动机构实现。该机构的缺点是动程只能有级调节；

图 11-6　外啮合式棘轮机构示意图

噪声、冲击和磨损较大，故不宜用于高速。摩擦式棘轮机构是用偏心扇形楔块代替齿式棘轮机构的棘爪，以无齿摩擦代替棘轮。特点是传动平稳、无噪声，动程可无级调节，但因其靠摩擦力传动，会出现打滑现象，虽然可以起到安全保护作用，但是传动精度不高，只适用于低速、轻载的场合。

② 外啮合式与内啮合式棘轮机构。外啮合式棘轮机构的棘爪或楔块均安装在棘轮的外部，而内啮合式棘轮机构的棘爪或楔块均安装在棘轮的内部。外啮合式棘轮机构由于加工、安装和维修方便，应用较广。内啮合式棘轮机构的特点是结构紧凑，外形尺寸小。

③单动式和双动式棘轮机构。单动式棘轮机构，当主动摆杆按某一个方向摆动时，才能推动棘轮转动。双动式棘轮机构，在主动摆杆向两个方向往复摆动的过程中，分别带动两个棘爪，两次推动棘轮转动。双动式棘轮机构常用于载荷较大、棘轮尺寸受限、齿数较少、主动摆杆的摆角小于棘轮齿距的场合。

④ 双向式棘轮机构。以上介绍的棘轮机构都只能按一个方向做单向间歇运动。双向式棘轮机构可通过改变棘爪的摆动方向，实现棘轮两个方向的转动。图 11-7 所示为双向式棘轮机构示意图，双向式棘轮机构必须采用对称齿形。

（2）槽轮机构的工作原理和类型

常用的槽轮机构示意图如图 11-8 所示，其由具有圆柱销的主动销轮、具有直槽的从动槽轮及机架组成。主动销轮做顺时针等速连续转动，当圆销未进入径向槽时，槽轮因其内凹

图 11-7　双向式棘轮机构示意图

图 11-8　常用的槽轮机构示意图

的锁止弧被销轮外凸的锁止弧锁住而静止；当圆销开始进入径向槽时，两锁止弧脱开，槽轮在圆销的驱动下逆时针转动；当圆销开始脱离径向槽时，槽轮因另一锁止弧被锁住而静止，从而实现从动槽轮的单向间歇转动。

槽轮机构的类型及特点：

常见的槽轮机构有外啮合和内啮合两种形式，外啮合槽轮机构主动拨盘与从动槽轮转向相反，内啮合槽轮机构主动拨盘与从动槽轮转向相同。

槽轮机构结构简单、制造容易、工作可靠、机械效率较高，但由于槽轮在启动和停止时加速度的变化比较大，有冲击，随着转速的增加或槽轮槽数的减少而加剧，因此不适用于高速场合。

两类槽轮机构中，除从动轮转向不同外，内啮合槽轮机构结构紧凑，传动较平稳，槽轮停歇时间较短。实际中可根据这些特点选用所需的槽轮机构。

（3）不完全齿轮机构的工作原理和类型

不完全齿轮机构是从一般的渐开线齿轮机构演变而来的，与一般齿轮机构相比，最大的区别在于齿轮的轮齿未布满整个圆周。主动轮上有一个或几个轮齿，其余部分为外凸止弧，从动轮上有与主动轮轮齿相应的齿间和内凹锁止弧相间布置。不完全齿轮机构的主要形式有外啮合和内啮合两种，如图 11-9 所示。

图 11-9　内外啮合式不完全齿轮机构示意图

不完全齿轮机构的优点是设计灵活，从动轮的运动角范围大，很容易实现一个周期中的多次动、停时间不等的间歇运动；缺点是加工复杂，在进入和退出啮合时速度有突变，会引起刚性冲击，不适宜用于高速传动，主、从动轮不能互换。

不完全齿轮机构常用于多工位、多工序的自动机械或生产线上，实现工作台的间歇转位和进给运动等。

（4）凸轮式间歇运动机构的组成和工作原理

凸轮式间歇运动机构由主动凸轮、转盘和机架组成。转盘端面上固定有周向均布的若干滚珠。当凸轮连续运转时，可得到转盘的间歇转动，从而实现交错轴间的间歇运动。

凸轮式间歇运动机构有圆柱凸轮间歇运动机构和蜗杆凸轮间歇运动机构两种形式，如图 11-10 所示。圆柱凸轮的槽数和蜗杆凸轮的头数一般取 1，两种机构从动件的柱销数一般应大于 6。

凸轮　　　　　　　　凸轮

图 11-10　凸轮式间歇运动机构

棘轮机构、槽轮机构和不完全齿轮机构由于结构、运动和动力条件的限制，一般只能用于低速的场合。凸轮式间歇运动机构则可以通过合理地选择转盘的运动规律，使得机构传动平稳，动力特性较好，冲击力较小，而且转盘定位精确，不需要专门的定位装置，因此常用于高速转位（分度）机构中；但凸轮加工比较复杂、精度要求较高，装配调整也比较困难，在电机硅钢片的冲槽机、拉链嵌齿机、火柴包装机等机械装置中，都应用了凸轮间歇运动机构来实现高速分度运动。

凸轮

图 11-11　钻孔攻丝机转位机构

图 11-11 所示为钻孔攻丝机转位机构，其运动由变速箱传给圆柱凸轮，经转盘带动与其固连的工作台，使工作台获得间歇转位。

11.2.1.4　滚珠丝杠传动机构

滚珠丝杠副由丝杠及螺母两个配套件组成，是传动机械中精度最高，也是最常用的传动装置。滚珠丝杠副又名滚珠丝杆副或滚珠螺杆副。滚珠丝杠副螺旋传动除具有螺旋传动的一般特性（降速传动比大及牵引力大）外，与滑动螺旋传动相比，具有下列特性：

（1）传动效率高

在滚珠丝杠副中，自由滚动的滚珠将力与运动在丝杠与螺母之间传递。这一传动方式取代了传统螺纹丝杠副的丝杠与螺母间直接作用的方式，因此以极小滚动摩擦代替了传统丝杠的滑动摩擦，使滚珠丝杠副的传动效率达到 90% 以上，整个传动副的驱动力矩减小至滑动丝杠的 1/3，发热率也因此得以大幅降低。

（2）定位精度高

滚珠丝杠副发热率低，升温小，在加工过程中对丝杠采取预拉伸并预紧消除轴向间隙等措施，使滚珠丝杠副具有高的定位精度和重复定位精度。

（3）传动可逆性

滚珠丝杠副没有滑动丝杠的黏滞摩擦，消除了在传动过程中可能出现的爬行现象，滚珠丝杠副能够实现两种传动方式：将旋转运动转化为直线运动或将直线运动转化为旋转运行并传递动力。

（4）使用寿命长

由于对丝杠滚道形状的准确性、表面硬度、材料的选择等方面加以严格控制，滚珠丝杠副的实际寿命远高于滑动丝杠副。

（5）同步性能好

由于滚珠丝杠副运转顺滑，消除了轴向间隙及滑动丝杠传动中的滑移现象，采用多套滚珠丝杠副方案驱动同一装置或多个相同部件时，可以获得很好的同步工作。

11.2.1.5　齿轮传动机构认知及应用

（1）齿轮传动机构的特点

齿轮传动机构是现代机械中应用最广泛的传动机构，用于传递空间任意两轴或多轴之间的运动和动力。齿轮传动机构的主要优点是：传动效率高、结构紧凑、工作可靠、寿命长、传动比准确。齿轮传动机构的主要缺点是：制造及安装精度要求高、价格较贵，不适宜用于两轴间距离较大的场合。

（2）齿轮传动机构的分类

齿轮传动机构种类很多，按轴的相对位置、齿线相对齿轮体母线的相对位置、齿廓曲线、齿轮传动机构的工作条件和齿面的硬度有不同的分类。

按轴的相对位置可以分为平面齿轮传动机构（平行轴齿轮传动机构）和空间齿轮传动机构，其中空间齿轮传动机构又分为相交轴齿轮传动机构和交错轴齿轮传动机构。按齿线相对齿轮体母线的相对位置可以分为直齿齿轮传动机构、斜齿齿轮传动机构、人字齿齿轮传动机构和曲线齿齿轮传动机构。按齿廓曲线可以分为渐开线齿齿轮传动机构、摆线齿齿轮传动机构和圆弧齿齿轮传动机构。按齿轮传动机构的工作条件可以分为闭式传动齿轮传动机构、开式传动齿轮传动机构、半开式传动齿轮传动机构。闭式传动的齿轮封闭在箱体内，润滑良好；开式传动的齿轮是完全外露的，不能保证良好的润滑；半开式传动的齿轮浸在油池内，装有防护罩，不封闭。按齿面硬度可以分为软齿面（≤350HB）齿轮传动机构和硬齿面（＞350HB）齿轮传动机构。

（3）传动的基本要求

在齿轮传动机构的研究、设计和生产中，一般要满足以下两个基本要求：

① 传动平稳。在传动中保持瞬时传动比不变，冲击、振动及噪声尽量小。

② 承载能力大。在尺寸小、质量轻的前提下，要求齿轮的强度高、耐磨性好及寿命长。

11.2.2 机器人和辅助设备

工业机器人在机器人应用生产线中是以机器人工作站的形式出现的。所谓机器人工作站，即在某生产工位，由一台或多台机器人、工装夹具、辅助设备、输送设备等，共同完成工作的加工过程。设计人员不仅要对机器人的工作原理及本体结构有所了解（前面章节中有机器人的介绍），同时还应对机器人的外围设备及其与机器人之间的关系都有所掌握。

11.2.2.1 机器人的选择

在机器人的选择上可以从机器人的用途、机器人的自由度、机器人负载、机器人最大运动范围、重复定位精度、惯性力矩等方面考虑。

① 机器人的用途。机器人的用途决定了机器人的类型，像切割、搬运、焊接等工作都有专门的机器人。想要快速进行分拣工作，就可以选择 Delta 机器人；想要在狭小空间进行搬运，可以使用 SCARA 机器人；如果想要在工作过程中完成避障，就需要使用具有多自由度的机器人了。

② 机器人负载。机器人的负载决定了机器人工作时可以承载的最大重量，设计人员需要对生产线上配件的重量有一个认识，然后选择合适的重量。

③ 每一台工业机器人都有最大的运动范围和可以到达的最远距离，这时候就需要考虑它的运动范围是不是符合自己的需求。

④ 机器人的自由度。机器人的自由度也就是机器人的轴数，轴数越多机器人的自由度越大，机器人的灵活性也就越强，所能做的动作就可以更加复杂。如果只是用于简单的拾取放置工作，那么一个四轴机器人就足够完成这个工作了。但是如果在一个比较狭窄的空间完成特定的工作，那么机器人需要有很强的灵活性，那么六轴机器人是很好的选择。理论上，轴数越多，灵活性就越强，不过轴数越多需要做的编程工作就越复杂，这个需要视具体工作而定。

⑤ 速度。一般来说，机器人的详情表里都会给出一个最大速度，速度高的机器人效率会高一些，理论上完成工作的时间也会短一些。

⑥ 惯性力矩。机器人详情表里的惯性力矩和各轴的允许力矩对机器人的安全运行有着非常重要的影响，如果对力矩有一定的要求，需要仔细核对各轴的力矩是不是满足，如果超载可能会让机器人产生故障。

⑦ 重复定位精度。这个参数直接反映了机器人的精确性，机器人重复完成一个动作，到达一个位置会有一个误差，精度越高的机器人误差越小，一般的机器人误差都在±0.5mm 以内，如果你的应用对精度要求非常高，那么这个数据需要着重看一下；如果应用的精度要求不高，也没有必要选择重复定位精度非常高的产品。

11.2.2.2　外围设备的种类

机器人应用生产线的规模决定了工业机器人与外围设备的规格的不同。因为生产的产品或作业不同，外围设备的规格也是多种多样的。下面根据工业机器人的装卸、搬运作业和喷涂、焊接作业来选择工业机器人的种类和它们的主要外围设备。

① 压力机上的装卸作业。采用固定程序式机器人。主要的外围设备包括滑槽、供料装置、定位装置、取件装置、真空装置、修边压力装置等。

② 压铸加工的装卸作业。固定程序式（固定一种）、示教再现式（多种）机器人。主要的外围设备包括浇铸装置、冷却装置、修边压力机、脱模剂喷涂装置、工件检测装置等。

③ 喷涂作业。示教再现式机器人。根据程序的喷涂的范围、厚度等不同，包括传送带、工件探测、喷涂装置、喷枪等。

④ 切削加工的装卸作业。一般采用可变程序式、示教再现式、数字控制式机器人。硬件装置不变的情况下，根据程序的不同能生产出不同型号的同类产品。主要的外围设备包括传送带、上下料装置、定位装置、反转装置、随行夹具等。

⑤ 电焊作业。示教再现式机器人。根据程序的不同，电焊位置、力度、精细程度等不同，主要的外围设备包括焊接电源、时间继电器、次级电缆、焊枪、传送带、焊接夹具、夹紧装置等。

⑥ 电弧焊作业。示教再现式机器人。主要的外围设备包括弧焊装置、焊丝进给装置、焊柜、焊丝检测、焊接夹具等。

11.2.2.3　常用的电器器件

在常用的电器器件中主要分为输入器件、记忆器件和执行器件三类。其中输入器件包括主令电器、检测器件；记忆器件包括电磁继电器和干簧继电器。

（1）主令电器

主令电器一般包括手动按钮、开关、转换器、凸轮控制器等，其主要功能是完成开机、关机、切换、应急停机或调试等控制操作。主令电器给出的控制信号称为主令信号。

主令电器中最常用的还是按钮，按钮又分为常开按钮和常闭按钮。常开按钮在不按下时触点分开，在按下时触点合上。常闭按钮在不按下时触点闭合，在按下时触点分开。将常开触点和常闭触点装在一起的则是复合按钮。

（2）检测器件

检测器件通常包括行程开关、接近开关、压力继电器、速度继电器、热继电器、过电流继电器等器件，其主要功能是检测运动机件的行程或位置、压力、速度、热量、电流等物理量在自动控制过程中的状态，以此作为继电器逻辑控制电路按照控制规则进行决策的主要依据。

检测器件还可以包括时间继电器。这是一种特殊的检测器件，主要用于检测某过程执行的时间，以此作为继电器逻辑控制电路按照控制规则进行决策的又一特殊的依据。

检测器件给出的控制信号称为现场检测信号，简称检测信号。

行程开关是将运动部件的行程位置转换为输入信号的检测器件。其工作原理与按钮类似，当加工机械的运动部件运动到相应位置，碰撞压力行程开关时，则输出开关信号。与按钮不同的是，它是靠机械的外加力量使触点输出信号的，而按钮完全是靠手工完成的。由此可知，按钮反映的是人的意志，而行程开关反映的是控制过程中的状况。微动开关也是一种行程开关。

接近开关是一种非接触式的、电子式的运动部件行程位置检测装置。其作用与行程开关相同，但它实现了无触点化。除了用于替代行程开关外，接近开关还可以作为高速脉冲发生器、高速计数器等。主令信号和检测信号即构成控制线路的输入信号。

（3）电磁继电器

电磁继电器是一种最常见、用途最广泛的继电器。它主要由线圈、铁芯、衔铁（即动铁芯）、返回弹簧及动触头、静触头等构成。当线圈两端加上一定量的电压或线圈中通以一定量的电流时，铁芯磁化，衔铁（即动铁芯）就会在磁力的作用下克服返回弹簧的拉力吸向静触头，从而导致衔铁上的动触头闭合或断开。线圈未通电时处于断开状态的一对动、静触头称为常开触点，反之则称为常闭触点。线圈断电后，衔铁在返回弹簧的拉力下回到原位，使常开触点断开、常闭触点闭合。当一个动触头同时与一个静触头闭合而与另一个静触头断开时，就称它们为转换触点。一个电磁继电器可以有一对或数对常开触点或常闭触点（也可以二者兼有），也可以有一组或数组转换触点。一个继电器的线圈及其触头，可以用同一字母及序号数码来标注，如 J、J1、J2 等。

电磁继电器的功能与接触器迥然不同，它主要用于在控制电路中依据输入信号的状态（如行程开关触点的分合、电流的大小、电压的高低、时间的长短等）对应输出开关量的控制信号，而接触器只是输出执行功率信号。

电磁继电器有一些显著优点：①可以用小信号、弱信号来操动大信号、强信号，也就是说，它不仅具有信号转换和传递的功能，而且还有驱动的功能；②由于它可以采用多对接点，故可以方便地实现对多个对象的集中控制、连锁控制、多点控制；③可以实行远距离控制；④其操动快速、准确。

电磁继电器的种类很多，常见的有电压继电器、电流继电器、中间继电器和时间继电器等。电压继电器和电流继电器的区别主要在于线圈。电压继电器的线圈是与负载并联连接的，它是以负载电压为输入信号，因此其线圈导线细、匝数多。中间继电器实际上就是一种特殊的电压继电器，只不过它的主要目的不是反映电压，而是扩展触点的数量和容量。而电流继电器的线圈是与负载串联连接的，它是以负载电流为输入信号，因此其线圈导线粗、匝数少。时间继电器的输入信号是非电量——时间，这是与前 3 种都不相同的。电磁继电器按照加在线圈上的是直流电还是交流电而分为直流和交流继电器。

（4）干簧继电器

干簧继电器又称舌簧继电器，这种继电器分为线圈驱动和永磁驱动两种。当干簧继电器的线圈通电时，产生磁场，由导磁材料做成的干簧片被磁化而相吸，使被控电路接通。线圈断电后，干簧片失磁，在自身弹力作用下分开，使被控电路切断。而永磁干簧继电器在永久磁铁靠近干簧片时使其磁化而相吸，使被控电路接通，磁铁离开时，干簧片靠自身的弹力分开，使被控电路切断。干簧继电器一般只有一对干簧片常开触点。

（5）热继电器

热继电器是反映热量的继电器。热继电器的核心是双金属片，它是由两种热胀系数显著不同的金属片复合在一起压轧而成的。当热继电器通电时，加热装置亦通电加热，由于双金属片上层 a 片的热胀系数大于下层 b 片的热胀系数，当温度升高到一定程度时，双金属片就会向下弯曲，使常闭触点断开，常开触点闭合。该继电器主要用于保护电动机或其他负载，避免其过载或断相以致严重过热而烧毁设备。其主要缺点是：发热元件间接加热双金属片，热耦合程度较差，双金属片的变形不能正确反映所保护对象的热特性，易产生较大误差。

(6) 时间继电器

在获得有效输入信号后，延迟一段时间再动作的继电器叫作时间继电器。时间继电器与电磁继电器的结构类似，它采用不同的方法，使线圈在通电或断电的瞬间衔铁不能立即吸合或释放。按照所采用的不同方法（如短路铜套涡流式、气囊式、电动机式或电子延时电路式等），时间继电器划分为电磁式、空气阻尼式、电动机式及半导体式等。

(7) 执行器件

执行器件可分为有记忆功能和无记忆功能两种。有记忆功能的执行器件有各种容量的接触器、继电器等。无记忆功能的执行器件有电磁阀、电磁铁、微电机、灯光负载、音量负载等。

执行器件的主要功能是直接控制生产装置执行移动、转动、升降、正反转、开闭、分合等，以完成相应的生产任务。在执行机构中，由于要驱动大的负载，往往还需使用接触器。接触器是在继电器控制电路中用来接通或切断电路中负载的一种器件，故继电器控制电路往往又被称为继电接触控制电路。接触器有交流接触器与直流接触器之分。

接触器和继电器的工作原理大致一样，区别在于接触器多是用来接通或切断控制电路中主要回路的较大电流负载，因而其主触点容量较大（且一般有多对）；而继电器多是用来接通或切断继电器逻辑控制电路中控制回路的较小电流或电压信号，因而其触点容量较小（一般也可有多对）。

11.2.2.4 驱动系统

机器人的驱动系统是直接驱使各运动部件动作的机构，对工业机器人的性能和功能影响很大。工业机器人的动作自由度多，运动速度较快，驱动元件本身大多安装在活动机架（手臂和转台）上。这些特点要求工业机器人驱动系统的设计必须做到外形小、质量轻、工作平稳可靠。另外，由于工业机器人能任意多点定位，工作程序又能灵活改变，所以在一些比较复杂的机器人中，通常采用伺服系统。机器人关节驱动方式有液压式、气动式和电机式。

(1) 液压系统的组成

① 油泵：供给液压驱动系统压力油，将电动机输出的机械能转换为油液的压力能，用压力油驱动整个液压系统工作。

② 液动机：是压力油驱动运动部件对外工作的部分。手臂做直线运动，液动机就是手臂伸缩油缸。作回转运动的液动机，一般叫作油马达；回转角度小于 $360°$ 的液动机，一般叫回转油缸（或摆动油缸）。

③ 控制调节装置：各种阀类，如单向阀、换向阀、节流阀、调速阀、减压阀、顺序阀等，分别起一定的作用，使机器人的手臂、手腕、手指等能够完成所要求的运动。

④ 辅助装置：如油箱、滤油器、储能器、管路和管接头以及压力表等。

(2) 液压驱动系统的特点

① 能得到较大的输出力或力矩；

② 输出力和运动速度控制较容易；

③ 可达到较高的定位精度；

④ 滞后现象小，反应较灵敏，传动平稳；

⑤ 系统的泄漏难以避免；

⑥ 油液的黏度对温度的变化很敏感。

（3）气动驱动系统的组成

① 气动执行机构。气动执行机构包括气缸、气动马达。

气缸：利用压缩空气的压力能转换为机械能的一种能量转换装置。

气动马达（气马达）：将压缩空气的压力能转变为机械能的能量转换装置。它输出力矩，驱动机构做回转运动。

② 气源系统。压缩空气是保证气压系统正常工作的动力源。

气源净化辅助设备包括后冷却器、油水分离器、贮气罐、干燥器、过滤器等。

后冷却器：安装在空气压缩机出口处的管道上，它的作用是使压缩空气降温。

油水分离器：将水、油分离出去。

贮气罐：存贮较大量的压缩空气，以供给气动装置连续稳定的压缩空气，并可减少由于气流脉动所造成的管道振动。

过滤器：空气的过滤是为了得到纯净而干燥的压缩空气能源。

③ 空气控制阀和气动逻辑元件。空气控制阀是气动控制元件，它的作用是控制和调节气路系统中压缩空气的压力、流量和方向，从而保证气动执行机构按规定的程序正常地进行工作。

空气控制阀有压力控制阀、流量控制阀和方向控制阀三类。

气动逻辑元件通过可动部件的动作，进行元件切换而实现逻辑功能。

（4）气动驱动系统存在以下优点

① 空气取之不竭，用过之后排入大气，不需回收和处理，不污染环境，偶然地或少量地泄漏不至于对生产造成严重的影响。

② 压缩空气的工作压力较低，因此对气动元件的材质和制造精度要求可以降低。一般说来，往复运动推力在 1~2t 以下用气动经济性较好。

③ 空气的黏性很小，管路中压力损失也就很小（一般气路阻力损失不到油路阻力损失的千分之一），便于远距离输送。

④ 与液压传动相比，它的动作和反应较快，这是气动的突出优点之一。

⑤ 可安全地应用在易燃、易爆和粉尘大的场合，便于实现过载自动保护。

⑥ 空气介质清洁，亦不会变质，管路不易堵塞。

（5）气动驱动系统存在以下缺点

① 气控信号比电子和光学控制信号慢得多，它不能用在信号传递速度要求很高的场合。

② 由于空气的可压缩性，致使气动工作的稳定性差，因而造成执行机构运动速度和定位精度不易控制。

③ 由于使用气压较低，输出力不可能太大，为了增加输出力，必然是整个气动系统的结构尺寸加大。

④ 气动的效率较低，这是由于空气压缩机的效率为 55%，压缩空气用过之后排空又损失了一部分能量。

（6）电动驱动系统

电动驱动（电气驱动）是利用各种电动机产生的力或力矩，直接经过减速机构去驱动机器人的关节，以获得所要求的位置、速度和加速度。

电动机驱动可分为普通交、直流电机驱动，交、直流伺服电动机驱动和步进电动机驱动。

（7）步进电机驱动

步进电机是一种将电脉冲信号转换成相应的角位移或直线位移的数字/模拟装置。

驱动器，又称驱动电源，包括脉冲分配器和功率放大器。

脉冲分配器根据指令将脉冲信号按一定的逻辑关系输入功率放大器，使各相绕组按一定的顺序和时间导通和切断，并根据指令使电机正转、反转，实现确定的运行方式。

步进电机驱动的特点：

① 输出角与输入脉冲严格成比例，且在时间上同步。

② 容易实现正反转和启、停控制，启停时间短。

③ 直接用数字信号控制，与计算机接口方便。

④ 输出转角的精度高，无积累误差。

⑤ 维修方便，寿命长。

（8）直流伺服电机驱动

20世纪70年代研制了大惯量宽调速直流电动机，尽量提高转矩，改善动态特性，既具有一般直流伺服电动机的优点，又具有小惯量直流伺服电动机的快速响应性能，易与大惯量负载匹配，能较好地满足伺服驱动的要求，因而在高精度数控机床和工业机器人等机电一体化产品中得到了广泛应用。

在20世纪80年代以前，机器人广泛采用永磁式直流伺服电动机作为执行机构。近年来，直流伺服电机受到无刷电动机的挑战和冲击，但在中小功率的系统中，永磁式直流伺服电动机的应用比例仍较高。

优点：启动转矩大，体积小，质量轻，转速易控制，效率高。

缺点：有电刷和换向器，需要定期维修、更换电刷，电动机使用寿命短、噪声大。

（9）无刷伺服电动机驱动

将交流电动机的定子和转子互换位置，形成无刷电动机。转子由永磁铁组成，定子绕有通电线圈，并安装用于检测转子位置的霍尔元件、光码盘或旋转编码器。无刷电动机的检测元件检测转子的位置，决定电流的换向。同直流电动机相比，无刷电动机具有以下优点：

① 无刷电动机没有电刷，不需要定期维护，可靠性更高。

② 克服大电流在机械式换向器换向时易产生火花、电蚀的问题，因而可以制造更大容量的电动机。

③ 没有机械换向装置，因而有更高的转速。

机器人驱动系统各有其优缺点，通常对机器人驱动系统的要求包括以下几方面：

① 驱动系统的质量应尽可能轻，单位质量的输出功率和效率高；

② 驱动尽可能灵活，位移偏差和速度偏差小；

③ 安全可靠，对环境无污染，噪声小；

④ 反应速度快，即要求力矩质量比和力矩转动惯量比大，能够进行频繁的起、制动，正、反转切换；

⑤ 操作和维护方便；

⑥ 经济上合理，尤其要尽量减少占地面积。

11.2.3 控制系统设计

机器人应用生产线的控制系统一般由电气控制柜和机器人控制柜组成。电气控制柜控制整个系统的协调工作，主要由 PLC、传感器、人机界面、电源单元（漏开，空开）、开关电源、继电器转接板、继电器、现场总线等组成。机器人控制柜电气部分主要包含：机器人供电电源开关、机器人输入/输出信号、机器人外部急停信号。下面分别介绍几种主要的相关技术。

11.2.3.1 PLC 技术

可编程逻辑控制器（programmable logic controller，PLC）又称可编程控制器，是专门为工业生产设计的一种数字运算操作的电子装置，是工业控制的核心部分。目前，分布式控制系统（distributed control system，DCS）中已有大量的可编程控制器应用。伴随着计算机网络技术的发展，PLC 作为自动化控制网络和国际通用网络的重要组成部分，将在工业及工业以外的众多领域中发挥越来越大的作用。

（1）PLC 的概念

PLC 是一种数字逻辑运算的电子系统，专为工业环境应用而设计。它采用可编程的存储器，用于在内部存储器执行逻辑运算、顺序控制、定时、计数和算术运算等操作的指令，并通过数字式、模拟式的输入和输出，控制各种类型的机械或生产过程。PLC 及其相关设备，都应按易于与工业控制器系统连成一体、易于扩充功能的原则设计。

（2）PLC 的功能

目前，PLC 在国内外已广泛应用于钢铁、石油、化工、电力、建材、机械制造、汽车、轻纺、交通运输、环保、水处理及文化娱乐等各个行业，使用情况大致可归纳为如下几类。

① 开关量的逻辑控制。这是 PLC 最基本、最广泛的应用领域，它取代传统的继电器电路，实现逻辑控制、顺序控制，既可用于单台设备的控制，也可用于多机群控及自动化流水线，如注塑。

② 模拟量控制。在工业生产过程当中，有许多连续变化的量，如温度、压力、流量、液位和速度等都是模拟量。为了使可编程控制器处理模拟量，必须实现模拟量（analog）和数字量（digital）之间的 A/D 转换及 D/A 转换。PLC 厂家都生产配套的 A/D 和 D/A 转换模块，使可编程控制器用于模拟量控制。

③ 过程控制。过程控制是指对温度、压力、流量等模拟量的闭环控制。作为工业控制计算机，PLC 能编制各种各样的控制算法程序，完成闭环控制。PID 调节是一般闭环控制系统中用得较多的调节方法。大中型 PLC 都有 PID 模块，目前许多小型 PLC 也具有此功能模块。PID 处理一般是运行专用的 PID 子程序。过程控制在冶金、化工、热处理、锅炉控制等场合有非常广泛的应用。

④ 运动控制。PLC 可以用于圆周运动或直线运动的控制。从控制机构配置来说，早期直接用开关量 I/O 模块连接位置传感器和执行机构，现在一般使用专用的运动控制模块，如可驱动步进电机或伺服电机的单轴或多轴位置控制模块。世界上各主要 PLC 厂家的产品几乎都有运动控制功能，广泛用于各种机械、机床、机器人、电梯等场合。

⑤ 数据处理。现代 PLC 具有数学运算（含矩阵运算、函数运算、逻辑运算）、数据转换、数据传送、查表、排序、位操作等功能，可以完成数据的采集、分析及处理。这些数据可以与存储在存储器中的参考值比较，完成一定的控制操作，也可以利用通信功能传送到别的智能装置，或将它们打印制表。数据处理一般用于大型控制系统，如无人控制的柔性制造系统；也可用于过程控制系统，如造纸、冶金、食品工业中的一些大型控制系统。

⑥ 通信及联网。PLC 通信含 PLC 间的通信及 PLC 与其他智能设备间的通信。随着计算机控制的发展，工厂自动化网络发展得很快，各 PLC 厂商都十分重视 PLC 的通信功能，

纷纷推出各自的网络系统。新近生产的 PLC 都具有通信接口，通信非常方便。

简言之，PLC 主要是用来实现工业现场自动化程序控制的，但是现在因为其软硬件的发展功能越来越强大，成本也越来越低，其应用不仅限于工业，另外，近年来国家大力推动产业转型，工业自动化越来越成为主流，作为实现工业自动化的中坚力量——PLC 控制，其有着非常广阔的前景。

(3) PLC 的特点

① 可靠性高，抗干扰能力强。高可靠性是电气控制设备的关键性能。PLC 由于采用现代大规模集成电路技术，采用严格的生产工艺制造，内部电路采取了先进的抗干扰技术，具有很高的可靠性。使用 PLC 构成控制系统，和同等规模的继电接触器系统相比，电气接线及开关接点已减少到数百甚至数千分之一，故障也就大大降低。此外，PLC 带有硬件故障自我检测功能，出现故障时可及时发出警报信息。在应用软件中，应用者还可以编入外围器件的故障自诊断程序，使系统中除 PLC 以外的电路及设备也获得故障自诊断保护。这样，整个系统将有极高的可靠性。

② 配套齐全，功能完善，适用性强。PLC 发展到今天，已经形成了各种规模的系列化产品，可以用于各种规模的工业控制场合。除了逻辑处理功能以外，PLC 大多具有完善的数据运算能力，可用于各种数字控制领域。多种多样的功能单元大量涌现，使 PLC 渗透到了位置控制、温度控制、CNC 等各种工业控制中，加上 PLC 通信能力的增强及人机界面技术的发展，使用 PLC 组成各种控制系统变得非常容易。

③ 编制程序简单，易学易用，深受工程技术人员欢迎。PLC 是面向工矿企业的工控设备。它接口容易，编程语言易于为工程技术人员接受。梯形图语言的图形符号与表达方式和继电器电路图相当接近，只用 PLC 的少量开关量逻辑控制指令就可以方便地实现继电器电路的功能，为不熟悉电子电路、不懂计算机原理和汇编语言的人从事工业控制打开了方便之门。

④ 系统的设计工作量小，容易改造，扩充容易。PLC 用存储逻辑代替接线逻辑，大大减少了控制设备外部的接线，使控制系统设计及建造的周期大为缩短。更重要的是使同一设备经过改变程序而改变生产过程成为可能。这特别适合多品种、小批量的生产场合。而且，PLC 产品开发有大量的扩展单元或不同规模、不同功能的模块，因此用户扩充系统的规模或功能都非常方便。

⑤ 体积小，质量轻，维护方便。PLC 体积小、质量轻，且由于有自诊断功能，能及时将故障点显示给维修人员，因此排除故障相对要顺利、简单。并且 PLC 组装、连接简单，维修时有更换整个单元或模块的方法，所以特别方便。

(4) PLC 的硬件组成

PLC 的硬件主要由中央处理器（CPU）、存储器、输入单元、输出单元、通信接口、扩展接口电源等部分组成。其中，CPU 是 PLC 的核心，输入单元与输出单元是连接现场输入/输出设备与 CPU 之间的接口电路，通信接口用于与编程器、上位计算机等外设连接。

对于整体式 PLC，所有部件都装在同一机壳内，其组成框图如图 11-12 所示；对于模块式 PLC，各部件独立封装成模块，各模块通过总线连接，安装在机架或导轨上，其组成框图如图 11-13 所示。无论是哪种结构类型的 PLC，都可根据用户需要进行配置与组合。

尽管整体式与模块式 PLC 的结构不太一样，但各部分的功能作用是相同的，下面对 PLC 主要组成各部分进行简单介绍。

① 中央处理器（CPU）。中央处理器是可编程控制器的核心部分，它包括微处理器和控

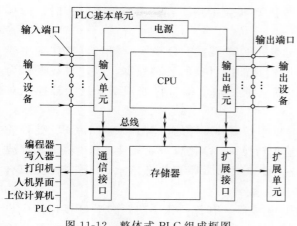

图 11-12 整体式 PLC 组成框图

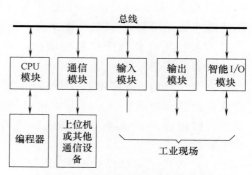

图 11-13 模块式 PLC 组成框图

制接口电路。微处理器是可编程控制器的运算和控制中心，由它实现数字运算、逻辑运算，协调控制系统内部各部分的工作。它的运行是按照系统程序所赋予的任务进行的。其主要任务有：控制从编程器输入的用户程序和数据的接收与储存；用扫描的方式通过输入部件接收现场的状态或数据，并存入输入映像寄存器或数据存储器中；诊断电源、PLC 内部电路的工作故障和编程中的语法错误等；PLC 进入运行状态后，从存储器逐条读取用户指令，经过命令解析后按指令规定的任务进行数据传递、数字运算或逻辑运算等；根据运算结果，更新有关标志位的状态和输出映像寄存器的内容，再经由输出部件实现输出控制、表打印或数据通信等功能。

可编程控制器常用的微处理器主要有通用微处理器、单片机、位片式微处理器。一般来说，小型 PLC 大多采用 8 位微处理器或单片机作为 CPU，如：Z80 A、8085、8031 等，具有加工低、普及通用性好等特点。

② 存储器。存储器主要有两种：一种是可读/写操作的随机存储器 RAM，另一种是只读存储器 ROM、PROM 、EPROM 和 EEPROM。在 PLC 中，存储器主要用于存放系统程序、用户程序及工作数据。

系统程序是由 PLC 的制造厂家编写的，和 PLC 的硬件组成有关，完成系统诊断、命令解释、功能子程序调用管理、逻辑运算、通信及各种参数设定等功能，提供 PLC 运行的平台。系统程序关系到 PLC 的性能，而且在 PLC 使用过程中不会变动，所以是由制造厂家直接固化在只读存储器 ROM、PROM 或 EPROM 中，用户不能访问和修改。

用户程序是随 PLC 的控制对象而定的，是由用户根据对象生产工艺的控制要求而编制的应用程序。为了便于读出、检查和修改，用户程序一般存于 CMOS 静态 RAM 中，用锂电池作为后备电源，以保证掉电时不会丢失信息。为了防止干扰对 RAM 中程序的破坏，当用户程序运行正常，不需要改变时，可将其固化在只读存储器 EPROM 中。现在有许多 PLC 直接采用 EEPROM 作为用户存储器。

工作数据是 PLC 运行过程中经常变化、经常存取的一些数据，存放在 RAM 中，以适应随机存取的要求。在 PLC 的工作数据存储器中，设有存放输入输出继电器、辅助继电器、定时器、计数器等逻辑器件的存储区，这些器件的状态都是由用户程序的初始设置和运行情况而确定的。根据需要，部分数据在掉电时用后备电池维持其现有的状态，这部分在掉电时可保存数据的存储区域称为保持数据区。

由于系统程序及工作数据与用户无直接联系，所以在 PLC 产品样本或使用手册中所列存储器的形式及容量是指用户程序存储器。当 PLC 提供的用户存储器容量不够用时,许多 PLC 还提供存储器扩展功能。

③ 输入/输出单元。输入/输出单元通常也称 I/O 单元或 I/O 模块,是 PLC 与工业生产现场之间的连接部件。PLC 通过输入接口可以检测被控对象的各种数据,以这些数据作为 PLC 对被控制对象进行控制的依据;同时 PLC 又通过输出接口将处理结果送给被控制对象,以实现控制目的。

由于外部输入设备和输出设备所需的信号电平是多种多样的,而 PLC 内部 CPU 处理的信息只能是标准电平,所以 I/O 接口要实现这种转换。I/O 接口一般都具有光电隔离和滤波功能,以提高 PLC 的抗干扰能力。另外,I/O 接口上通常还有状态指示,工作状况直观,便于维护。

PLC 提供了多种操作电平和驱动能力的 I/O 接口,有各种各样功能的 I/O 接口供用户选用。I/O 接口的主要类型有:数字量(开关量)输入、数字量(开关量)输出、模拟量输入、模拟量输出等。

常用的开关量输入接口按其使用的电源不同有三种类型:直流输入接口、交流输入接口和交/直流输入接口。常用的开关量输出接口按输出开关器件不同有三种类型:继电器输出、晶体管输出和双向晶闸管输出。继电器输出接口可驱动交流或直流负载,但其响应时间长,动作频率低;而晶体管输出和双向晶闸管输出接口的响应速度快,动作频率高,但前者只能用于驱动直流负载,后者只能用于交流负载。

PLC 的 I/O 接口所能接收的输入信号个数和输出信号个数称为 PLC 输入/ 输出(I/O)点数。I/O 点数是选择 PLC 的重要依据之一。当系统的 I/O 点数不够时,可通过 PLC 的 I/O 扩展接口对系统进行扩展。

④ 通信接口。PLC 配有各种通信接口,这些通信接口一般都带有通信处理器。PLC 通过这些通信接口可与监视器、打印机、其他 PLC、计算机等设备实现通信。PLC 与打印机连接,可将过程信息、系统参数等输出打印;与监视器连接,可将控制过程图像显示出来;与其他 PLC 连接,可组成多机系统或连成网络,实现更大规模控制;与计算机连接,可组成多级分布式控制系统,实现控制与管理相结合。

远程 I/O 系统也必须配备相应的通信接口模块。

⑤ 智能接口模块。智能接口模块是一独立的计算机系统,它有自己的 CPU、系统程序、存储器以及与 PLC 系统总线相连的接口。它作为 PLC 系统的一个模块,通过总线与 PLC 相连,进行数据交换,并在 PLC 的协调管理下独立地进行工作。

PLC 的智能接口模块种类很多,如:高速计数模块、闭环控制模块、运动控制模块、中断控制模块等。

⑥ 编程装置。编程装置的作用是编辑、调试、输入用户程序,也可在线监控 PLC 内部状态和参数,与 PLC 进行人机对话。它是开发、应用、维护 PLC 不可缺少的工具。编程装置可以是专用编程器,也可以是配有专用编程软件包的通用计算机系统。专用编程器由 PLC 厂家生产,专供该厂家生产的某些 PLC 产品使用,它主要由键盘、显示器和外存储器接插口等部件组成。专用编程器有简易编程器和智能编程器两类。

简易型编程器只能联机编程,而且不能直接输入和编辑梯形图程序,需将梯形图程序转化为指令表程序才能输入。简易编程器体积小、价格便宜,它可以直接插在 PLC 的编程插座上,或者用专用电缆与 PLC 相连,以方便编程和调试。有些简易编程器带有存储盒,可用来储存用户程序,如三菱的 FX-20P-E 简易编程器。

智能编程器又称图形编程器，本质上它是一台专用便携式计算机，如三菱的 GP-80FX-E 智能型编程器。它既可联机编程，又可脱机编程，可直接输入和编辑梯形图程序，使用更加直观、方便，但价格较高，操作也比较复杂。大多数智能编程器带有磁盘驱动器，提供录音机接口和打印机接口。

专用编程器只能对指定厂家的几种 PLC 进行编程，使用范围有限，价格较高。同时，由于 PLC 产品不断更新换代，所以专用编程器的生命周期也十分有限。因此，现在的趋势是使用以个人计算机为基础的编程装置，用户只要购买 PLC 厂家提供的编程软件和相应的硬件接口装置。这样，用户只用较少的投资即可得到高性能的 PLC 程序开发系统。

基于个人计算机的程序开发系统功能强大。它既可以编制、修改 PLC 的梯形图程序，又可以监视系统运行、打印文件、系统仿真等，配上相应的软件还可实现数据采集和分析等许多功能。

⑦ 电源。PLC 配有开关电源，以供内部电路使用。与普通电源相比，PLC 电源的稳定性好、抗干扰能力强。对电网提供的电源稳定度要求不高，一般允许电源电压在其额定值±15% 的范围内波动。许多 PLC 还向外提供直流 24V 稳压电源，用于对外部传感器供电。

⑧ 其他外部设备。除了以上所述的部件和设备外，PLC 还有许多外部设备，如 EPROM 写入器、外存储器、人/机接口装置等。

EPROM 写入器是用来将用户程序固化到 EPROM 存储器中的一种 PLC 外部设备。为了使调试好的用户程序不易丢失，经常用 EPROM 写入器将 PLC 内 RAM 保存到 EPROM 中。

PLC 内部的半导体存储器称为内存储器。有时可用外部的磁带、磁盘和用半导体存储器作成的存储盒等来存储 PLC 的用户程序，这些存储器件称为外存储器。外存储器一般是通过编程器或其他智能模块提供的接口，实现与内存储器之间相互传送用户程序的。

人/机接口装置用来实现操作人员与 PLC 控制系统的对话。最简单、最普遍的人/机接口装置由安装在控制台上的按钮、转换开关、拨码开关、指示灯、LED 显示器、声光报警器等器件构成。对于 PLC 系统，还可采用半智能型 CRT 人/机接口装置和智能型终端人/机接口装置。半智能型 CRT 人/机接口装置可长期安装在控制台上，通过通信接口接收来自 PLC 的信息并在 CRT 上显示出来；而智能型终端人/机接口装置有自己的微处理器和存储器，能够与操作人员快速交换信息，并通过通信接口与 PLC 相连，也可作为独立的节点接入 PLC 网络。

(5) PLC 的工作原理

PLC 是采用"顺序扫描，不断循环"的方式进行工作的，即在 PLC 运行时，CPU 根据用户按控制要求编制好并存于用户存储器中的程序，按指令序号（或地址序号）做周期性循环扫描，如无跳转指令，则从第一条指令开始逐条顺序执行用户程序，直到程序结束。然后重新返回第一条指令，开始下一轮新的扫描。在每次扫描过程中，还要完成对输入信号的采样和对输出状态的刷新等工作。当 PLC 投入运行后，一个扫描周期的工作过程一般分为三个阶段，即输入采样、用户程序执行和输出刷新三个阶段。

① 输入采样阶段。在输入采样阶段，PLC 以扫描方式依次地读入所有输入状态和数据，并将它们存入 I/O 映像区中相应的单元内。输入采样结束后，转入用户程序执行和输出刷新阶段。在这两个阶段中，即使输入状态和数据发生变化，I/O 映像区中的相应单元的状态和数据也不会改变。因此，如果输入是脉冲信号，则该脉冲信号的宽度必须大于一个扫描周期，才能保证在任何情况下，该输入均能被读入。

② 用户程序执行阶段。在用户程序执行阶段，PLC 总是按由上而下的顺序依次地扫描用户程序（梯形图）。在扫描每一条梯形图时，又总是先扫描梯形图左边的由各触点构成的控制线路，并按先左后右、先上后下的顺序对由触点构成的控制线路进行逻辑运算，然后根据逻辑运算的结果，刷新该逻辑线圈在系统 RAM 存储区中对应位的状态，或者刷新该输出线圈在 I/O 映像区中对应位的状态，或者确定是否要执行该梯形图所规定的特殊功能指令。

即，在用户程序执行过程中，只有输入点在 I/O 映像区内的状态和数据不会发生变化，而其他输出点和软设备在 I/O 映像区或系统 RAM 存储区内的状态和数据都有可能发生变化，而且排在上面的梯形图，其程序执行结果会对排在下面的凡是用到这些线圈或数据的梯形图起作用；相反，排在下面的梯形图，其被刷新的逻辑线圈的状态或数据只能到下一个扫描周期才能对排在其上面的程序起作用。

③ 输出刷新阶段。当扫描用户程序结束后，PLC 就进入输出刷新阶段。在此期间，CPU 按照 I/O 映像区内对应的状态和数据刷新所有的输出锁存电路，再经输出电路驱动相应的外设。这时，才是 PLC 的真正输出。

同样的若干条梯形图，其排列次序不同，执行的结果也不同。另外，采用扫描用户程序的运行结果与继电器控制装置的硬逻辑并行运行的结果有所区别。当然，如果扫描周期所占用的时间对整个运行来说可以忽略，那么二者之间就没有什么区别了。

一般来说，PLC 的扫描周期包括自诊断、通信等，即一个扫描周期等于自诊断、通信、输入采样、用户程序执行、输出刷新等所有时间的总和。

(6) PLC 的编程语言

PLC 的编程语言与一般计算机语言相比具有明显的特点，它既不同于一般的高级语言，也不同于一般的汇编语言，它既要易于编写又要易于调试。目前，还没有一种对各厂家产品都能兼容的编程语言。

目前，PLC 为用户提供了多种编程语言，以适应编制用户程序的需要，PLC 提供的编程语言通常有以下几种：梯形图、指令表、顺序功能图、功能块图和结构化文本语言，如图 11-14 所示。

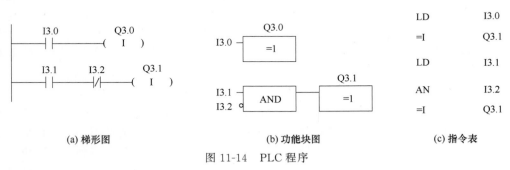

(a) 梯形图   (b) 功能块图   (c) 指令表

图 11-14　PLC 程序

① 梯形图语言（LD）。梯形图语言是 PLC 程序设计中最常用的编程语言。它是与继电器线路类似的一种编程语言，也是 PLC 编程最简单的语言。由于电气设计人员对继电器控制较为熟悉，因此，梯形图编程语言得到了广泛的欢迎和应用。梯形图编程语言的特点是：与电气操作原理图相对应，具有直观性和对应性；与原有继电器控制相一致，电气设计人员易于掌握。梯形图编程语言与原有的继电器控制的不同点是，梯形图中的能流不是实际意义的电流，内部的继电器也不是实际存在的继电器，应用时，需要与原有继电器控制的概念区别对待。

② 指令表语言（IL）。指令表编程语言是与汇编语言类似的一种助记符编程语言，和汇编语言一样由操作码和操作数组成。在无计算机的情况下，适合采用 PLC 手持编程器对用户程序进行编制。同时，指令表编程语言与梯形图编程语言图一一对应，在 PLC 编程软件下可以相互转换。

指令表编程语言的特点是：采用助记符来表示操作功能，容易记忆，便于掌握；在手持编程器的键盘上采用助记符表示，便于操作，可在无计算机的场合进行编程设计；与梯形图有一一对应关系。其特点与梯形图语言基本一致。

③ 功能模块图语言（FBD）。功能模块图语言是与数字逻辑电路类似的一种 PLC 编程语言。采用功能模块图的形式来表示模块所具有的功能，不同的功能模块有不同的功能。

功能模块图编程语言的特点：以功能模块为单位，分析理解控制方案简单容易；功能模块是用图形的形式表达功能，直观性强，具有数字逻辑电路基础的设计人员很容易掌握；对规模大、控制逻辑关系复杂的控制系统，由于功能模块图能够清楚表达功能关系，使编程调试时间大大减少。

④ 顺序功能流程图语言（SFC）。顺序功能流程图语言是为了满足顺序逻辑控制而设计的编程语言。编程时将顺序流程动作的过程分成步和转换条件，根据转移条件对控制系统的功能流程顺序进行分配，一步一步地按照顺序动作。每一步代表一个控制功能任务，用方框表示。在方框内含有用于完成相应控制功能任务的梯形图逻辑。这种编程语言使程序结构清晰，易于阅读及维护，大大减轻编程的工作量，缩短编程和调试时间，用于系统的规模较大、程序关系较复杂的场合。

顺序功能流程图编程语言的特点：以功能为主线，按照功能流程的顺序分配，条理清楚，便于用户对程序的理解；避免梯形图或其他语言不能顺序动作的缺陷，同时也避免了用梯形图语言对顺序动作编程时，由于机械互锁造成用户程序结构复杂、难以理解的缺陷；用户程序扫描时间也大大缩短。

⑤ 结构化文本语言（ST）。结构化文本语言是用结构化的描述文本来描述程序的一种编程语言。它是类似于高级语言的一种编程语言。在大中型的 PLC 系统中，常采用结构化文本来描述控制系统中各个变量的关系，主要用于其他编程语言较难实现的用户程序编制。

结构化文本编程语言采用计算机的描述方式来描述系统中各种变量之间的各种运算关系，完成所需的功能或操作。大多数 PLC 制造商采用的结构化文本编程语言与 BASIC 语言、PASCAL 语言或 C 语言等高级语言相类似，但为了应用方便，在语句的表达方法及语句的种类等方面都进行了简化。结构化文本编程语言的特点：采用高级语言进行编程，可以完成较复杂的控制运算；需要有一定的计算机高级语言的知识和编程技巧，对工程设计人员要求较高；直观性和操作性较差。

不同型号的 PLC 编程软件对以上五种编程语言的支持种类是不同的，早期的 PLC 仅仅支持梯形图编程语言和指令表编程语言。目前的 PLC 对梯形图（LD）、指令表（STL）、功能模块图（FBD）编程语言都支持。

（7）PLC 的程序编写

PLC 是采用软件编制程序来实现控制要求的。编程时要使用到各种编程元件，它们可提供无数个动合和动断触点。编程元件是指输入寄存器、输出寄存器、位存储器、定时器、计数器、通用寄存器、数据寄存器及特殊功能存储器等。

① 编程元件。PLC 内部这些存储器的作用和继电接触控制系统中使用的继电器十分相似，也有"线圈"与"触点"，但它们不是"硬"继电器，而是 PLC 存储器的存储单元。当

写入该单元的逻辑状态为"1"时，则表示相应继电器线圈得电，其动合触点闭合，动断触点断开。所以，内部的这些继电器称为"软"继电器。

不同厂家不同型号的 PLC，编程元件的种类和数量也是不同的。SIEMENS S7-200 系列 CPU224、CPU226 部分编程元件的编号范围与功能说明如表 11-1 所示。

表 11-1　常用的编程元件

元件名称	符号	编号范围	功能说明
输入寄存器	I	I0.0～I1.5 共 14 点	接收外部输入设备的信号
输出寄存器	Q	Q0.0～Q1.1 共 10 点	输出程序执行结果并驱动外部设备
位存储器	M	M0.0～M31.7	在程序内部使用,不能提供外部输出
定时器	256(T0～T255)	T0,T64	保持型通电延时 1ms
		T1～T4,T65～T68	保持型通电延时 10ms
		T5～T31,T69～T95	保持型通电延时 100ms
		T32,T96	ON/OFF 延时,1ms
		T33～T36,T97～T100	ON/OFF 延时,10ms
		T37～T63,T101～T255	ON/OFF 延时,100ms
计数器	C	C0～C255	加法计数器,触点在程序内部使用
高速计数器	HC	HC0～HC5	用来累计比 CPU 扫描速率更快的事件
顺控继电器	S	S0.0～S31.7	提供控制程序的逻辑分段
变量存储器	V	VB0.0～VB5119.7	数据处理用的数值存储元件
局部存储器	L	LB0.0～LB63.7	使用临时的寄存器,作为暂时存储器
特殊存储器	SM	SM0.0～SM549.7	CPU 与用户之间交换信息
特殊存储器	SM(只读)	SM0.0～SM29.7	接收外部信号
累加寄存器	AC	AC0～AC3	用来存放计算的中间值

② 梯形图设计注意的事项：

梯形图中的左、右垂直线称为左、右母线，通常将右母线省略。

在左、右母线之间是由触点、线圈或功能框组合的有序网络。

梯形图的输入总是在图形的左边，输出总是在图形的右边。从左母线开始，经过触点和线圈（或功能框），终止于右母线，从而构成一个梯级。

在一个梯级中，左、右母线之间是一个完整的"电路"，"能流"只能从左到右流动，不允许"短路""开路"，也不允许"能流"反向流动。

输入端（EN）必须存在"能流"（EN=1），才能执行该功能框的功能。

如果输入端（EN）存在"能流"，且功能框准确无误地执行了其功能，那么允许输出端（ENO）把"能流"传到下一个功能框的元件（即 ENO=1，实现级联）。

如果执行过程中存在错误，那么"能流"就在出现错误的功能框终止，即 ENO=0。

必须有"能流"通过才能执行的线圈或功能框称为条件输入指令。它们不允许直接与左母线连接，如 SHRB、MOVB、SEG 等指令。如果需要无条件执行这些指令，可以在左母线上连接 SM0.0（该位始终为 1）的常开触点来驱动它们。

无须"能流"就能执行的线圈或功能框称为无条件输入指令。与"能流"无关的线圈或功能框可以直接与左母线连接，如 LBL、NEXT、SCR、SCRE 等指令。

③ 基本指令。PLC 的厂家和型号不同，PLC 的基本指令也不相同。下面以西门子 S7-200 为例介绍它的基本指令。

a. 标准触点指令：梯形图（LAD）常开和常闭触点指令用触点表示，常闭触点中带

"/"符号，如图 11-15 所示。图中左边为梯形图，右边为与梯形图相对应的语句表。当存储器某地址的位（bit）值为 1 时，则与之对应的常开触点的位（bit）值也为 1，表示该常开触点闭合；而与之对应的常闭触点的位（bit）为 0，表示该常闭触点断开。

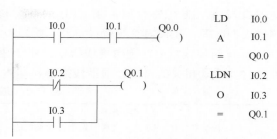

图 11-15　触点指令举例

在语句表（STL）中，触点指令有 LD（Load）、LDN（Load Not）、A（And）、AN（And Not）、O（Or）、ON（Or Not），见表 11-2。

表 11-2　标准触点指令

语句	功能描述	语句	功能描述
LD　bit	取指令，用于逻辑梯级开始的常开触点与母线的连接	LDN　bit	取非指令，用于逻辑梯级开始的常闭触点与母线的连接
A　bit	与指令，用于单个常开触点的串联	AN　bit	与非指令，用于单个常闭触点的串联
O　bit	或指令，用于单个常开触点的并联	ON　bit	或非指令，用于单个常闭触点的并联

b. 输出指令：输出指令又称为线圈驱动指令，表示对继电器输出线圈编程。在梯形图（LAD）中，用"（ ）"表示线圈。当执行输出指令时，"能流"到，则线圈被"激励"，输出映像寄存器或其他存储器的相应位为"1"，反之为"0"。

c. 置位或复位指令：置位指令 S（Set），复位指令 R（Reset），能流到，就执行置位（或复位）指令。执行置位指令时，把从指令操作数指定的地址开始的 N 个点置位且保持，置位后即使能流断，仍保持置位；执行复位指令时，把从指令操作数指定的地址开始的 N 个点都复位且保持，复位后即使能流断，仍保持复位。

置位或复位元件数 N 的常数范围为 1～255。N 也可为 VB、IB、QB、MB 等，一般情况下均使用常数。当用复位指令对定时器位（T）或计数器位（C）复位时，定时器或计数器被复位，同时定时器或计数器的当前值将被清零。由于 PLC 采用循环扫描工作方式，程序中写在后面的指令有优先权。

d. 立即指令：前面介绍的指令均遵循 CPU 的扫描规则，程序执行过程中梯形图的各输入继电器、输出继电器触点的状态取自于 I/O 映像寄存器。为了加快输入输出响应速度，S7-200 PLC 引入了 I/O 指令。该指令允许对物理输入点和输出点进行快速的直接存取，不受 PLC 循环扫描工作方式的影响。立即指令包括立即触点指令（LDI）、立即输出指令（=I）立即置位（SI）和立即复位指令（RI）。

立即触点指令（LDI）：直接读取物理输入点的值，输入映像寄存器内容不更新，指令操作数仅限于物理输入点的值。

立即输出指令（=I）：直接把结果传送到物理输出点，以驱动实际输出，不等待程序执行阶段结束后，转入输出刷新阶段时才把结果传送到物理输出点，将结果也写入输出映像寄存器。

立即置位（SI）和立即复位指令（RI）：当执行立即置位（SI）或立即复位（RI）指令时，从指令操作数指定的位地址开始的 N 个连续的物理输出点将被立即置位或立即复位且保持，即使能流断，仍保持置位/复位。N 的常数范围为 1～128。该指令只能用于输出继电器。执行该指令时，新值被同时写到物理输出点和相应的输出映像寄存器。

使用立即指令时注意事项：立即 I/O 指令是直接访问物理输入/输出点的，比一般指令访问输入/输出映像寄存器占用 CPU 时间要长；不能盲目地使用立即指令，否则，会加长扫描周期时间，反而对系统造成不利影响，应利弊权衡。

e. 逻辑堆栈指令：逻辑堆栈指令只用于语句表编程。使用梯形图编程时，梯形图编辑器会自动插入相关的指令处理堆栈操作，具体指令如表 11-3 所示。

表 11-3　逻辑堆栈指令

语句	功能描述	语句	功能描述
ALD	栈装载"与"，用于两个或两个以上的触点组的串联编程	LRD	逻辑读栈，将堆栈中第 2 层的值复制到栈顶，第 2～9 层的数据不变
OLD	栈装载"或"，用于两个或两个以上的触点组的并联编程	LPP	逻辑出栈，用于分支电路的结束
LPS	逻辑入栈，用于分支电路的开始	LDS	装入堆栈，用于复制堆栈中的第 n 层的值到栈顶

f. 取反指令和空操作指令：取反（NOT）指令，改变能流的状态。能流到达取非触点时，能流就停止；能流未到达取非触点时，能流就通过；对堆栈的栈顶作取反操作，改变栈顶值。空操作（NOP）指令主要是为了方便对程序的检查和修改，预先在程序中设置了一些 NOP 指令，在修改和增加其他指令时，可使程序地址的更改量减小。NOP 指令对程序的执行和运算结果没有影响。其指令格式为：NOP　N，操作数 N 是一个 $0～255$ 之间的常数。

g. 正/负跳变触点指令：正跳变触点指令（EU）检测上升沿（由 off 到 on），让能流通过一个扫描周期的时间；负跳变触点指令（ED）检测下降沿（由 on 到 off），让能流通过一个扫描周期的时间，指令如表 11-4 所示。

表 11-4　正/负跳变触点指令

指令名称	LAD	STL	功能
正跳变触点指令	┤P├	EU	在上升沿产生一个宽度为一个扫描周期的脉冲
负跳变触点指令	┤N├	ED	在下降沿产生一个宽度为一个扫描周期的脉冲

h. 定时器指令。S7-200 PLC 提供了三种类型的定时器：接通延时定时器（TON）、有记忆接延时定时器（TONR）、断开延时定时器（TOF）。定时器分辨率（时基）有三种：1ms、10ms、100ms。定时器的分辨率由定时器号决定，每个定时器都有两个值，分别是当前值和定时器位。当前值：该 16 位有符号整数存储由计时器计算的时间量。定时器位：按照当前值和设定值的比较结果置位或复位。可以通过使用定时器地址（T＋定时器号码）存取这些变量。定时器位或当前值的存取取决于使用的指令，位操作数指令存取计时器位，字操作数指令存取当前值。定时器号和分辨率如图 11-5 所示。

图 11-5　定时器号和分辨率

定时器类型	分辨率/ms	计时最大值/s	定时器号
TORN	1	32.757	T0，T64
	10	327.67	T1～T4，T56～T68
	100	3276.7	T5～T31，T69～T95
TON\TOF	1	32.757	T32，T96
	10	327.67	T33～T36，T69～T100
	100	3276.7	T37～T63，T101～T255

接通延时定时器（TON）：当输入端（IN）接通或"能流"通过时，定时器位为 OFF，定时器当前值从 0 开始计时，当定时器的当前值等于或大于设定值时，该定时器位被置位为

ON，当前值仍继续计数，一直计到最大值 32767。输入端（IN）一旦断开，定时器立即复位，定时器位为 OFF，当前值为 0。

有记忆接延时定时器（TONR）：当输入端（IN）接通或"能流"通过时，定时器当前值从上次的保持值开始再往上累计时间，继续计时，当累计当前值等于或大于设定值时，该定时器的位被置位为 ON。当前值可继续计数，一直计数到最大值 32767。当输入端（IN）断开时，定时器当前值保持不变，定时器位不变。当输入端（IN）再次接通，定时器当前值从原保持值开始再往上累计时间，继续计时。可以用定时器（TONR）累计多次输入信号的接通时间。

断开延时定时器（TOF）：上电初期或首次扫描时，定时器位为 OFF，当前值为 0。当输入端（IN）接通（为 ON）时，定时器位立即为"1"，并把当前值设为 0。

应用定时器指令的注意事项：不能把一个定时器号同时用作 TOF 和 TON；在第一个扫描周期，所有的定时器位被清零；对于断开延时定时器（TOF），需在输入端有一个负跳变（由 ON 到 OFF）的输入信号启动计时。

不同分辨率的定时器，它们当前值的刷新周期是不同的，具体情况如下：1ms 分辨率定时器，1ms 分辨率定时器启动后，定时器对 1ms 的时间间隔（即时基信号）进行计时，定时器的当前值每隔 1ms 刷新一次，在一个扫描周期中可能要刷新多次，而不和扫描周期同步；10ms 分辨率定时器，10ms 分辨率定时器启动后，定时器对 10ms 的时间间隔进行计时，程序执行时，在每个扫描周期的开始对定时器的位和当前值刷新，定时器的位和当前值在整个扫描周期内保持不变；100ms 分辨率定时器，100ms 分辨率定时器启动后，定时器对 100ms 的时间间隔进行计时，只有在执行定时器指令时，定时器的位和当前值才被刷新，为使定时器正确定时，100ms 定时器只能用于每个扫描周期内同一定时器指令必须执行一次且仅执行一次的场合。

i. 计数器指令。S7-200 PLC 提供了三种类型的定时器：增计数器（CTU）、减计数器（CTD）、增/减计数器（CTUD）。计数器是对外部的或由程序产生的计数脉冲进行计数，是累计其计数输入端的计数脉冲电平由低到高的次数。而定时器是对 PLC 内部的时钟脉冲进行计数。计数器编号范围是 0～C255，计数器编号表示两个变量分别是当前值和计数器位。当前值：计数器累计计数的当前值，存放在计数器的 16bit 当前值寄存器中。计数器位：当计数器的当前值等于或大于设定值时，计数器位置为"1"。

增计数器（CTU）：当计数脉冲输入端（CU）有一个上升沿（由 OFF 到 ON）信号时，增计数器被启动，计数器当前值从 0 开始加 1，计数器作递增计数，累计其计数输入端的计数脉冲由 OFF 到 ON 的次数，直至最大值 32767 时停止计数。当计数器当前值等于或大于设定值（PV）时，该计数器的位被置位（ON）。当复位输入端（R）有效或对计数器执行复位指令时，计数器被复位，计数器位为 OFF，当前值被清零。

减计数器（CTD）：减计数器（CTD）首次扫描时，计数器的位为 0，当前值为设定值 PV。当计数输入端（CD）有一个计数脉冲的上升沿（由 OFF 到 ON）信号时，计数器从设定值开始作递减计数，直至计数器当前值等于 0 时，停止计数，同时计数器位被置位。减计数器指令在复位输入端（LD）接通时，使计数器复位并把设定值装入当前值寄存器中。

增/减计数器（CTUD）：增/减计数器（CTUD）有两个计数脉冲输入端和一个复位输入端（R）。两个计数脉冲输入端为：增计数脉冲输入端（CU）和减计数脉冲输入端（CD）。当 CU 端有一个计数脉冲的上升沿（由 OFF 到 ON）信号时，计数器当前值加 1；当 CD 端有一个计数脉冲的上升沿（由 OFF 到 ON）信号时，计数器的当前值减 1。当计数器当前值等于或大于设定值（PV）时，该计数器位被置位。当复位输入端（R）有效或用复位指令（R）对计数器执行复位操作时，计数器被复位，即计数器位为 OFF，且当前值清零。

11.2.3.2 传感器技术

传感器是机器人应用生产线的眼睛，它赋予了机器人应用生产线自动识别的功能。传感器是一种检测装置，能感受到被测量的信息，并能将感受到的信息按一定的规律变成电信号或其他所需形式的信息输出，以满足信息的传输、处理、存储、显示、记录和控制等要求。它是实现自动检测和自动控制的首要环节。

(1) 传感器的特点及类型

传感器的特点包括：微型化、智能化、数字化、系统化、多功能化、网络化。它不仅促进了传统产业的改造和更新换代，而且还可能建立新型工业，从而成为 21 世纪新的经济增长点。微型化是建立在微电子机械系统（MEMS）技术基础上的，已成功应用在硅器件上做成硅压力传感器。

传感器（transducer/sensor）的定义是：能感受被测量并能按一定规律转换成可用输出信号的器件或装置，通常由敏感元件和转换元件组成。其中，敏感元件（sensing element）是指传感器中能直接感受或响应被测量的部分；转换元件（transducing element）是指传感器中能将敏感元件感受或响应的被测量转换成适于传输或测量的电信号的部分。传感器的存在和发展，让物体有了触觉、味觉和嗅觉等感官，让物体慢慢变得活了起来。通常根据其基本感知功能分为光敏元件、热敏元件、力敏元件、气敏元件、湿敏元件、磁敏元件、声敏元件、放射线敏感元件、色敏元件和味敏元件等十大类。下面对热敏、光敏、气敏、力敏和磁敏传感器及其敏感元件进行介绍。

(2) 温度传感器及其分类

温度传感器是指能感受温度并能将温度转换成可用输出信号的传感器。温度传感器是温度测量仪表的核心部分。温度传感器对于环境温度的测量非常准确，广泛应用于工业、农业、车间、库房等领域。温度传感器品种繁多、应用广泛，按传感器测量方式、传感器材料及电子元件特性、温度传感器工作原理等方面的不同又有不同的分类。

① 按测量方式可分为接触式和非接触式两大类。

a. 接触式。接触式温度传感器的检测部分与被测对象有良好的接触，又称温度计。

温度计通过传导或对流达到热平衡，从而使温度计的示值能直接表示被测对象的温度。

一般测量精度较高。在一定的测温范围内，温度计也可测量物体内部的温度分布。但对于运动体、小目标或热容量很小的对象则会产生较大的测量误差，常用的温度计有双金属温度计、玻璃液体温度计、压力式温度计、电阻温度计、热敏电阻和温差电偶等。它们广泛应用于工业、农业、商业等部门。在日常生活中人们也常常使用这些温度计。

b. 非接触式。它的敏感元件与被测对象互不接触，又称非接触式测温仪表。这种仪表可用来测量运动物体、小目标和热容量小或温度变化迅速（瞬变）对象的表面温度，也可用于测量温度场的温度分布。

最常用的非接触式测温仪表基于黑体辐射的基本定律，称为辐射测温仪表。各类辐射测温方法只能测出对应的光度温度、辐射温度或比色温度。只有对黑体（吸收全部辐射并不反射光的物体）所测温度才是真实温度。如欲测定物体的真实温度，则必须进行材料表面发射率的修正，而材料表面发射率不仅取决于温度和波长，而且还与表面状态、涂膜和微观组织等有关，因此很难精确测量。

非接触式温度传感器的优点是测量上限不受感温元件耐温程度的限制，因而对最高可测温度原则上没有限制。

② 按照传感器材料及电子元件特性分为热电偶和热电阻两类。

a. 热电偶。热电偶是温度测量中最常用的温度传感器。其主要好处是宽温度范围和适应各种大气环境，而且结实、价低、无需供电，也是最便宜的。电偶是最简单和最通用的温度传感器，但热电偶并不适合高精度的测量和应用。

b. 热电阻。热敏电阻是用半导体材料制成的，大多为负温度系数，即阻值随温度增加而降低。

温度变化会造成大的阻值改变，因此它是最灵敏的温度传感器。但热敏电阻的线性度极差，并且与生产工艺有很大关系。

热敏电阻还有其自身的测量技巧。热敏电阻体积小是优点，它能很快稳定，不会造成热负载，不过也因此很不结实，大电流会造成自热。由于热敏电阻是一种电阻性器件，任何电流源都会在其上因功率而造成发热，功率等于电流平方与电阻的积，因此要使用小的电流源。如果热敏电阻暴露在高热中，将导致永久性的损坏。

③ 按照温度传感器输出信号的模式，可大致划分为三大类：数字式温度传感器、模拟式温度传感器、逻辑输出温度传感器。

a. 数字式温度传感器。采用硅工艺生产的数字式温度传感器，使用 PTAT 结构，这种半导体结构具有精确的、与温度相关的良好输出特性。

b. 模拟式温度传感器。模拟温度传感器，如热电偶、热敏电阻和 RTDS，在一些温度范围内线性不好，需要进行冷端补偿或引线补偿；热惯性大，响应时间慢。集成模拟温度传感器与之相比，具有灵敏度高、线性度好、响应速度快等优点，而且它还将驱动电路、信号处理电路以及必要的逻辑控制电路集成在单片 IC 上，有实际尺寸小、使用方便等优点。

c. 逻辑输出温度传感器。在许多应用中，我们并不需要严格测量温度值，只关心温度是否超出了一个设定范围，一旦温度超出所规定的范围，则发出报警信号，启动或关闭风扇、空调、加热器或其他控制设备，此时可选用逻辑输出式温度传感器。

④ 按温度传感器工作原理的不同可以分为以下 6 类。

a. 半导体热敏电阻的工作原理。按温度特性，热敏电阻可分为两类，随温度上升电阻增加的为正温度系数热敏电阻，反之为负温度系数热敏电阻。

正温度系数热敏电阻的工作原理。此种热敏电阻以钛酸钡（$BaTiO_3$）为基本材料，再掺入适量的稀土元素，利用陶瓷工艺高温烧结而成。纯钛酸钡是一种绝缘材料，但掺入适量的稀土元素如镧（La）和铌（Nb）等以后，变成了半导体材料，被称为半导体化钛酸钡。它是一种多晶体材料，晶粒之间存在着晶粒界面，对于导电电子而言，晶粒间界面相当于一个位垒。当温度低时，由于半导体化钛酸钡内电场的作用，导电电子可以很容易越过位垒，所以电阻值较小；当温度升高到居里点温度（即临界温度，此元件的"温度控制点"，一般钛酸钡的居里点为 120℃）时，内电场受到破坏，不能帮助导电电子越过位垒，所以表现为电阻值的急剧增加。因为这种元件未达居里点前电阻随温度变化非常缓慢，具有恒温、调温和自动控温的功能，只发热，不发红，无明火，不易燃烧，电压交、直流 3～440V 均可，使用寿命长，因此非常适用于电动机等电器装置的过热探测。

负温度系数热敏电阻的工作原理。负温度系数热敏电阻是以氧化锰、氧化钴、氧化镍、氧化铜和氧化铝等金属氧化物为主要原料，采用陶瓷工艺制造而成的。这些金属氧化物材料都具有半导体性质，完全类似于锗、硅晶体材料，体内的载流子（电子和空穴）数目少，电阻较高；温度升高，体内载流子数目增加，电阻值降低。负温度系数热敏电阻类型很多，使用区分低温（−60～300℃）、中温（300～600℃）、高温（＞600℃）三种，有灵敏度高、稳定性好、响应快、寿命长、价格低等优点，广泛应用于需要定点测温的温度自动控制电路，如冰箱、空调、温室等的温控系统。

热敏电阻与简单的放大电路结合，就可检测千分之一度的温度变化，所以和电子仪表组成测温计，能完成高精度的温度测量。普通用途热敏电阻工作温度为−55～315℃，特殊低温热敏电阻的工作温度低于−55℃，可达−273℃。

热敏电阻的型号：国产热敏电阻是按部颁标准 SJ1155—1982 来制定型号的，由四部分组成。第一部分：主称，用字母"M"表示敏感元件。第二部分：类别，用字母"Z"表示正温度系数热敏电阻器，或者用字母"F"表示负温度系数热敏电阻器。第三部分：用途或特征，用一位数字（0～9）表示，一般数字"1"表示普通用途，"2"表示稳压用途（负温度系数热敏电阻器），"3"表示微波测量用途（负温度系数热敏电阻器），"4"表示旁热式（负温度系数热敏电阻器），"5"表示测温用途，"6"表示控温用途，"7"表示消磁用途（正温度系数热敏电阻器），"8"表示线性型（负温度系数热敏电阻器），"9"表示恒温型（正温度系数热敏电阻器），"0"表示特殊型（负温度系数热敏电阻器）。第四部分：序号，也由数字表示，代表规格、性能，往往厂家出于区别本系列产品的特殊需要，在序号后加"派生序号"，由字母、数字和"−"号组合而成。例：ＭＺ11。

b. 电阻传感器工作原理。导体的电阻值随温度变化而改变，通过测量其阻值推算出被测物体的温度，利用此原理构成的传感器就是电阻温度传感器，这种传感器主要用于−200～500℃温度范围内的温度测量。纯金属是热电阻的主要制造材料，热电阻的材料应具有以下特性：

Ⅰ. 电阻率高，热容量小，反应速度快。

Ⅱ. 电阻温度系数要大而且稳定，电阻值与温度之间应具有良好的线性关系。

Ⅲ. 在测温范围内化学物理特性稳定。

Ⅳ. 材料的复现性和工艺性好，价格低。

c. 红外温度传感器。在自然界中，当物体的温度高于绝对零度时，由于它内部热运动的存在，就会不断地向四周辐射电磁波，其中就包含了波段位于 0.75～100μm 的红外线，红外温度传感器就是利用这一原理制作而成的。

d. 数字式温度传感器。采用硅工艺生产的数字式温度传感器，其采用 PTAT 结构，这种半导体结构具有精确的，与温度相关的良好输出特性。PTAT 的输出通过占空比比较器调制成数字信号，占空比与温度的关系如下式：DC（占空比）＝0.320.0047×t，t 为温度（℃）。输出数字信号与微处理器 MCU 兼容，通过处理器的高频采样可算出输出电压方波信号的占空比，即可得到温度。

e. 逻辑输出型温度传感器。设定一个温度范围，一旦温度超出所规定的范围，则发出报警信号，启动或关闭风扇、空调、加热器或其他控制设备，此时可选用逻辑输出式温度传感器。LM56、MAX6501-MAX6504、MAX6509/6510 是其典型代表。

f. 模拟温度传感器。AD590 是美国模拟器件公司的电流输出型温度传感器，供电电压范围为 3～30V，输出电流 223μA（−50℃）～423μA（150℃），灵敏度为 1μA/℃。当在电路中串接采样电阻 R 时，R 两端的电压可作为输出电压。注意 R 的阻值不能取得太大，以保证 AD590 两端电压不低于 3V。AD590 输出电流信号传输距离可达到 1km 以上。作为一种高阻电流源，最高可达 20MΩ，所以它不必考虑选择开关或 CMOS 多路转换器所引入的附加电阻造成的误差，适用于多点温度测量和远距离温度测量的控制。

挑选温度传感器注意事项：被测对象的温度是否需记录、报警和自动控制，是否需要远距离测量和传送；被测对象的环境条件对测温元件是否有损害；在被测对象温度随时间变化的场合，测温元件的滞后能否适应测温要求；测温元件大小是否适当；测温范围的大小和精度要求；价格如何，使用是否方便。

温度传感器在安装和使用时，应当避免以下误差的出现，保证最佳测量效果。

安装不当引入的误差：如热电偶安装的位置及插入深度不能反映炉膛的真实温度等，换句话说，热电偶不应装在太靠近门和加热的地方，插入的深度至少应为保护管直径的 8～10 倍。

热阻误差：高温时，如保护管上有一层煤灰，尘埃附在上面，则热阻增加，阻碍热的传导，这时温度示值比被测温度的真值低，因此，应保持热电偶保护管外部的清洁，以减小误差。

绝缘变差而引入的误差：如热电偶绝缘了，保护管和拉线板污垢或盐渣过多致使热电偶极间与炉壁间绝缘不良，在高温下更为严重，这不仅会引起热电势的损耗而且还会引入干扰，由此引起的误差有时可达上百度。

热惰性引入的误差：由于热电偶的热惰性使仪表的指示值落后于被测温度的变化，在进行快速测量时这种影响尤为突出，所以应尽可能采用热电极较细、保护管直径较小的热电偶，测温环境许可时，甚至可将保护管取去，由于存在测量滞后，用热电偶检测出的温度波动的振幅较炉温波动的振幅小。测量滞后越大，热电偶波动的振幅就越小，与实际炉温的差别也就越大。

（3）光传感器及光敏元件

光传感器主要由光敏元件组成。目前光敏元件发展迅速、品种繁多、应用广泛。市场上出售的有光敏电阻器、光电二极管、光电三极管、光电耦合器和光电池等。

① 光敏电阻器。光敏电阻器由能透光的半导体光电晶体构成，因半导体光电晶体成分不同，又分为可见光光敏电阻（硫化镉晶体）、红外光光敏电阻（砷化镓晶体）和紫外光光敏电阻（硫化锌晶体）。当敏感波长的光照到半导体光电晶体表面时，晶体内载流子增加，使其电导率增加（即电阻减小）。

光敏电阻的主要参数：

光电流、亮阻：在一定外加电压下，当有光（100lx 照度）照射时，流过光敏电阻的电流称光电流；外加电压与该电流之比为亮阻，一般几千欧～几十千欧。

暗电流、暗阻：在一定外加电压下，当无光（0lx 照度）照射时，流过光敏电阻的电流称暗电流；外加电压与该电流之比为暗阻，一般几百千欧～几千千欧。

最大工作电压：一般几十伏至上百伏。

环境温度：一般 $-25\sim55℃$，有的型号可以达到 $-40\sim70℃$。

额定功率（功耗）：光敏电阻的亮电流与外电压乘积；可有 $5\sim300mW$ 多种规格选择。

光敏电阻的主要参数还有响应时间、灵敏度、光谱响应、光照特性、温度系数、伏安特性等。值得注意的是，光照特性（随光照强度变化的特性）、温度系数（随温度变化的特性）、伏安特性不是线性的，如 CdS（硫化镉）光敏电阻的光阻有时随温度的增加而增大，有时随温度的增加又变小。

硫化镉光敏电阻器的参数：

型号规格 MG41-22、MG42-16、MG44-02、MG45-52；

环境温度（℃）$-40\sim+60$、$-25\sim+55$、$-40\sim+70$、$-40\sim+70$；

额定功率（mW）20、10、5、200；

亮阻，100lx（kΩ）≤2、≤50、≤2、≤2；

暗阻，0lx（MΩ）≥1、≥10、≥0.2、≥1；

响应时间（ms）≤20、≤20、≤20、≤20；

最高工作电压（v）100、50、20、250。

② 光电二极管。和普通二极管相比，除它的管芯也是一个 PN 结、具有单向导电性能外，其他均差异很大。首先管芯内的 PN 结结深比较浅（小于 $1\mu m$），以提高光电转换能力；其次 PN 结面积比较大，电极面积则很小，有利于光敏面多收集光线；最后光电二极管在外观上都有一个用有机玻璃透镜密封、能汇聚光线于光敏面的"窗口"。所以光电二极管的灵敏度和响应时间远远优于光敏电阻。

光电二极管的主要参数有：最高工作电压（10～50V），暗电流（≤0.05～$1\mu A$），光电流（>6～$80\mu A$），光电灵敏度、响应时间、结电容和正向压降等。

光电二极管的优点是线性好，响应速度快，对宽范围波长的光具有较高的灵敏度，噪声低；缺点是单独使用输出电流（或电压）很小，需要加放大电路。适用于通信及光电控制等电路。

光电二极管的检测可用万用表 R×1k 挡，避光测正向电阻应为 10～200kΩ，反向测应为无穷大，去掉遮光物后向右偏转角越大，灵敏度越高。

光电三极管可以视为一个光电二极管和一个三极管的组合元件，由于具有放大功能，所以其暗电流、光电流和光电灵敏度比光电二极管要高得多，但结构原因使结电容加大，响应特性变坏。其广泛应用于低频的光电控制电路。

半导体光电器件还有 MOS 结构，如扫描仪、摄像头中常用的 CCD（电荷耦合器件）就是集成的光电二极管或 MOS 结构的阵列。

（4）气敏传感器及气敏元件

由于气体与人类的日常生活密切相关，对气体的检测已经是保护和改善生态居住环境不可缺少手段，因此气敏传感器发挥着极其重要的作用。例如生活环境中的一氧化碳浓度达 0.8～1.15ml/L 时，人就会出现呼吸急促，脉搏加快，甚至晕厥等状态，达 1.84ml/L 时则人有在几分钟内死亡的危险，因此对一氧化碳检测必须快而准。利用 SnO_2 金属氧化物半导体气敏材料，通过颗粒超微细化和掺杂工艺制备 SnO_2 纳米颗粒，并以此为基体掺杂一定催化剂，经适当烧结工艺进行表面修饰，制成旁热式烧结型 CO 敏感元件，能够探测 0.005％～0.5％范围的 CO 气体。还有许多对易爆可燃气体、汽车尾气等有毒气体进行探测的传感器。常用的主要有接触燃烧式气体传感器、电化学气敏传感器和半导体气敏传感器等。接触燃烧式气体传感器的检测元件一般为铂金属丝（也可表面涂铂、钯等稀有金属催化层），使用时对铂丝通以电流，保持 300～400℃的高温，此时若与可燃性气体接触，可燃性气体就会在稀有金属催化层上燃烧，因此铂丝的温度会上升，铂丝的电阻值也上升；通过测量铂丝电阻值变化的大小，就知道可燃性气体的浓度。电化学气敏传感器一般利用液体（或固体、有机凝胶等）电解质，其输出形式可以是气体直接氧化或还原产生的电流，也可以是离子作用于离子电极产生的电动势。半导体气敏传感器具有灵敏度高、响应快、稳定性好、使用简单的特点，应用极其广泛。下面重点介绍半导体气敏传感器及其气敏元件。

半导体气敏元件有 N 型和 P 型之分。N 型在检测时阻值随气体浓度的增大而减小；P 型阻值随气体浓度的增大而增大。SnO_2 金属氧化物半导体气敏材料，属于 N 型半导体，在 200～300℃的温度时，它吸附空气中的氧，形成氧的负离子吸附，使半导体中的电子密度减少，从而使其电阻值增加。当遇到能供给电子的可燃气体（如 CO 等）时，原来吸附的氧脱附，而由可燃气体以正离子状态吸附在金属氧化物半导体表面；氧脱附放出电子，可燃性气体以正离子状态吸附也要放出电子，从而使氧化物半导体中电子密度增加，电阻值下降；可燃性气体不存在了，金属氧化物半导体又会自动恢复氧的负离子吸附，使电阻值升高到初始状态。这就是半导体气敏元件检测可燃气体的基本原理。

目前国产的气敏元件有 2 种。一种是直热式，加热丝和测量电极一同烧结在金属氧化物半导体管芯内；另一种是旁热式，旁热式气敏元件以陶瓷管为基底，管内穿加热丝，管外侧有两个测量极，测量极之间为金属氧化物气敏材料，经高温烧结而成。

气敏元件的参数主要有加热电压、电流，测量回路电压，灵敏度，响应时间，恢复时间，标定气体（0.1％丁烷气体）中电压，负载电阻值等。QM-N5 型气敏元件适用于天然气、煤气、氢气、烷类气体、烯类气体、汽油、煤油、乙炔、氨气、烟雾等的检测，属于 N 型半导体元件。灵敏度较高，稳定性较好，响应和恢复时间短，市场上应用广泛。QM-N5 气敏元件参数如下：标定气体（0.1％丁烷气体，最佳工作条件）中电压≥2V，响应时间≤10s，恢复时间≤30s，最佳工作条件加热电压 5V、测量回路电压 10V、负载电阻为 2kΩ，允许工作条件加热电压 4.5～5.5V、测量回路电压 5～15V、负载电阻 0.5～2.2kΩ。常见的气敏元件还有 MQ-31（专用于检测 CO），QM-J1 酒敏元件等。

(5) 力敏传感器和力敏元件

力敏传感器的种类甚多，传统的测量方法是利用弹性材料的形变和位移来表示。随着微电子技术的发展，利用半导体材料的压阻效应（即对其某一方向施加压力，其电阻率就发生变化）和良好的弹性，已经研制出体积小、质量轻、灵敏度高的力敏传感器，广泛用于压力、加速度等物理力学量的测量。

(6) 磁敏传感器和磁敏元件

目前磁敏元件有霍尔器件（基于霍尔效应）、磁阻器件（基于磁阻效应：外加磁场使半导体的电阻随磁场的增大而增加）、磁敏二极管和三极管等。以磁敏元件为基础的磁敏传感器在一些电、磁学量和力学量的测量中广泛应用。

在一定意义上传感器与人的感官有对应的关系，其感知能力已远超过人的感官。例如利用目标自身红外辐射进行观察的红外成像系统（夜像仪），黑夜中可在 1000 米内发现人，2000 米内发现车辆。热像仪的核心部件是红外传感器。目前世界各国都将传感器技术列为优先发展的高新技术。为了大幅度提高传感器的性能，将不断采用新结构、新材料和新工艺，使传感器向小型化、集成化和智能化的方向发展。

(7) 传感器的性能指标

由于传感器的类型五花八门，使用要求千差万别，因此无法列举全面衡量各种传感器质量优劣的统一性能指标，下面仅给出常用的技术性能指标。

① 关于输入量的性能指标：量程或测量范围、过载能力等；

② 关于静态特性指标：线性度、迟滞、重复性、精度、灵敏度、分辨率、稳定性和漂移等；

③ 关于动态特性指标：固有频率、阻尼比、频率特性、时间常数、上升时间、响应时间、超调量、稳态误差等；

④ 关于可靠性指标：工作寿命、平均无故障时间、故障率、疲劳性能、绝缘、耐压、耐温等；

⑤ 关于对环境要求指标：工作温度范围、温度漂移、灵敏度漂移系数、抗潮湿、抗介

质腐蚀、抗电磁场干扰能力、抗冲振要求等；

⑥ 关于使用及配接要求：供电方式（直流、交流、频率、波形等）、电压幅度与稳定度、功耗、安装方式（外形尺寸、质量、结构特点等）、输入阻抗（对被测对象影响）、输出阻抗（对配接电路要求）等。

11.2.3.3 人机界面与组态技术

(1) 人机界面

宏观来讲，人机界面（human machine interaction，简称 HMI）是系统和用户之间进行交互和信息交换的媒介，它实现信息的内部形式与人类可以接受形式之间的转换。凡参与人机信息交流的领域都存在着人机界面。

微观来说，人机界面是人与计算机之间传递、交换信息的媒介和对话接口，是计算机系统的重要组成部分。人机界面是指人和机器在信息交换和功能上接触或互相影响的领域，也称人机结合面，此结合面不仅包括点线面的直接接触，还包括远距离的信息传递与控制的作用空间。

人机界面是人机系统中的中心环节，它实现信息的内部形式与人类可以接受形式之间的转换。现在大量运用在工业与商业上，简单地区分为"输入"（input）与"输出"（output）两种，输入指的是由人来进行机械或设备的操作，如把手、开关、门、指令（命令）的下达或保养维护等，而输出指的是由机械或设备发出来的通知，如故障、警告、操作说明提示等，好的人机接口会帮助使用者更简单、更正确、更迅速地操作机械，也能使机械发挥最大的效能并延长使用寿命。

人机界面的设计过程可分为以下几个步骤：

① 创建系统功能的外部模型设计。模型主要是考虑软件的数据结构、总体结构和过程性描述，界面设计一般只作为附属品，只有对用户的情况（包括年龄、性别、心理情况、文化程度、个性、种族背景等）有所了解，才能设计出有效的用户界面。根据终端用户对未来系统的假想（简称系统假想）设计用户模型，最终使之与系统实现后得到的系统映像（系统的外部特征）相吻合，用户才能对系统感到满意并能有效地使用它。建立用户模型时要充分考虑系统假想给出的信息，系统映像必须准确地反映系统的语法和语义信息。总之，只有了解用户、了解任务才能设计出好的人机界面。

② 确定为完成此系统功能人和计算机应分别完成的任务。任务分析有两种途径。一种是从实际出发，通过对原有处于手工或半手工状态下的应用系统的剖析，将其映射为在人机界面上执行的一组类似的任务；另一种是通过研究系统的需求规格说明，导出一组与用户模型和系统假想相协调的用户任务。

逐步求精和面向对象分析等技术同样适用于任务分析。逐步求精技术可把任务不断划分为子任务，直至对每个任务的要求都十分清楚；而采用面向对象分析技术可识别出与应用有关的所有客观的对象以及与对象关联的动作。

③ 考虑界面设计中的典型问题。设计任何一个人机界面，一般必须考虑系统响应时间、用户求助机制、错误信息处理和命令方式四个方面。系统响应时间过长是交互式系统中用户抱怨最多的问题，除了响应时间的绝对长短外，用户对不同命令在响应时间上的差别亦很在意，若过于悬殊用户将难以接受；用户求助机制宜采用集成式，避免叠加式系统导致用户求助某项指南而不得不浏览大量无关信息；错误和警告信息必须选用用户明了、含义准确的术语描述，同时还应尽可能提供一些有关错误恢复的建议，此外，显示出错信息时，若再辅以听觉（铃声）、视觉（专用颜色）刺激，则效果更佳；命令方式最好是菜单与键盘命令并存，

供用户选用。

④ 借助 CASE 工具构造界面原型，软件模型一旦确定，即可构造一个软件原形，此时仅有用户界面部分，此原形交用户评审，根据反馈意见修改后再交给用户评审，直至与用户模型和系统假想一致为止。一般可借助于用户界面工具箱（user interface toolkits）或用户界面开发系统。

(2) 组态技术

在使用工控软件时，我们经常提到组态一词，组态英文是 "configuration"，其意义究竟是什么呢？简单地讲，组态就是用应用软件中提供的工具、方法，完成工程中某一具体任务的过程。

与硬件生产相对照，组态与组装类似。如要组装一台电脑，事先提供了各种型号的主板、机箱、电源、CPU、显示器、硬盘、光驱等，我们的工作就是用这些部件拼凑成自己需要的电脑。当然软件中的组态要比硬件的组装有更大的发挥空间，因为它一般要比硬件中的 "部件" 更多，而且每个 "部件" 都很灵活，因为软部件都有内部属性，通过改变属性可以改变其规格（如大小、性状、颜色等）。

在组态概念出现之前，要实现某一任务，都是通过编写程序（如使用 BASIC，C，FORTRAN 等）来实现的。编写程序不但工作量大、周期长，而且容易犯错误，不能保证工期。组态软件的出现，解决了这个问题。对于过去需要几个月的工作，通过组态，几天就可以完成。

组态软件是有专业性的。一种组态软件只能适合某种领域的应用。组态的概念最早出现在工业计算机控制中。如 DCS（集散控制系统）组态、PLC（可编程控制器）梯形图组态。人机界面生成软件就叫工控组态软件。其实在其他行业也有组态的概念，人们只是不这么叫而已。如 AutoCAD、PhotoShop、办公软件（PowerPoint）都存在相似的操作，即用软件提供的工具来形成自己的作品，并以数据文件保存作品，而不是执行程序。组态形成的数据只有其制造工具或其他专用工具才能识别。但是工业控制中形成的组态结果是用在实时监控中的。组态工具的解释引擎，要根据这些组态结果实时运行。从表面上看，组态工具的运行程序就是执行自己特定的任务。

虽然说组态是不需要编写程序就能完成特定的应用的过程。但是为了达到一定的灵活性，组态软件也提供了编程手段，一般都是内置编译系统，提供类 BASIC 语言，有的甚至支持 VB。

工业自动化控制领域常见的组态软件有：Citech、IFIX、InTouch、WinCC、Controx（开物）、组态王、NI Lookout、Force Control、MCGS、Wizcon 等。

11.2.3.4 现场总线技术

现场总线技术是实现现场级设备数字化通信的一种工业现场层网络通信技术。这是一场工业现场级设备通信的数字革命。现场总线技术可用一条电缆将现场设备（智能化、带有通信端口）连接起来，使用数字化通信代替 $4\sim20mA/24V$ 直流信号，完成现场设备控制、监测、远程参数化等功能。传统的现场级自动化监控系统（自控系统）采用一对一连线的 $4\sim20mA/24V$ 直流信号，信息量有限，难以实现设备之间及系统与外界之间的信息交流，使自控系统成为工厂中的 "信息孤岛"，严重制约了企业信息集成及企业综合自动化的实现。基于现场总线的自动化监控系统采用计算机数字化通信技术，在自控系统与设备之间加入工厂信息网络，成为企业信息网络底层，使企业信息沟通的覆盖范围一直延伸到生产现场。在 CIMS（computer integrated manufacturing systems，现代集成制造）系统中，现场总线是工厂计算机网络到现场级设备的延伸，是支撑现场级与车间级信息集成的技术基础。

（1）现场总线的技术内容

现场总线的技术内容包括：

① 制定出现场总线通信及技术标准。

② 实际应用中，使用一根通信电缆，将所有现场设备连接到控制器，形成设备及车间级的数字化通信网络。

③ 自动化厂商按照标准生产出各种自动化产品，包括控制器、传感器、执行机构、驱动装置及控制软件。

（2）现场总线的特点

① 互可操作性与互用性。这里的互可操作性，是指实现互连设备间、系统间的信息传送与沟通，可实行点对点、一点对多点的数字通信。而互用性则意味着不同生产厂家的性能类似的设备可进行互换而实现互用。

② 系统的开放性。开放系统是指通信协议公开，各不同厂家的设备之间可进行互连并实现信息交换，现场总线开发者就是要致力于建立统一的工厂底层网络的开放系统。这里的开放是指对相关标准的一致、公开性，强调对标准的共识与遵从。一个开放系统，它可以与任何遵守相同标准的其他设备或系统相连。一个具有总线功能的现场总线网络系统必须是开放的，开放系统把系统集成的权利交给了用户。用户可按自己的需要和对象把来自不同供应商的产品组成大小随意的系统。

③ 系统结构的高度分散性。由于现场设备本身已可完成自动控制的基本功能，使得现场总线已构成一种新的全分布式控制系统的体系结构，从根本上改变了现有 DCS 集中与分散相结合的集散控制系统体系，简化了系统结构，提高了可靠性。

④ 智能化与功能自治性。它将传感测量、补偿计算、工程量处理与控制等功能分散到现场设备中完成，仅靠现场设备即可完成自动控制的基本功能，并可随时诊断设备的运行状态。

⑤ 对现场环境的适应性。工作在现场设备前端，作为工厂网络底层的现场总线，是专为在现场环境工作而设计的，它可支持双绞线、同轴电缆、光缆、射频、红外线、电力线等，具有较强的抗干扰能力，能采用两线制实现送电与通信，并可满足安全防爆等要求。

（3）现场总线的优点

① 节省硬件数量与投资。由于现场总线系统中分散在设备前端的智能设备能直接执行多种传感、控制、报警和计算功能，因而可减少变送器的数量，不再需要单独的控制器、计算单元等，也不再需要 DCS 系统的信号调理、转换、隔离技术等功能单元及其复杂接线，还可以用工控 PC 机作为操作站，从而节省了一大笔硬件投资，由于控制设备的减少，还可减少控制室的占地面积。

② 节省维护开销。由于现场控制设备具有自诊断与简单故障处理的能力，并通过数字通信将相关的诊断维护信息送往控制室，用户可以查询所有设备的运行、诊断维护信息，以便早期分析故障原因并快速排除，缩短了维护停工时间，同时由于系统结构简化，连线简单而减少了维护工作量。

③ 节省安装费用。现场总线系统的接线十分简单，由于一对双绞线或一条电缆上通常可挂接多个设备，因而电缆、端子、槽盒、桥架的用量大大减少，连线设计与接头校对的工作量也大大减少。当需要增加现场控制设备时，无需增设新的电缆，可就近连接在原有的电缆上，既节省了投资，又减少了设计、安装的工作量。据有关典型试验工程的测算资料，可

节约安装费用 60% 以上。

④ 准确性与可靠性。由于现场总线设备的智能化、数字化，与模拟信号相比，它从根本上提高了测量与控制的准确度，减少了传送误差。同时，由于系统的结构简化，设备与连线减少，现场仪表内部功能加强，减少了信号的往返传输，提高了系统的工作可靠性。此外，由于它的设备标准化和功能模块化，因而还具有设计简单、易于重构等优点。

⑤ 系统集成主动权。用户可以自由选择不同厂商所提供的设备来集成系统，避免因选择了某一品牌的产品被"框死"了设备的选择范围，使系统集成过程中的主动权完全掌握在用户手中。

(4) 现场总线类型

目前国际上具有一定影响和使用较多的总线有如下几种：

① 基金会现场总线。基金会现场总线，即 Foudation Fieldbus，简称 FF，这是在过程自动化领域得到广泛支持和具有良好发展前景的技术。其前身是以美国 Fisher-Rousemount 公司为首，联合 Foxboro、横河、ABB、西门子 Siemens 等 80 家公司制订的 ISP 协议和以 Honeywell 公司为首，联合欧洲各国的 150 家公司制订的 WordFIP 协议。这两大集团于 1994 年 9 月合并，成立了现场总线基金会，致力于开发出国际上统一的现场总线协议。它以 ISO/OSI 开放系统互连模型为基础，取其物理层、数据链路层、应用层为 FF 通信模型的相应层次，并在应用层上增加了用户层。

基金会现场总线分低速 H1 和高速 H2 两种通信速率。H1 的传输速率为 31.25kb/s，通信距离可达 1900m（可加中继器延长），可支持总线供电，支持本质安全防爆环境。H2 的传输速率为 1Mb/s 和 25Mb/s 两种，其通信距离为 750m 和 500m。物理传输介质可支持双绞线、光缆和无线发射，协议符合 IEC1158-2 标准。其物理媒介的传输信号采用曼彻斯特编码，每位发送数据的中心位置或是正跳变，或是负跳变。正跳变代表 0，负跳变代表 1，从而使串行数据位流中具有足够的定位信息，以保持发送双方的时间同步。接收方既可根据跳变的极性来判断数据的"1""0"状态，也可根据数据的中心位置精确定位。

② Profibus 是作为德国国家标准 DIN 19245 和欧洲标准 prEN 50170 的现场总线。ISO/OSI 模型也是它的参考模型。由 Profibus-DP、Profibus-FMS、Profibus-PA 组成了 Profibus 系列。DP 型用于分散外设间的高速传输，适合于加工自动化领域。FMS 为现场信息规范，适用于纺织、楼宇自动化、可编程控制器、低压开关等一般自动化。PA 型则是用于过程自动化的总线类型，它遵从 IEC1158-2 标准。该项技术是由西门子公司为主的十几家德国公司、研究所共同推出的。它采用了 OSI 模型的物理层、数据链路层，由这两部分形成了其标准第一部分的子集，DP 型隐去了 3～7 层，而增加了直接数据连接拟合作为用户接口，FMS 型只隐去第 3～6 层，采用了应用层，作为标准的第二部分。PA 型的标准还处于制订过程之中，其传输技术遵从 IEC1158-2（1）标准，可实现总线供电与本质安全防爆。

Porfibus 支持主-从系统、纯主站系统、多主多从混合系统等几种传输方式。主站具有对总线的控制权，可主动发送信息。对多主站系统来说，主站之间采用令牌方式传递信息，得到令牌的站点可在一个事先规定的时间内拥有总线控制权，事先规定好令牌在各主站中循环一周的最长时间。按 Profibus 的通信规范，令牌在主站之间按地址编号顺序，沿上行方向进行传递。主站在得到控制权时，可以按主-从方式，向从站发送或索取信息，实现点对点通信。主站可采取对所有站点广播（不要求应答）或有选择地向一组站点广播。

Profibus 的传输速率为 96～12kb/s。最大传输距离在 12kb/s 时为 1000m，15Mb/s 时为 400m，可用中继器延长至 10km。其传输介质可以是双绞线，也可以是光缆，最多可挂接 127 个站点。

③ LonWorks 总线。LonWorks 是又一具有强劲实力的现场总线技术，它是由美国 Ece-lon 公司推出并由它与摩托罗拉 Motorola、东芝 Hitach 公司共同倡导，于 1990 年正式公布而形成的。它采用了 ISO/OSI 模型的全部七层通信协议，采用了面向对象的设计方法，通过网络变量把网络通信设计简化为参数设置，其通信速率从 300b/s～15Mb/s 不等，直接通信距离可达到 2700m（78kb/s，双绞线），支持双绞线、同轴电缆、光纤、射频、红外线、电源线等多种通信介质，并开发相应的防爆产品，被誉为通用控制网络。

LonWorks 技术所采用的 LonTalk 协议被封装在称为 Neuron 的芯片中并得以实现。集成芯片中有 3 个 8 位 CPU。一个用于完成开放互连模型中第 1～2 层的功能，称为媒体访问控制处理器，实现介质访问的控制与处理；一个用于完成第 3～6 层的功能，称为网络处理器，进行网络变量的寻址、处理、背景诊断、函数路径选择、软件计量时、网络管理，并负责网络通信控制、收发数据包等；一个是应用处理器，执行操作系统服务与用户代码。芯片中还具有存储信息缓冲区，以实现 CPU 之间的信息传递，并作为网络缓冲区和应用缓冲区。如 Motorola 公司生产的神经元集成芯片 MC143120E2 就包含了 2KRAM 和 2KEEPROM。

LonWorks 技术的不断推广促成了神经元芯片的低成本（每片价格约 5～9 美元），而芯片的低成本又反过来促进了 LonWorks 技术的推广应用，形成了良好循环。

LonWorks 公司的技术策略是鼓励各 OEM 开发商运用 LonWorks 技术和神经元芯片，开发自己的应用产品，已有 2600 多家公司在不同程度上应用了 LonWorks 技术，1000 多家公司已经推出了 LonWorks 产品，并进一步组织起 LonWorks 互操作协会，开发推广 Lon-Works 技术与产品。它被广泛应用在楼宇自动化、家庭自动化、保安系统、办公设备、运输设备、工业过程控制等行业。为了支持 LonWorks 与其他协议和网络之间的互连与互操作，该公司正在开发各种网关，以便将 LonWorks 与以太网、FF、Modbus、DeviceNet、Profibus、Serplex 等互连为系统。

另外，在开发智能通信接口、智能传感器方面，LonWorks 神经元芯片也具有独特的优势。LonWorks 技术已经被美国暖通空调和制冷工程师协会 ASHRAE 定为建筑自动化协议 BACnet 的一个标准。美国消费电子制造商协会也已经通过决议，以 LonWorks 技术为基础制定 EIA-709 标准。

这样，LonWorks 已经建立了一套从协议开发、芯片设计、芯片制造、控制模块开发制造、OEM 控制产品、最终控制产品、分销到系统集成等一系列完整的开发、制造、推广、应用体系结构，吸引了数万家企业参与这项工作，这对于一种技术的推广、应用有很大的促进作用。

④ CAN 总线。CAN 是控制网络 control area network 的简称，最早由德国 BOSCH 公司推出，用于汽车内部测量与执行部件之间的数据通信。其总线规范现已被 ISO 国际标准组织制订为国际标准，得到了 Motorola、Intel、Philips、Siemens、NEC 等公司的支持，已广泛应用在离散控制领域。

CAN 的信号传输采用短帧结构，每一帧的有效字节数为 8 个，因此传输时间短，受干扰的概率低。当节点严重错误时，具有自动关闭的功能以切断该节点与总线的联系，使总线上的其他节点及其通信不受影响，具有较强的抗干扰能力。

CAN 协议也是建立在国际标准组织的开放系统互连模型基础上的，不过，其模型结构只有 3 层，只取 OSI 底层的物理层、数据链路层和顶层的应用层。其信号传输介质为双绞线，通信速率最高可达 1Mb/s（40m），直接传输距离最远可达 10km（1kb/s），可挂接设备最多可达 110 个。

CAN 支持多主方式工作，网络上任何节点均在任意时刻主动向其他节点发送信息，支持点对点、一点对多点和全局广播方式接收/发送数据。它采用总线仲裁技术，当出现几个节点同时在网络上传输信息时，优先级高的节点可继续传输数据，而优先级低的节点则主动停止发送，从而避免了总线冲突。

已有多家公司开发生产了符合 CAN 协议的通信芯片，如 Intel 公司的 82527、Motorola 公司的 MC68HC05X4、Philips 公司的 82C250 等。还有插在 PC 机上的 CAN 总线接口卡，具有接口简单、编程方便、开发系统价格便宜等优点。

⑤ HART 总线。HART 是 highway addressable remote transduer 的缩写，最早由 Rosemout 公司开发并得到 80 多家著名仪表公司的支持，于 1993 年成立了 HART 通信基金会。这种被称为可寻址远程传感高速通道的开放通信协议，其特点是在现有模拟信号传输线上实现数字通信，属于模拟系统向数字系统转变过程中工业过程控制的过渡性产品，因而在当前的过渡时期具有较强的市场竞争能力，得到了较好的发展。

HART 通信模型由 3 层组成：物理层、数据链路层和应用层。物理层采用 FSK（frequency shift keying）技术在 4～20mA 模拟信号上叠加一个频率信号，频率信号采用 Bell202 国际标准；数据传输速率为 1200b/s，逻辑 0 的信号频率为 2200Hz，逻辑 1 的信号传输频率为 1200Hz。

数据链路层用于按 HART 通信协议规则建立 HART 信息格式。其信息构成包括开头码、显示终端与现场设备地址、字节数、现场设备状态与通信状态、数据、奇偶校验等。其数据字节结构为 1 个起始位，8 个数据位，1 个奇偶校验位，1 个终止位。

应用层的作用在于使 HART 指令付诸实现，即把通信状态转换成相应的信息。它规定了一系列命令，按命令方式工作。它有 3 类命令，第一类称为通用命令，这是所有设备理解、执行的命令；第二类称为一般行为命令，它所提供的功能可以在许多现场设备（尽管不是全部）中实现，这类命令包括最常用的现场设备的功能库；第三类称为特殊设备命令，以便在某些设备中实现特殊功能，这类命既可以在基金会中开放使用，又可以为开发此命令的公司所独有。在一个现场设备中通常可发现同时存在这 3 类命令。

HART 支持点对点主从应答方式和多点广播方式。按应答方式工作时的数据更新速率为 2～3 次/s，按广播方式工作时的数据更新速率为 3～4 次/s，它还可支持两个通信主设备。总线上可挂设备数多达 15 个，每个现场设备可有 256 个变量，每个信息最大可包含 4 个变量。最大传输距离 3000m，HART 采用统一的设备描述语言 DDL。现场设备开发商采用这种标准语言来描述设备特性，由 HART 基金会负责登记管理这些设备描述并把它们编为设备描述字典，主设备运用 DDL 技术，来理解这些设备的特性参数而不必为这些设备开发专用接口。HART 能利用总线供电，可满足防爆要求。

11.3 ⊙ 机器人应用生产线设计案例分析

11.3.1 冲压机器人应用生产线设计

在汽车车身生产中，冲压生产自动化线大量使用机器人，大大提高了生产率，实现了冲

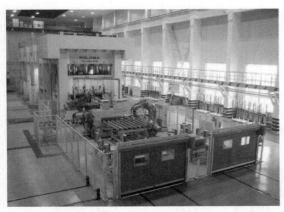

图 11-16　冲压生产线实景

压生产的无人化。

（1）冲压机器人生产线硬件组成

生产线为汽车车身冲压线，由五台单动冲压机 1400T（SEC）和另外四台单动冲压机 600T（SE）、两台拆垛机器人和七台送料机器人组成。冲压生产线实景如图 11-16 所示。

（2）冲压机器人生产线工作过程

由叉车将下好的板料上到生产线首端的两个可移动拆垛小车上。板料由一台装有双料监测器的拆垛机器人进行拆垛，然后放置在对中台上。板料在对中台上对中后由一台上料机器人抓起，并将板料放到带液压垫的 1 号冲压机 1400T（SEC）里进行冲压之后，由两台机器人进行下料、板料翻转、上料的操作，将板料从 1 号冲压机传递到 2 号冲压机，后面三台机器人完成板料从 2 号冲压机至 5 号冲压机的上下料操作，一个出线端机器人将已冲压好的零件从 5 号冲压机里取出，放置在出料传送带上，出料传送带将零件传送到操作员处，由后者将零件放置在成品箱里。

（3）冲压机器人生产线控制系统

生产线的整个自动化系统分为冲压机和机器人自动化两大部分。

① 冲压机部分。冲压机按照设备的组成一般可分为上横梁、滑块、底座、活动工作台、液压站和冲压机操作面板及冲压机控制柜等几部分。采用西门子公司的 A7-416-2DP PLC 作为控制系统，通过 PROFIBUS 总线将分布在各个冲压单元的分布式 I/O、编码器、变频器、直流调速器、MP370 人机界面等连接起来。

② 机器人自动化部分。机器人控制系统同样采用西门子公司的 A7-416-2DP PLC 作为控制器，通过 PROFIBUS 总线管理分布在 ET200S、变频器、MP370 人机界面、机器人控制柜中，并通过 DP/DP 耦合器和冲压机部分的 PLC 进行数据交换。冲压生产线控制系统框图如图 11-17 所示。

（4）生产线各部分硬件及功能

① 上料拆垛装置。将剪切堆垛好的来料进行自动拆垛并单片依次送入首台冲压机。

② 压力机。按照产品的冲压工艺由 4～6 台单体压力机排列成线，并将钢或铝板通过模具冲压成型。

③ 尾端工艺设备。由人工或自动化装置将成品工件从最后一个工位取出并放置在传送带上。

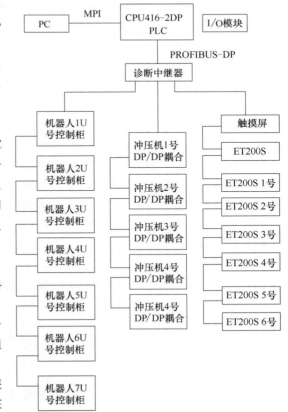

图 11-17　冲压生产线控制系统框图

④ 机器人或机械手加穿梭小车式输送机构。负责工件在堆垛—冲压机—传送带之间的自动传送。

（5）工作站各部分硬件及功能

① 机器人控制柜。在每个机器人 S4CPlus 控制系统中配置 DSQC352 单元板，使机器人控制柜成为 PROFI-BUS-DP 从站，实现西门子 PLC 和 ABB 机器人之间的信息交换，机器人发给冲压机的上下料确认、机器人在冲压机范围外和起动冲压机冲压等信号通过总控 PLC 传送到冲压机 PLC。冲压机发送给机器人的下料允许、零件在压机内、零件已冲压等信号也通过总控 PLC 传送到机器人控制柜。

ABB S4CPlu 机器人控制器具有 QuickMoveTM 功能和 TrueMoveTM 功能。Quick-MoveTM 功能确保至少有一个驱动电动机提供最大转矩，这使得机器人各轴在没有轨迹偏差的条件下可以实现最大加速度或减速度。TrueMoveTM 功能提供了与 TCP 速度无关的最佳轨迹精度和可靠性，对于关节式机器人而言，其轨迹精度最高，并且保证速度恒定。

② 机器人端拾器。机器人的末端安装有端拾器，用来抓取板件。由于板件为薄壁件，一般采用真空吸附的方式抓取，真空吸盘布置在端拾器支架上，吸盘数量及其布置方式依据具体的板件而定。气路控制系统带有真空度检测传感器，通过检测吸盘内真空度判断板件是否吸附到位、搬运过程中板件是否掉落等。端拾的结构与板件外形有关，因此不同的板件与不同的工位均需要配置不同的端拾器。

为了克服六轴机器人搬运过程中板件的抖动以及进一步提高生产率，机器人搬运系统开发出了旋转七轴和端拾器自动更换技术。旋转七轴技术是在机器人第六轴上加一个伺服控制旋转臂，实现工件在上下工位压力机间搬运过程中的平移，避免了以往工件因旋转而产生的抖动与脱落，便于机器人搬运过程的提速。端拾器自动更换技术是在全自动换模过程中，机器人控制系统根据操作人员输入的模具号实现：原端拾器在旋转台上的自动定位和接头自动放松→旋转台 180°转动，原端拾器转出工作区域，新端拾器转入工作区域→机器人与新端拾器接头自动夹紧，迅速回到工作原点待命。整个过程在全自动换模过程中完成，从而大大缩短了非生产工时，提高了整线的生产率。

③ 冲压机。系统中的冲压机采用的是德国舒勒公司产品。冲压机的自动控制分两方面，一个在冲压过程的控制方面，另一个在模具更换的控制方面。冲压机在冲压时需要对压机滑块运动位置进行检测和校对，还要对模具内覆盖件是否到位、安全光幕、压力机总气压、油压、平衡缸及平衡垫压力等进行检测。检测参数达到标准后，冲压才可以进行。因此冲压机 PLC 要与气压传感器、油压传感器、位置传感器输入信号相连，控制滑块电动机的运行及停止。

本系统中模具的更换也实现了全自动。需要全线自动换模时，通过 MP370 页面上的功能，在 MP370 内的零件表中选择需要生产的零件号，发送全线换模命令，生产线即开始自动换模。全自动换模系统的主要功能包括 5 个方面：第一方面，平衡器与气垫压力自动调整；第二方面，装模高度、气垫行程自动调整；第三方面，模具自动夹紧、放松；第四方面，高速移动工作台自动开进开出；第五方面，机器人参数、压机的工艺参数全部自动调整和更换。

11.3.2 喷涂机器人生产线

喷涂机器人工作站或生产线充分利用机器人灵活、稳定、高效的特点，适用于生产量大、产品型号多、表面形状不规则的外表面喷涂，广泛用于汽车及其配件、家电、仪表、电器、搪瓷等方面。对于汽车而言，喷涂机器人生产线主要应用于车身外表面、车门内表面、发动机舱内表面、行李厢内表面、前照灯区域的喷涂作业。喷涂作业均在封闭的车间（喷涂房）中进行，多台机器人同时作业。机器人的喷涂工作主要有两种模式：一种是动/静模式，在这种模式下，喷涂物先被送到喷涂室中，在喷涂过程中保持静止；另一种是流动模式，在这种模式下，喷涂物匀速通过喷涂室。在动/静模式时机器人可以移动，在流动模式时机器人是固定不动的。

机器人自动喷涂生产线的结构根据喷涂对象的产品种类、生产方式、输送形式及油漆种类等工艺参数确定，并根据生产规模、生产工艺和自动化程度设置系统功能，如图 11-18 所示。

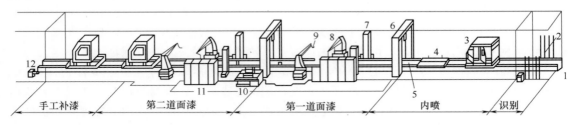

图 11-18　汽车机器人喷涂生产线流程图

1—输送链；2—识别器；3—白车身；4—输送车；5—启动装置；6—顶喷机；
7—侧喷机；8—喷涂机器人；9—喷枪；10—控制台；11—控制柜；12—同步器

（1）自动识别系统

识别系统是自动化生产线，尤其是多品种混流生产线必须具备的基本单元。它根据不同零件的形状特点进行识别，一般采用多个红外线光敏开关。当自动生产线上被喷涂零件通过识别站时，将识别出的零件型号进行编组排队，并通过通信送给总控系统。

（2）同步系统

同步系统一般用于连续运行的通过式生产线上，使机器人、喷涂机工作速度与输送链的速度之间建立同步协调关系，防止因速度快慢差异造成的设备与工件相撞。同步系统自动检测输送链速度，并向机器人和总控台发送脉冲信号，机器人根据输送链速度信号确定程序的执行速度，使机器人的移动位置与链上零件位置同步对应。

（3）工件到位自动检测

喷涂机器人开始作业的启动信号由工件到位启动检测装置给出。此信号启动喷涂机器人的喷涂程序。如果没有工件进入喷涂作业区，喷涂机器人则处于等待状态。启动信号的另一个作用是作为总控系统在工件排队中减去一个工件的触发信号。工件到位自动检测装置一般采用红外光电开关或行程开关产生启动信号。

（4）机器人与自动喷涂机

喷涂机器人多采用 5 或 6 自由度关节式结构，手臂有较大的运动空间，并可做复杂的轨迹运动，其腕部一般要有 2～3 个自由度，运动灵活。较先进的喷涂机器人腕部多采用柔性手腕，既可向各个方向弯曲，又可转动，其动作类似人的手腕，能方便地通过较小的孔伸入工件内部，喷涂其内表面。喷涂机器人具有动作速度快、防爆性能好等特点。

自动喷涂机由机械本体和电控装置构成，可单机运行，也可多机或与机器人一起在同一总控下联网运行，可用于喷漆、喷胶、喷塑等作业。自动喷涂机可以有侧喷、顶喷、仿形侧喷等形式。

（5） **总控系统**

总控系统是喷涂机器人生产线的核心，控制所有设备的运行，如图 11-19 所示，它具备以下功能：

① 全线自动启动、停止和连锁功能。

② 喷涂机器人作业程序的自动和手动排队、接收识别信号、向喷涂机器人发送程序功能。

③ 控制自动输漆换色功能。

④ 故障自动诊断功能。

⑤ 实时工况显示功能。

⑥ 单机离线（因故障）和连线功能。

⑦ 生产管理功能（自动统计产品、报表、打印）。

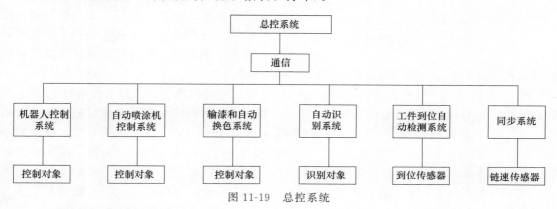

图 11-19　总控系统

（6） **涂料自动输送与换色系统**

为了保证自动喷涂线的喷涂质量，涂料输送系统必须采用自动搅拌和主管循环，使输送到各工位喷具上的涂料黏度保持一致。对于多色喷涂作业，喷具采用自动换色系统。这种系统包括自动清洗和吹干功能。换色器一般安装在离喷具较近的位置，这样可以减少换色的时间，满足时间节拍要求，同时，清洗时浪费涂料也较少。自动换色系统由机器人控制，对于被喷零件的色种指令，则由总控系统给出。

（7） **自动输送链**

自动喷涂线上输送零件的自动输送链有悬挂链和地面链两种。悬挂链分普通悬挂链和推杆式悬挂链。地面链的种类很多，有台车输送链、链条输送链、滚子输送链等。目前，汽车涂装广泛采用滑橇式地面链，这种链运行平稳、可靠性好，适合全自动和高光泽度的喷涂线使用。输送链的选择取决于生产规模、零件形状、重量和涂装工艺要求。悬挂链输送零件时，挂具或轨道上有可能掉异物，故一般用于表面喷涂质量要求不高和工件底面喷涂的自动线。而对大型且表面喷涂质量要求较高的零件，都采用地面链。

（8） **机器人喷涂工作站实例**

① 工作站硬件组成。该工作站是针对汽车前照灯及前翼子板表面进行喷涂而设计的。系统设备主要有防爆喷涂机器人（IRB540-12）及其控制器、输调漆系统、工件输送链、操作台、滑台电控箱、前翼子板支架、喷涂房及附件。

② 工作过程。首先开启喷涂房排风系统，保证工作环境处在负压状态，人工放置好工件（前照灯放置在转台上，前翼子板放置在支架上）。系统启动后，机器人运动到转台位置，

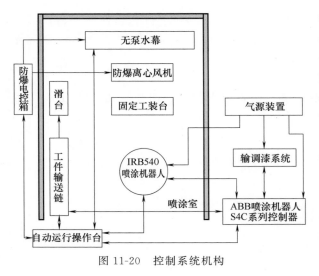

图 11-20　控制系统机构

滑台向前运行到喷涂位，机器人喷涂第一个灯罩，完成后转台右转，机器人喷涂第二个灯罩，完成后转台右转，机器人回到 home（原点）位，滑台运行到上下料位；机器人喷涂左前翼子板，完成后机器人喷涂右前翼子板，完成后机器人回到 home 位。

③ 工作站控制系统机构。喷涂房机器人控制系统结构如图 11-20 所示。

④ 工作站各部分硬件及功能。

a. 机器人控制柜。该系统中机器人控制柜控制机器人的喷涂运行过程，输调漆系统的工作也由机器人控制柜控制，操作台发出的运行、停止信号和工件输送链滑台、转台的位置信号以及排风机的运行信号也传送到 KRC，因此 KRC 是系统的中央控制器。

b. 工业机器人。机器人选用 ABB IRB540-12 防爆喷涂机器人。其技术参数有 12 项，分别为：承载能力 5kg；重复定位精度 0.06mm；轴数是 6；旋转 300°，最大转速 112 (°)/s；垂直臂 145°，最大转速 112 (°)/s；水平臂 95°，最大转速 112 (°)/s；腕 176°，最大转速 360 (°)/s；翻转 640°，最大转速 700 (°)/s；控制器 S4plus；本体重量 607kg；安装环境温度，机器人本体 5～45℃；防护等级本体 IP67，控制器 IP54。

该型号的机器人，采用独有的 Flexi Wrist（柔性手腕）专利技术，极大地便利了人工编程操作（点对点连续路径），只需人工将机器人移动至各个目标程序位置，然后按触发钮，系统将自动编写 RAPID 程序指令。

c. 输调漆系统。输调漆系统由隔膜泵、涂料调压器、气动搅拌器、背压阀、涂料桶、压力表、软管等组成。隔膜泵把涂料吸出并加压，经过涂料调压器，使涂料压力调整到喷涂要求，供给喷枪进行喷涂。多余的涂料和喷枪停喷时，涂料经过枪下三通及软管和背压阀流回涂料桶中，背压器的功能是使系统中有供喷涂的压力和使涂料流动的压差。

d. 工件输送链。工件输送链分上层转台和下层滑台两部分：上层转台托盘直径为 400mm，主要负责带动两个尺寸为 150mm×240mm 的前照灯灯罩，通过转台内部带动涡轮旋转气缸实现正负 180°旋转，以保证喷涂机器人对单独一件工件的表面均匀喷涂；下层滑台由滑台支架及滑台组成，利用无杆气缸的直线运动把工件从上下料输送到喷涂位，待工件喷完漆后，再自动送回上下料位。

e. 操作台、滑台电控箱。操作台上的系统启动、停止按钮都传送到机器人控制柜，再由机器人控制柜控制滑台、转台的运行。

滑台是由气动执行机构驱动的，通过电磁阀使气动阀门动作，从而控制滑台的转动和滑动。滑台、转台运行速度的调节可通过调整电磁阀、滑轮旋转气缸上流量阀门的开启大小来实现。

习　题

11.1　机器人生产线有哪些发展趋势？

11.2　机器人生产线有哪些可行性分析？

11.3　什么是节拍？有哪些功能？

11.4　滚珠丝杠副机构有哪些特性？

11.5　滚动直线导轨副有哪些特点？

11.6　什么是 PLC？有哪些功能？都有什么特点？

11.7　PLC 由哪些硬件构成？分别有什么功能？

11.8　什么是传感器？有什么特点？

11.9　温度传感器按工作原理可分为哪些类？

11.10　挑选温度传感器有哪些注意事项？

11.11　什么是人机界面？

11.12　什么是组态？有哪些功能？

第12章 ▶▶
机器人应用生产线的安装与调试

学习目标：

（1）了解机器人生产线安装的步骤及注意事项；

（2）了解工业机器人的安装步骤、控制柜的安装步骤、电气控制的安装步骤；

（3）了解机器人应用生产线操作注意事项；

（4）了解机器人应用生产线的启动和关闭；

（5）掌握汽车保险杠喷涂机器人生产线的安装步骤和方法；

（6）掌握机器人应用生产线调试的基本步骤；

（7）了解机器人智能制造生产线的安装与调试。

机器人应用生产线的安装与调试是机器人生产线能正常运行的先决条件，是能够安全生产的重要因素。工业机器人作为一种高科技集成装备，对专业人才有着多层次的需求，主要分为研发工程师、方案设计与应用工程师、调试工程师、操作及维护人员四个层次。工业机器人系统集成商和工业机器人应用企业需要大量的工业机器人调试工程师、操作及维护人员。这些人员都必须具备机器人安装与调试的基本技能。

12.1 ⊃ 机器人应用生产线的安装

机器人应用生产线由于系统组成的不同，它的结构也不同，所以机器人应用生产线安装也不同，但是所有系统的安装主要包括机器人的安装、控制柜的安装、电气系统的安装等。本节主要是介绍机器人应用系统安装的步骤、注意事项和安装的主要流程，并详细叙述了汽车保险杠机器人的安装过程。

12.1.1 机器人应用生产线安装的步骤及注意事项

（1）安装步骤

① 了解机器人应用生产线各个组成部分的结构与工作过程，掌握各个组成部分的工作原理与知识，明确各个部分的工作任务。

② 把生产线的各个组成部分进行分部安装，先安装机械部分，再安装电气部分。

③ 对安装好的生产线进行详细检查。

（2）注意事项

生产线的平面设计应当保证零件的运输路线较短、生产人员操作便捷、辅助服务部门工作便利、有效地利用生产面积，还要考虑到生产线安装之间的相互衔接。为了达到这些要求，在生产线平面布置时应考虑生产线的形式、生产线安装工作地的排列方法等问题。

生产线安装时工作地的排列要符合工艺路线,当工序具有两个以上工作地时,要考虑采用双列布置,将它们分列在运输线的两侧;若一个工人看管多台设备,要考虑使工人移动的距离尽可能短。

生产线的安装位置涉及各条生产线的相互关系,要根据加工部件、装配所要求的顺序进行排列,整体布置要认真考虑物料流向问题,从而缩短路线,减少运输工作量。总之,要合理、科学地进行生产线生产过程的空间组织。

12.1.2 工业机器人的安装

工业机器人是精密的机电设备,其运输和安装有着特别的要求,每一个品牌的工业机器人都有自己的安装与连接指导手册,但大同小异。工业机器人一般的安装流程如图 12-1 所示,各个步骤操作要认真阅读手册相关部分。

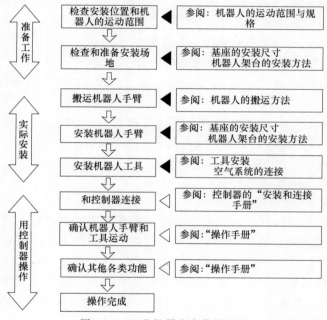

图 12-1 工业机器人安装流程图

12.1.2.1 准备工作

(1) 检查安装位置和机器人的运动范围

安装工业机器人的第一步就是对安装车间进行考察,包括厂房布局、地面状况、供电电源等基本情况,然后通过手册,认真研究本机器人的运动范围,从而设计布局方案,如图 12-2 所示,确保安装位置有足够机器人运动的空间。

① 在机器人的周围设置安全围栏,以保证机器人最大的运动空间,即使在臂上安装手爪或焊枪的状态也不会和周围的机器产生干扰。

② 设置一个带安全插销的安全门。

③ 安全围栏设计布局合理。

④ 控制柜、操作台等不要设置在看不见机器人主体动作之处,以防意外发生时无法及时发现。

(2) 检查和准备安装场地

① 机器人本体的安装环境要满足以下要求:

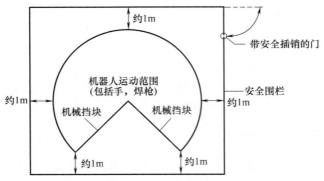

图 12-2　机器人安装布局

a. 当安装在地面上时，地面的水平度在 +5° 以内。

b. 地面和安装座要有足够的刚度。

c. 相对湿度必须在 35%～85% 之间，无凝露。

d. 确保安装位置无易燃、腐蚀性液体和气体。

e. 确保平面度以免机器人基座部分受额外的力。如果实在达不到，使用衬垫调整平面度。

f. 工作环境温度必须在 0～45℃ 之间。低温启动时，油脂或齿轮油的黏度大，将会产生偏差异常或超负荷，此时必须实施低速暖机运转。

g. 确保安装位置不受过大的振动影响。

h. 确保安装位置极少暴露在灰尘、烟雾和水环境中。

i. 确保安装位置最小的电磁干扰。

② 机器人基座的安装。安装机器人基座时，认真阅读安装连接手册（不同的机器人的基座也不相同），清楚基座安装尺寸、基座安装横截面、紧固力矩等要求，使用高强度螺栓通过螺栓孔固定。

③ 机器人架台的安装。安装机器人架台时，认真阅读安装连接手册，清楚基座安装尺寸、基座安装横截面、紧固力矩等要求，使用高强度螺栓通过螺栓孔固定。

12.1.2.2　实际安装

（1）搬运机器人手臂

① 搬运、安装和保管注意事项：

a. 当使用起重机或叉车搬运机器人时，绝对不能人工支撑机器人机身。

b. 搬运中，绝对不要趴在机器人上或站在提起的机器人下方。

c. 在开始安装之前，请务必断开控制器电源及主电源，设置施工标志。

d. 开动机器人时，务必在确认其安装状态没有异常后接通电源，并将机器人的手臂调整到规定的姿态，此时小心不要接近手臂。

e. 机器人机身是由精密零件组成的，所以在搬运时，务必避免让机器人受到过分的冲击和振动。

f. 用起重机和叉车搬运机器人时，请事先清除障碍物等，以确保安全地搬运到安装位置。

g. 搬运及保管机器人时，其周边环境温度在 10～60℃ 内、相对湿度在 35%～85% 内，无凝露。

② 机器人的运输：

a. 一般是木箱包装，包括底板和外壳。底板是包装箱承重部分，与内包装物之间有固定，内包装物不会在底板上窜动，是起重机或叉车搬运的受力部分。箱体外壳及上盖只起防护作用，承重有限，包装箱上不能放重物、不能倾倒、不能淋雨。

b. 拆包装前先检查是否有破损，如有破损联系运输单位或供应商。使用电动扳手、撬杠、羊角锤等工具，先拆盖，再拆壳，注意不要损坏箱内物品。最后拆除机器人与底板间的固定物，可能是钢丝缠绕、长自攻钉、钢钉等。

c. 核查零部件。根据装箱清单核查机器人系统零部件，一般包括机器人本体、控制柜、示教器、连接线缆、电源等，同时注意检查外观是否有损坏，如有损坏及时拍照联系供应商。

③ 机械臂的搬运方法。机器人出厂时已调整到易于搬运的姿态，可以用叉车或起重机搬运。首先根据机器人重量选择适当承重的叉车或起重机。注意叉车或起吊绳位置，确保平衡稳定。

(2) 安装机器人手臂

① 机器人基座直接安装在地面上时，将 28mm 以上厚度的铁板埋入混凝土地板中或用地脚螺栓固定，如图 12-3 所示。此钢板必须尽可能稳固以承受机器人手臂来的反作用力。不同型号机器人的跌倒力矩 M、旋转力矩 T、安装螺栓尺寸、紧固力矩等不同，请查安装连接手册。

② 机器人架台安装在地面时，如图 12-4 所示，与机器人基座直接安装在地面上时的要领几乎相同。不同型号机器人的跌倒力矩 M、旋转力矩 T、安装螺栓尺寸、紧固力矩等不同，请查安装连接手册。

③ 机器人底座安装在地面时，如图 12-5 所示。用螺栓孔安装底板在混凝土地面或铁板上。不同型号的机器人的跌倒力矩 M、旋转力矩 T、底板质量、底板安装孔、底板尺寸等不同，请查安装连接手册。

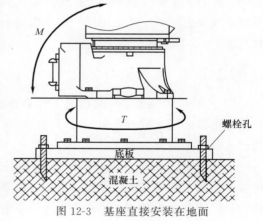

图 12-3　基座直接安装在地面

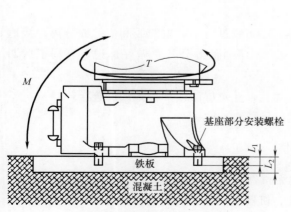

图 12-4　机器人架台安装在地面

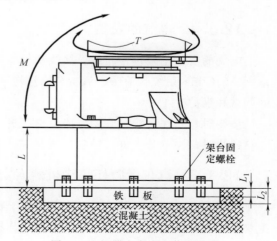

图 12-5　机器人底座安装在地面

（3）安装机器人工具

① 不同功能的工业机器人的末端工具不同，焊接机器人是焊枪，喷涂机器人是喷枪，码垛机器人则是手爪。这些工具安装时请参考相关手册。

② 先进的机器人系统安装的是工具的快换装置，通过使机器人自动更换不同的末端执行器或外围设备，使机器人的应用更具有柔性。这些末端执行器和外围设备一般包含：电焊焊枪、抓手、真空工具、气动和电动机等。工具快换装置包括一个机器人侧用来安装在机器人手臂上，还包括一个工具侧用来安装在末端执行器上。工具快换装置能够让不同的介质例如气体、电信号、液体、视频、超声等从机器人手臂连通到末端执行器。机器人工具快换装置的优点是生产线更换可以在数秒内完成，维护和修理工具可以快速更换，可以大大降低停工时间；通过在应用中使用多个末端执行器，从而使柔性增加；使用自动交换单一功能的末端执行器，代替原有笨重复杂的多功能工装执行器。机器人工具快换装置使单个机器人能够在制造和装备过程中使用不同的末端执行器增加柔性，被广泛应用于自动点焊、弧焊、材料抓举、冲压、检测、卷边、装配、材料去除、毛刺清理、包装等方面。

③ 工具快换装置在一些重要的应用中能够提供备份工具，有效避免意外事件对生产的影响。相对人工需要数小时更换工具，工具快换装置自动更换备用工具能够在数秒内完成。同时，该装置还被广泛应用在一些非机器人领域，如托台系统、柔性夹具、人工点焊和人工材料抓举。

12.1.3 控制柜的安装

① 控制柜的搬运。控制柜上一般都有吊环，在搬运时可以视情况而定。如果是规模比较大的可以采用起重机搬运；也可以使用叉车搬运；如果是规模较小的可以人工搬运。注意搬运过程中不要发生碰撞。

② 控制柜的安装。控制柜位置要距离地面 20cm 以上，保证控制柜通风良好。控制柜一般置于地面，根据环境的原因，也可以将其安装在高处，但是在安装过程中必须要加装固定螺钉，以防掉落或倾倒。参考安装连接手册连接控制柜与本体、控制柜与电源间线缆。

③ 示教器与控制柜连接。参考安装连接手册中线缆图操作连接。

④ I/O 连接设置。参考安装连接手册中 I/O 设置图操作连接。

12.1.4 电气的安装

电气的安装主要包括布线、接线和校线等。在布线过程中，电源线和信号线分离，接地系统、C-Clink 系统、消防、风机与输送链系统、网络通信等分开并做好标记，有利于后期的调试和维护。

接线时，要注意线号管的方向，电线进行捆扎，注意屏蔽线和接地线的连接。

校线时，注意分类进行单独校线。

12.1.5 汽车保险杠喷涂机器人安装

汽车保险杠喷涂机器人采用的是 ABB 喷涂机器人，通过涂装机器人的安装指导文件，主要从安装流程、安装准备、机器人搬运作业、机器人安装、电气设备安装等方面熟悉机器人的安装流程和注意事项。

（1）安全注意事项

① 危险区域：每个进入现场的人员都应该知道，涂装喷房是一个高度危险的区域，里面可能充满各种可燃性气体、液体等。在涂装车间的任何动火作业，都是极其危险的，必须实施时，必须计划周全，准备充分，并取得相应许可。油漆、溶剂除了易燃外，对人体尤其是眼睛，也是严重的危险品，所以穿戴防护用品是必要的。当涉及桥架安装作业时，部分工作通常需要在高空完成，请采取必要的安全措施，穿戴防护用具。

② 作业队伍应当有一名专业的安全管理员，负责对全体入场的施工人员进行安全教育，负责施工过程中的安全管理，负责施工区域的安全防护设施、警示标志等。

③ 机器人安装作业区域应当设立明显告示，用于告知其他人员本区域可能存在的危险，防止无关人员闯入作业现场。

④ 所有作业人员都必须穿戴合格的劳动保护用品，着装应当统一，以便于识别和管理。

⑤ 起重作业、焊接作业、电气作业，应当由有相关专业资格的专业人员负责。

⑥ 所有特殊作业，如高空作业和动火作业等，应当遵守相关规定。

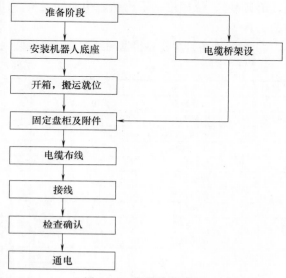

图 12-6 安装作业流程

（2）安装作业流程

安装作业流程首先是准备阶段，主要工作有：准备安装工具等；确定机器人位置（机器人都是很沉重和笨拙的，位置确定后是不会有任何挪动的），安装机器人底座；开箱，机器人搬运就位；固定盘柜及附件；电缆布线、接线等。安装作业流程具体如图 12-6 所示。

（3）安装准备

由于喷涂机器人流水线用到的机器人重量比较重，所以安装的准备工作要全面和齐全一些。已知条件：开箱后的机器人，高度约为 2200cm，宽度约为 1300cm，机器人的重量约为 1t。

① 作业人员准备。施工现场应当配备一些主要的施工人员（根据施工情况可以适当调整），如表 12-1 所示。

表 12-1 主要施工人员

序号	人员分类	职责描述	需要数量
1	施工项目经理	全面负责工程项目实施	1 人
2	电气工程师	负责电气相关工作	1 人
3	机械工程师	负责机械相关工作	1 人
4	安全管理员	负责安全管理	1 人
5	工长	协调施工进度,人员配置等	1 人
6	电工	具备资格认可的作业人员	根据进度要求配置
7	电焊工	具备资格认可的作业人员	根据进度要求配置
8	起重工	具备资格认可的作业人员	根据进度要求配置
9	钳工、管道工	具备资格认可的作业人员	根据进度要求配置
10	其他辅助人员	—	根据进度要求配置

② 工具准备。在施工之前，有必要准备以下设备和工具，在开箱、搬运和安装时都需要用上。主要工具有水平尺、套筒扳手、管钳、活动扳手、开口扳手（1套）、榔头、螺丝刀（螺钉旋具）（1套）、内六角扳手（1套）、钳子、梯子、8t吊车（根据现场空间和距离确定）、手动或电动叉车（1台）、万向轮转运小车（带刹车）、1t起重葫芦（4个）、手持圆盘锯（1个）、手持带锯（1个）、手工电弧焊工具（1套）、电钻（1个，钻头齐全）、尼龙吊带和钢丝绳、撬棍（4根）、斜口钳、剪子、卷尺、锉刀（1套）、丝锥、手锯、电工工具（1套）、拆装拉钩、水准仪（用于测量机器人底座的安装标高误差）、端子压接钳（接线时使用，0.5~14mm）、一字螺丝刀（要求细长，前端宽度小于4mm）、开孔器（在喷房壁开圆孔，消耗品）、拉铆枪、手枪钻、角向磨光机、切割机、磁力电钻（现场钻孔时使用）、其他辅助工具等。

③ 材料准备。主要是根据图纸准备一些安装现场需要用到的材料，详细材料如表12-2所示。

表 12-2　主要材料一览表

序号	材料名称	规格	数量	用途
1	电缆桥架	见电气方案		
2	支架角钢	1.40cm×4cm	现场	
3	厚壁电线管	DN15-DN40	现场	
4	C型钢		现场	固定线管
5	各种管卡		现场	
6	普通钢板	20mm	见图纸	制作机器人底座
7	普通钢板	4~6mm	现场	铺设道路用
8	槽钢	10号	见图纸	固定机器人底座
9	工字钢	16号	见图纸	固定机器人底座
10	角钢		见图纸	制作空气盘支架
11	方钢		见图纸	吊架;选择站光电管架
12	钢管	DN25	见图纸	选择站光电管架
13	钢管	DN25	现场	压缩空气用

④ 加工制作件。

a. 桥架用角钢支架，按标准图制作；

b. 临时吊架，按现场需要设计定制；

c. 中继板开孔位置，根据现场确认；

d. 选择盘支架，现场确认。

（4）机器人搬运作业

① 察看现场地形状况，确定吊装地点和搬运通道。已知条件：开箱后的机器人，高度约为2200cm，宽度约为1300cm，机器人的重量约为1吨，脱离包装板后的机器人处于不平衡状态。

② 确定转运通道时，需考虑通道的承重量，机器人能平稳通过，不碰损周围设备和机器人本体。如有必要时，可以采用钢板铺设临时道路。

③ 开箱：

a. 选择开箱地点：对于设置在二楼的喷房类型，请先用吊车将包装箱吊上二楼。

b. 开箱时，请注意不要损坏机器人及其附件。如发现有原始的缺陷，及时通知供应商现场工程师确认，或拍下照片存档。

c. 开箱顺序：请考虑机器人就位的先后顺序，以方便现场转运。

④ 道路铺设：

a. 尽量选择平稳宽敞的道路。必须通过复杂地形时，采取一些必要的辅助措施，如搭设临时道路等方法，确保机器人平稳通过。

b. 进入喷房后，建议采用钢板铺垫格栅板，以免格栅卡阻转运小车。

⑤ 搬运：

a. 搬运方法。首先平整疏通搬运通道；然后开箱，保留包装底板；接着使用手动液压叉车移动机器人至喷房入口处；在喷房入口处利用吊架拆除包装底板，将机器人移至叉车上；利用叉车，在喷房内将机器人转运至安装位置；在安装位置处，采用一副临时吊架，将机器人吊起至底座上；最后用螺栓将机器人固定在底座上。

注意事项：搬运时注意避免在不平坦的道路上转运机器人，以防止机器人倾倒；使用承重能力至少一吨的尼龙吊带吊装机器人，以免刮伤机器人表面。

b. 使用工具。在搬运过程中使用的工具有两台手动液压叉车、一副临时吊具、四个一吨手拉葫芦、六副承重一吨以上的尼龙吊带、用来搭建临时道路的钢材若干、扳手和撬棍等。

（5）机器人安装

① 机器人底座安装。根据喷涂房的平面图，先确定机器人的位置，然后在将机器人转运入喷房之前，先把四个机器人底座按预先规定好的位置按图纸进行安装。

安装时注意：

a. 安装精度：平面定位误差，对角线偏差，请控制在±1mm 以内；水平度误差请控制在 0.5% 以内；各底座的相对高度差控制在±3mm 以内。

b. 准备一些薄垫片用于调整水平度。

c. 完成后，请记录下安装调整情况。

② 临时吊架。如果现场没有可以使用的吊装支点，就有必要准备临时吊架，如果是喷涂房内使用，那么吊架的尺寸应符合现场空间的限制。推荐尺寸：长×宽×高＝1800mm×1800mm×3200mm。

满足条件：

a. 能承受机器人重量 1t；

b. 能提升机器人至少 500mm；

c. 能包容机器人的外形尺寸（横拉杆要能方便拆装）；

d. 能自由移动（建议使用带刹车的万向轮）。

③ 机器人就位：

a. 就位方法。用手动叉车将机器人转运到安装底座旁边后，用临时吊架把机器人吊起，吊起高度约 500mm，然后慢慢移动吊架，让机器人处于底座的正上方；接下来，慢慢放下机器人，让它落在底座上，同时尽可能地让机器人的螺栓孔靠近底座上的螺栓孔。

因为喷房结构尺寸空间限制，可能无法将机器人对准安装螺栓孔。这时候需联系 ABB 工程师，需要采用手动松刹车的方法，来改变机器人手臂的位置状态，以便有足够的空间来移动机器人至正确的安装位置（注意：必须找专业人员进行操作，而不能擅自操作）。然后再次将机器人吊起，稍稍离开底座即可，用细小的撬棍拨动机器人，即可正确就位。

b. 安全注意。机器人本体自带两个吊装环，但这两个点并不能确保机器人处于平衡状态，因此在吊装时，请务必增加第三个点以确保平稳吊起。

c. 要点。准备一些便利的工具，比如短而细的撬棍，以便在机器人就位时轻轻拨动机器人。就位时，如果喷房结构上没有安全可靠的吊装点，请提前准备一副可移动的临时吊架。就位后，请用螺栓固定好机器人。等待机器人通电后，根据机器人的实际跟踪轨迹，再调整水平和高度。

（6）控制柜安装

① 每台机器人都带有一台控制柜，如图 12-7 所示，熟悉控制柜的内部结构。

② 安装位置：按机器人平面布置图施工。

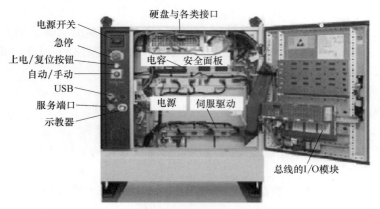

图 12-7　ABB 控制柜结构

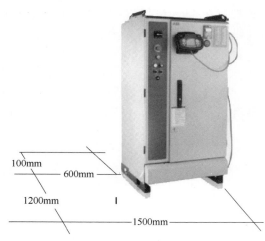

③ 请注意要使控制柜与周边物体保持至少 100mm 的净空距离。为了防止地面积水造成事故，所有控制柜都要求安装在基础槽钢之上，柜子周围留的空间参照图 12-8。

④ 搬运控制柜。在安装控制柜时，根据控制柜的大小不同搬运方法也不一样，如果控制柜较大，要用叉车或起重机搬运控制柜。

（7）连接机器人本体与控制柜

机器人本体与控制柜的连接主要是电机动力电缆与转数计数器电缆、用户电缆的连接，控制柜与主电源的连接，控制柜与示教器的连接等。具体连接如图 12-9～图 12-11 所示。

图 12-8　控制柜周围空间尺寸

机器人本体与控制柜间的连接主要是电机动力电缆与转数计数器电缆，还有用户电缆的连接

转数计数器电缆连接到机器人本体底座接口

转数计数器电缆连接到控制柜接口

电机动力电缆连接到机器人本体底座接口

电机动力电缆连接到控制柜接口

用户电缆连接到机器人本体底座接口

图 12-9　机器人本体与控制柜连接（步骤 1～6）

用户电缆连接
到控制柜接口

 在控制柜门内侧，贴
有一张主电源连接指
引。ABB机器人使用
380V三相四线制

 主电源电缆从
此口接入

 主电源接地点PE

 主电源开关，接入
380V三相电线

 示教器连接到控制柜

图 12-10　机器人本体与控制柜连接（步骤 7～12）

 控制柜接口连接完成

 机器人本体底座接口
连接完成

 在检查主电源输入正常后，合上
控制柜的主电源开关，开始进行
调试工作

图 12-11　机器人本体与控制柜连接（步骤 13～15）

(8) 电气安装

电气安装时按照喷房机器人控制系统布局图及 ABB 安装手册进行施工。

① 桥架安装，包括支架要求、跨接接地、部件制作等。

② 布线。电源线和信号线分离、单独接地系统、C-Clink 系统、消防、风机与输送链系统、网络通信、锁扣检查等。

③ 接线。线号管方向、电线捆扎、电线分布、屏蔽线与接地线等。

④ 校线。

(9) I/O（输入/输出）连线

一般机器人的各关节运动是由关节轴电动机的正反转控制的，机器人上安装的末端工具如机械手爪、焊枪、喷枪等是由 PLC 控制的，这些装置输入输出信号线具体的连接参照信

图12-12　机器人I/O接线图

号输入输出原理图。连接后效果如图12-12所示。

（10）其他装置安装

① 空气单元和吹扫单元安装。每套机器人都包含一个空气单元和吹扫单元。空气单元是机器人系统的空气接入口，起过滤和分配的作用；吹扫单元为机器人提供过压的空气，防止危险气体进入机器内部。按照机器人平面布置图安装，空气单元和吹扫单元都安装在同一个架子上，前面安装空气单元，右侧安装吹扫单元。

② 中继板安装。中继板是一块安装在喷房上的连接板，用于连接机器人需要穿出喷房的电缆和气管。安装时需要在喷房壁适当位置切割一个320mm×200mm的方孔。安装位置现场指定，切割喷房壁时，必须采用严密的防火措施，尤其是当周围有可燃物体时。全部安装完成后，使用密封胶泥封堵所有空隙。

③ 紧急停止按钮安装。在每个机器人区域的上游和下游，都分别设计有紧急停止按钮，当有意外情况发生时，可以紧急停止机器人的一切动作。在每个机器人区域的上游和下游喷房墙壁上各设一个，共两个。位置要醒目，以便于发生紧急情况迅速找到此按钮。此位置要既便于紧急情况时操作，也不容易在平时被意外碰触而引起系统停止。

④ 接续盒安装。接续盒用于连接机器人和示教器，每套机器人都有一个，共4个。通常安装在机器人站单独上下游防护门上。请使用小桥架保护引出的电缆。

系统中编码器、机器人接地检查挂钩、接近开关、高压通电指示灯、防火门、安全插销、压缩空气接入、连接油漆管道系统等必须按相关规范安装。

12.2 ◐ 机器人应用生产线的调试

机器人应用生产线的调试是机器人生产线生产的一个重要环节，调试可以保证生产线的各个组成单元都能正常工作，也可以优化生产节拍。

机器人应用生产线调试的基本步骤：

① 检查各部分机械结构安装是否正确。

② 检查各部分电气安装是否正确。

③ 应用示教器调试机器人是否能正常使用。

④ 打开应用程序，试运行生产线系统。

⑤ 优化程序，完成最终生产目标。

机器人应用生产线调试的注意事项：

① 按照功能模块进行分模块、分区域调试；

② 调试按先结构后控制的顺序进行；

③ 检查确定无误后方可进行运行。

机器人应用生产线因为功能不同，它的组成结构也有很大的不同，但是不管是完成什么的机器人生产线，机器人都是其中的重要组成部分，所以机器人的调试是机器人生产线调试的重要组成部分，下面主要介绍ABB机器人的调试方法。

12.2.1　安全操作注意事项

① 未经许可不能擅自进入机器人工作区域，机器人处于自动模式时，不允许进入其运动所及区域。

② 机器人运行中发生任何意外或运行不正常时，立即使用 E-Stop 键（急停按钮），使机器人停止运行。

③ 在编程、测试和检修时，必须将机器人置于手动模式，并使机器人以低速运行。

④ 调试人员进入机器人工作区时，需随身携带示教器，以防他人误操作。

⑤ 在不移动机器人及运行程序时，要及时释放使能器。

⑥ 突然停电后，要手动及时关闭机器人的主电源和气源，任何检修都要切断气源。

⑦ 严禁非授权人员在手动模式下进入机器人软件系统，随意修改程序及参数。

⑧ 万一发生火灾，应使用二氧化碳灭火器灭火。

⑨ 机器人停机时，必须空机，夹具上不应该有任何物品。

⑩ 机器人气路系统中的压力可达 0.6MPa，任何相关检修都必须切断气源。

⑪ 必须保管好机器人钥匙，严禁非授权人员在手动模式下进入机器人软件系统，随意翻阅和修改程序及参数。

12.2.2　机器人的启动和关闭

(1) ABB 机器人示教盒

示教器是进行机器人的程序编写、手动操纵、参数配置以及监控用的手持装置。如图 12-13 所示为 ABB 机器人示教器 FlexPendant，由急停开关 [emergency stop button（E-Stop）]、使能器（enabling device）、操纵杆（joystick）、显示屏（display）等硬件组成。

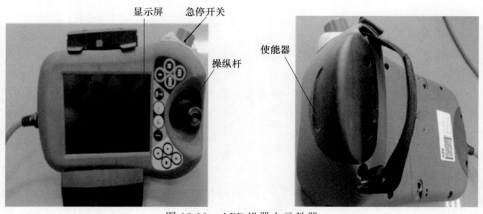

图 12-13　ABB 机器人示教器

使能器按钮是为保证操作人员人身安全而设计的。使能器上有三级按钮：默认不按为一级不得电，按一下为二级得电，按到底为三级不得电。在手动状态下按下去，机器人将处于电机开启状态。只有按下使能按钮并保持在"电机开启"的状态才可以对机器人进行手动的操作和程序的调试。当发生危险时（受到惊吓），人会本能地将使能按钮松开或按紧，这两种情况下机器人都会马上停下来，保证了人身与设备的安全。

(2) 机器人的调试

机器人的调试可以通过摇动示教器上的摇杆来控制机器人的运动和用示教器编程控制机

器人的运动来进行，观察机器人的各个关节是否活动正常，是否能按照预定轨迹进行运动。

① 摇杆调试。机器人系统启动后，在按下示教器上的使能键给机器人上电后，就可以摇动摇杆来控制机器人的运动。摇杆可以控制机器人分别在三个方向上运动，也可以控制机器人在三个方向上同时运动。机器人的运动速度与摇杆的偏转量成正比，偏转越大，机器人运动速度越快，但最高速度不会超过 250mm/s。

轻轻按住使能键，使机器人各轴上电，摇动摇杆使机器人的轴按不同方向移动。如果不按或者用力按下使能键，机器人不能上电，摇杆不起作用，机器人不能移动。方向属性并不显示操作单元实际运动的方向，操作时以轻微的摇动辨别实际操作单元的运动方向。操作杆倾斜或旋转角度与机器人的运动速度成正比。为了安全起见，在手动模式下，机器人的移动速度要小于 250mm/s。操作人员应面向机器人站立，机器人的移动方向如表 12-3 所示。

表 12-3　机器人移动方向

摇杆操作方向	机器人移动方向
操作方向为操作者前后方向	沿 X 轴运动
操作方向为操作者左右方向	沿 Y 轴运动
操作方向为摇杆正反旋转方向	沿 Z 轴运动
操作方向为操纵杆倾斜方向	与摇杆倾斜方向相应的倾斜移动

机器人的移动情况与操纵摇杆的方式有关，既可以实现连续移动，也可以实现步进移动。摇杆偏移 1s，机器人持续步进 10 步。摇杆偏移 1s 以上时，机器人连续移动。摇杆偏移或偏转一次，机器人运动一步，成为步进运动。机器人需要准确定位到某点时常使用步进运动功能。通过摇杆的操纵和观察机器人的移动方向来判断机器人的运行是否正常。

② 校准。ABB 机器人每个关节轴都有一个机械原点的位置。在下面几种情况下，需要对机械原点的位置进行转数计数器的更新操作：

a. 机器人初次启动。

b. 当转数计数器发生故障，修复后。

c. 转数计数器与测量板之间断开过以后。

d. 断电后，机器人关节轴发生了移动。

e. 更换伺服电动机转数计数器电池后。

f. 当系统报警提示"10036 转数计数器未更新"。

图 12-14 是机器人六个原点刻度的示意图，使用手动操纵让机器人各关节轴运动到机械原点，原点的刻度位置顺序是 4—5—6—1—2—3。

更新前必须将各关节移动到机器人的机械原点的位置，然后按步骤完成校准。

（3）启动机器人系统

在确认机器人工作范围内无人后，合上机器人控制柜上的电源主开关，系统自动检查硬件，示教器出现开始画面。

① 点击"ABB"进入菜单。机器人第一次通电开机时，默认的语言是英语，为了操作方便，可以更改为汉语。点击 ABB 图标，然后点击"配置选项"，在打开的窗口里选

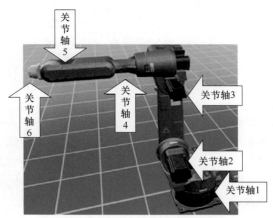

图 12-14　机器人原点刻度的示意图

择"语言"，在新打开的窗口里选择"中文"，最后点击"确定"，完成语言转换，以后再使用时就是汉语窗口。

② 校准前先备份系统。点击菜单中的备份与恢复。

③ 备份后，返回主界面，选择"校准"，在校准的界面中选择"校准"，然后在新打开的画面里点击"更新转数计数器"，在弹出的对话框里点击"继续"，接着在新打开画面里先点击"全选"，然后点击"更新"，在弹出的对话框里点击"更新"。

④ 输入校准参数的方法。当出现 50295、50296 或其他与 SMB 有关的报警时，请检查校准参数，需要时要对其进行修正。

⑤ 配置 I/O 单元。在机器人示教器的主界面点击"控制面板"，在控制面板界面选择"配置"，在配置界面选择"I/O"，然后在打开的界面选择"Unit"并选择"显示全部"，在 Unit 界面选择"添加"，然后在打开的界面里设定框中的数值，接下来在打开的界面里根据机器人的具体 I/O 个数设 DN 的值，最后在弹出的对话框里点击"是"。

⑥ 设定数字输入 di1。重新回到 Unit 界面选择"Signal"，然后选择显示全部，在新打开的界面选择"添加"，接着在打开的界面的组合框里设定数值 di1，最后在弹出的对话框中点击"是"。

只需要按照上述步骤将 di1 改为自定义的对应输入或输出信号的名字即可。等所有的信号全部配置完成后，就将对应的信号线接入通信板上。

⑦ 检查信号。当所有的 I/O 信号配置完成后，回到 ABB 主界面，点击"输入/输出"按钮，进入输入输出界面。

可以对 I/O 信号进行监控。0 表示没信号，1 表示有信号。检查配置的信号与实际信号是否对应正确。

通过操作来查看机器人的运动情况及各个关节的运转情况，并运行事先编辑好的程序看机器人是否能按照预期的轨迹运行等。在调试过程中不管是在哪里出现报警或异常情况都要及时按下紧急停止按钮。

经过调试，机器人能正常运转，但生产线系统中如果有其他的单独模块也要进行单独调试，生产线不同，其他模块不一样，调试方法也有所不同。所有独立模块都调试成功了就可以调试整个生产线的系统。操作过程如下：

① 接通气源，接通主电源。

② 电控柜内空气开关送电；第一次上电和初始化后，需要确保安全门关好，供料台有产品。相机软件打开，处于开始测试的状态。

③ 机器人系统上电初始化完成后，清除所有故障报警信息。

④ 确认示教器与机器人控制柜是否是手动模式。

⑤ 示教器专用外部信号是否启用，示教器是否切换到单步模式。

⑥ 触摸屏无气缸异常报警。如有其他报警请在手动模式处理。

可通过主控制台上的触摸屏对生产线系统进行调试，先进行手动调试，调试各个气缸和传感器都能正常工作；再进入自动模式，调试整个系统的运行，并通过运行情况适当修改程序，优化程序，优化生产节拍。如果机器人应用生产线有任何异常都要按下急停按钮，再处理异常，直到系统能正常运行后，方可投入生产。

（4）机器人系统的关闭

在关闭机器人系统之前，首先要检查是否有人处于工作区内，以及设备是否运行，以免发生意外。如果有程序正在运行或者手爪握有工件，则要先用示教器上的停止按钮程序停止运行并使手爪释放工件，然后再关闭主电源开关。

12.3 ➲ 机器人应用生产线的安装与调试案例分析

12.3.1 机器人智能制造生产线的安装

机器人智能制造生产线由智能仓储系统、六个机器人工作站、物流传输线、机械拆装组件、运料小车等构成。该生产线主要可以完成工业机器人搬运、码垛、焊接、涂胶、装配、协同等工作。通过机器人智能制造生产线的安装指导文件，主要从安装流程、安装准备、机器人搬运作业、机器人工作站安装、电气设备安装等方面熟悉机器人应用生产线的安装流程和注意事项。

（1）安全注意事项

① 所有进入现场的工作人员都要遵守作业现场的规章制度，现场工作人员要在规定的区域内进行活动，不能在现场随意走动，以免发生危险。

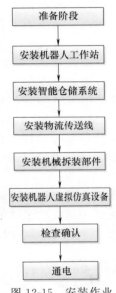

图 12-15　安装作业总体流程

② 作业队伍应当有一名专业的安全管理员，负责对全体入场的施工人员进行安全教育；负责施工过程中的安全管理；负责施工区域的安全防护设施，警示标志等等。

③ 机器人安装作业区域应当设立明显告示，用于告知其他人员本区域可能存在的危险，防止无关人员闯入作业现场。

④ 所有作业人员都必须穿戴合格的劳动保护用品。

⑤ 起重作业、焊接作业、电气作业，应当由有相关专业资格的专业人员负责实行。

（2）安装作业流程

安装作业流程首先是准备阶段，主要准备安装工具等；确定机器人工作站位置（机器人都是很沉重和笨拙的，位置确定后是不会有任何挪动的），安装机器人工作站系统；确定智能货架的具体位置，安装智能货架；确定物流传送线的位置，安装物流传送线等。安装作业总体流程具体如图 12-15 所示。

（3）安装准备

由于机器人智能制造生产线涉及的设备较多，机器人重量较重，所以在安装前一定要做一些准备工作，才能保证施工项目正常完工。

① 作业人员准备。施工现场应当配备一些主要的施工人员（根据施工情况可以适当调整），如表 12-4 所示。

表 12-4　主要施工人员

序号	人员分类	职责描述	需要数量
1	施工项目经理	全面负责工程项目实施	1人
2	电气工程师	负责电气相关工作	1人
3	机械工程师	负责机械相关工作	1人
4	安全管理员	负责安全管理	1人
5	工长	协调施工进度，人员配置等	1人
6	电工	具备资格认可的作业人员	根据进度要求配置
7	其他辅助人员	进行搬、抬设备，身体素质好的人员优先考虑	根据进度要求配置

② 工具准备。在施工之前，有必要准备以下设备和工具：手动或电动叉车（1台）；吊架一副；万向轮转运小车（带刹车）；电钻（1个，钻头齐全）；尼龙吊带和钢丝绳；撬棍（4根）；水平尺；套筒扳手；管钳；活动扳手；开口扳手（1套）；螺丝刀（螺钉旋具）（1套）；内六角扳手（1套）；钳子；斜口钳；剪子；卷尺；锉刀（1套）；手锯；电工工具（1套）；拆装拉钩；水准仪；用于测量机器人底座的安装误差；端子压接钳，接线时使用，0.5～14mm；一字螺丝刀，要求细长，前端宽度小于4 mm；其他辅助工具等。

（4）机器人搬运作业

① 察看现场地形状况，搬运通道。已知条件：开箱后的机器人，高度约为2000cm，宽度约为1300cm；机器人的重量约为130kg。

② 确定转运通道时，需考虑通道的承重量，机器人能平稳通过，不碰损周围设备和机器人本体。如有必要时，可以采用钢板铺设临时道路。

③ 开箱：

a. 选择开箱地点，方便机器人进入厂房。

b. 开箱时，请注意不要损坏机器人及其附件。如发现有原始的缺陷，及时通知供应商现场工程师确认，或拍下照片存档。

c. 开箱顺序：请考虑机器人就位的先后顺序，以方便现场转运。

④ 道路铺设：

a. 尽量选择平稳宽敞的道路，必须通过复杂地形时，采取一些必要的辅助措施，如搭设临时道路等方法，确保机器人平稳通过。

b. 进入厂房后，建议采用钢板铺垫格栅板，以免格栅卡阻转运小车。

⑤ 搬运。首先平整、疏通搬运通道；然后开箱，保留包装底板；接着使用手动液压叉车移动机器人至厂房入口处；在喷房入口处利用吊架拆除包装底板，将机器人移至叉车上；利用叉车，在厂房内将机器人转运至安装位置；在安装位置处，采用一副临时吊架，将机器人吊起至底座上；最后用螺栓将机器人固定在底座上。

注意事项：搬运时注意避免在不平坦的道路上转运机器人，以防止机器人倾倒；使用承重能力至少300kg的尼龙吊带吊装机器人，以免刮伤机器人表面。

（5）机器人工作站安装

机器人工作站由FANUC机器人、机器人控制柜、工装夹具工作台等部分构成。

① 机器人底座安装：

a. 根据喷涂房的平面图，先确定机器人的位置，然后在将机器人转运入喷房之前先把四个机器人底座按预先规定好的位置（按图纸）进行安装。

安装时注意：平面定位误差，对角线偏差，请控制在±1mm以内；水平度误差请控制在0.5%以内；各底座的相对高度差控制在±3mm以内。

b. 准备一些薄垫片用于调整水平度。

c. 完成后，请记录下安装调整情况。

② 机器人就位。用手动叉车将机器人转运到安装底座旁边后，用两个到三个工作人员把机器人搬起，搬起高度约500mm，然后慢慢移动，让机器人处于底座的正上方；接下来，慢慢放下机器人，让它落在底座上，同时尽可能地让机器人的螺栓孔靠近底座上的螺栓孔。

（6）控制柜安装

① 每个机器人工作站都带有一台控制柜，如图12-16所示，熟悉控制柜的内部结构。

② 安装位置：按智能制造生产线系统平面布置图施工。

③ 用叉车或起重机搬运控制柜。用叉车或起重机搬运控制柜示意图如图 12-17 所示。

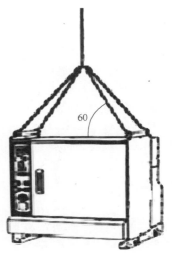

图 12-16　ABB 机器人控制柜　　　　　图 12-17　吊装控制柜示意图

④ 连接机器人本体与控制柜。机器人本体与控制柜的连接主要是电机动力电缆与转数计数器电缆，还有用户电缆的连接；控制柜与主电源的连接，控制柜与示教器的连接等。

a. 转数计数器电缆连接到机器人本体底座接口；

b. 转数计数器电缆连接到控制柜接口；

c. 电动机电缆连接到机器人本体底座接口；

d. 电动机电缆连接到控制柜接口；

e. 用户电缆连接到机器人本体底座接口；

f. 用户电缆连接到控制柜接口；

g. 接入主电源；

h. 主电源接地；

i. 主电源开关，接入 380V 三相电线；

j. 示教器连接到控制柜。

(7) 安装工装夹具工作台

每个工作站都配有工装夹具工作台。工作台不小于 800mm（长）×600mm（宽）×800mm（高），根据工作站的功能不同，每个工作台存放的工具有所不同。

a. 搬运夹具及码垛夹具承载机构：存放两指抓手、吸盘等不同夹具；

b. 锚轨夹具承载机构：存放胶枪、点胶、画笔等不同夹具；

c. 装配夹具承载机构：存放装配、拧螺钉等不同夹具；

d. 协同系统承载机构：存放搬运、激光等不同夹具；

e. 搬运工件存放平台：拼图面板；

f. 码垛工件存放平台：凸字型双层平台；

g. 喷涂工件存放平台：多点触控平面带信号反馈，自动锁紧机构；

h. 装配工件存放平台：镶嵌体装配、螺钉锁紧固定、自动锁紧机构；

i. 协同系统工件存放平台：立体面玻璃平板，滚动传递，自动锁紧机构。

安装工装夹具工作台按智能制造生产线系统平面布置图施工。使用的主要工具是运转小车和叉车，然后由两名工作人员搬抬进行摆放，并且与机器人控制柜安放到一起。具体如图 12-18 所示。

图 12-18　安装完成的机器人工作站

六个机器人工作站可以采用同样的办法进行安装，可以把六套机器人、机器人控制柜和工装夹具工作台都按同样的方法进行搬运并安装在智能制造设备生产线的厂房里，机器人与控制柜的连接可以等整个生产线的设备就位以后再由专业人员慢慢安装。

（8）智能仓储系统的安装

① 智能仓储系统的组成。智能制造设备生产线的智能仓储系统主要组成部分是：

a. 设备框架；

b. 传输线体机构；

c. 托盘堆栈机构；

d. 三轴机械手机构；

e. 货架存储机构（包括工作区域，托盘放置区域，工件放置区域）；

f. 电气控制柜区域；

g. 控制面板。

② 智能仓储系统的功能。可以使用触摸屏完成：

a. 托盘自动进堆栈；

b. 托盘自动出堆栈；

c. 将托盘放入货架指定位置；

d. 从货架指定位置取出托盘并且从传输线送出；

e. 满托盘进入后将工件分拣，分别放入相应位置，空托盘也放入指定位置；

f. 将货架上的指定的空托盘和工件组合后从传输线输出，并可以与 AGV 小车配合，实现在无人状况下完成以上的动作。

③ 参考参数。

a. 外部尺寸：长 2200mm，宽 1100mm，高 1600mm，底部设有高度调整地脚。

b. 整体框架为 40 铝型材结构，四周选用 4mm 有机玻璃包裹，下部用 1mm 冷轧板安装。

c. 设备供电为 220V，内部设有三孔插座为外部检修供电，整体运动功率约 400W，气路接入为快插接头，工作气压为 0.5～0.8MPa。

④ 智能货架的搬运。根据智能货架的结构组成，智能货架是可以进行拆分的，所以拆分后的货架是可以直接进行搬运的。在搬运的过程中要注意以下几点：

a. 铝型材较长，有两米以上，在搬运时注意不要碰撞到其他的人或物；

b. 钣金、铝型材在搬运过程中必须轻拿轻放，严防磕碰，以免造成表面碰伤、变形等问题；

c. 有机玻璃在搬运过程中要注意轻拿轻放。

⑤ 智能货架的组装。根据智能货架的结构图进行组装，组装后如图 12-19 所示。

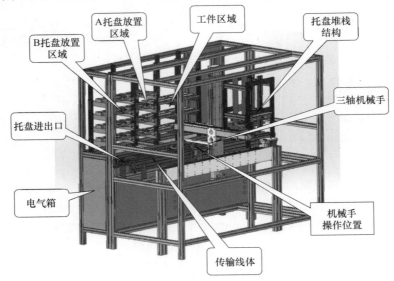

图 12-19　智能仓储系统货架的结构图

按照智能货架的结构图，使用螺丝刀（螺钉旋具）等工具就可以把框架进行组装，但是机械手的电气部分要由专业人员进行安装。

⑥ 电气箱的安装。电气箱分为主控制柜和辅助控制柜。主控制柜的内部主要由短路保护器部分、变压器部分、控制部分、电机驱动部分、通信继电器部分和接线端子部分组成。辅助控制柜内有 48V 变压器用于给步进电机供电，电磁阀阀岛用于集中给电磁阀供气，传输线速度控制器用于调节传输线的运动速度。

电气箱的组装详细情况参照图 12-20 和图 12-21 所示。详细接线参看电气图。

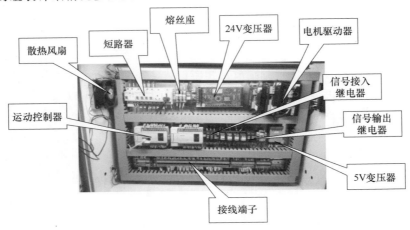

图 12-20　主控制柜的组成

⑦ 控制面板的安装。控制面板位于主机正左侧，由触摸屏、运动控制按钮、急停开关构成，如图 12-22 所示，按照智能仓储系统原理图进行安装。

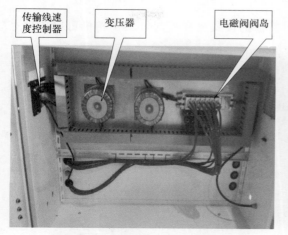

图 12-21 辅助控制柜组成

图 12-22 控制面板的组成

安装完成的智能仓储系统如图 12-23 所示。

图 12-23 安装完成的智能仓储系统

(9) 物流传送线的安装

① 物流传送线的组成。物流传送线支撑台架：机架结构是铝型材和钣金，钣金表面烤漆，机架尺寸为 3640mm（长）×420mm（宽）×800mm（高）。钣金支撑连接各个组件。

包含组件：

a. 电机：200W 调速电机，输入 380V 或 220V，50Hz；

b. 传感器：接近传感器，用来作 8421 编码判断；

c. 安装方式/功能：螺纹连接，便于调整，检测托盘到位；

d. 视觉功能：检测机器装配与订单的要求是否一致（技术参数：视野范围 280mm×180mm，500 万高分辨率工业相机，高清镜头，具有高速图像处理能力）；

e. 产品/托盘：产品是不同的几何图形、材质为彩色尼龙或铝件；托盘材质铝；

f. 流程/运转过程：托盘在流水线上，自动循环流动，自动阻挡定位。

② 物流传送线的搬运。物流传送线的支撑台架可以进行拆装，钣金、铝型材、皮带和

一些小的组件可以分别进行搬运，在搬运过程中注意事项：

a. 钣金、铝型材在搬运过程中必须轻拿轻放、严防磕碰，以免造成表面碰伤、变形等问题；

b. 对于工业相机等组件要轻拿轻放，并与其他的设备放在一起，工业相机可以单独存放，以免工作人员不小心磕碰，发生故障。

③ 物流传送线的组装。物流传送线的设备就位后，可以按照结构图进行组装。在组装时可以把支撑台架和组件分时进行安装，支撑台架的安装对工作人员要求不高，只要能看懂结构图就可以安装，而对于组件的安装必须是电气专业人员进行安装。安装后的物流传送线如图 12-24、图 12-25 所示。

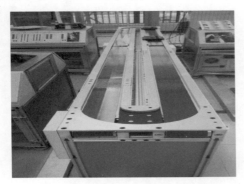

图 12-24　安装后的物流传送线

图 12-25　调速单元与转向单元

(10) 其他设备的安装

机械拆装部件、机器人虚拟仿真设备和安全门等搬运到厂房的适当位置，然后按照规范进行设备线路的连接即可。智能制造设备生产线整体效果如图 12-26 所示。

图 12-26　智能制造设备生产线整体效果图

12.3.2　机器人智能制造生产线的调试

机器人智能制造生产线的调试按照机器人应用生产线的调试步骤和注意事项进行。首先再一次检查整个系统的各部件的安装情况是否正确，确认无误后，再分模块分区域地进行调试。

在系统调试时主要从以下几个方面进行：

① 气动部分，检查气路是否正确，气压是否合理，气缸的动作是否合理。

② 检查磁性开关的安装位置是否到位，磁性开关工作是否正常。

③ 检查 I/O 接线是否正确。

④ 检查光电传感器安装是否合理，灵敏度是否合适，保证检测的可靠性。

⑤ 运行程序察看各个机器人动作是否满足任务要求。

⑥ 优化程序。

(1) 机器人的调试

在进行系统调试之前一定要认真阅读操作安全注意事项，在机器人初次启动时操作人员一定要在安全范围以内操作，确认机器人周围没有人与其他设备时方可启动设备。

① 电源系统调试。在确认整个系统安装无误后接通主电源、控制系统电源，如果接通后机器人不能正常启动，那么说明电源系统部分有故障。断电后，要对电源系统进行检查，主电源是三相五线制，交流 380V；控制电源是单相 220V；电磁阀与感应器的电源是 24V。故障排除后，重新进行检查、排查无误后再次接通主电源、控制系统电源。

② 摇杆调试。在确认机器人工作范围内无人后，启动机器人控制柜主电源，机器人启动后，可以先用示教器的摇杆进行调试。摇杆可控制机器人分别在三个方向上运动，也可以控制机器人在三个方向上同时运动。机器人的运动速度与摇杆的偏转量成正比，偏转越大，机器人运动速度越快。通过摇杆的操纵和观察机器人的移动方向来判断机器人的运行是否正常。在摇动摇杆时，要注意观察机器人的运动情况和各个关节的活动情况。如果摇动摇杆，机器人的移动速度不是预期速度或者有凝滞的情况或者机器人的喷枪有活动的情况，有可能机器人安装过程中机械安装过紧或者过松，还有可能是机器人的关节缺少润滑油，不管出现什么样的问题，只要有异常情况都要立刻停止摇动摇杆，及时按下紧急停止按钮，并关掉所有电源，对机器人进一步检查，确保各部分都正常安装，再进行调试，直至机器人能正常运转。

③ 示教器编程调试。机器人示教器在出厂之前一般都已经安装好了系统软件和应用软件，所以在确认机器人工作范围内没有人的情况下，启动机器人系统，系统自动进行检查硬件，示教器会出现开始画面，进入系统菜单，在调试前要先备份系统。系统备份后，进入应用系统，开始进行编程和配置数据并运行。

通过操作来查看机器人的运动情况及各个关节的运转情况，并运行事先编辑好的程序观察机器人是否能按照预期的轨迹运行等。在调试过程中不管是在哪部分出现报警或异常情况，都要及时按下紧急停止按钮。

在调试过程中要注意各个关节都要活动一遍，同时对机器人活动的范围及它的极限角度都要进行调试，确认无误后方可进行下一步调试。对四个机器人依次进行调试并确定工作正常。

(2) 智能仓储系统的调试

在对智能仓储系统进行调试时，除了遵守生产线系统的操作安全事项外，还要遵守智能仓储系统的安全操作规范。

a. 严禁身体各部位进入各执行机构的运动区域。

b. 托盘放置时注意方向，不得反向放入。

c. 严禁违章操作。

d. 如果是停电原因导致设备停止，应立即关闭主电源开关。

e. 只有在正常供电的情况下，才能操作设备。

f. 禁止用湿手接触任何开关。

g. 故障处理只能由经过培训的专门人员负责。处理故障时，应遵循电气维修与机械维修的一般准则。

h. 操作和维修人员必须经过培训，合格后方能使用。

下面是智能仓储系统的调试步骤。

① 操作前的准备工作：

a. 开机前务必清除机械手臂上的托盘，否则可能会对设备造成破坏。

b. 确认气源阀门已经打开，调压阀门打开，压力表有正确的数值显示。

c. 合上电气箱内的所有断路保护器后，确保电气柜上的电源指示灯亮，24V 变压器指示灯亮，三个步进控制器电源指示灯亮。

d. 按下控制面板上的开关，电源指示灯亮，确保急停按钮处于接通状态。

② 开机登录。智能仓储系统的调试要通过控制面板上的触摸屏进行。按下控制面板上的开关后，出现登录界面如图 12-27 所示，点击"进入"后进入界面，如图 12-28 所示，要求输入密码。登录后，弹出三轴初始化界面，如图 12-29 所示，也可以不进行初始化动作，直接进入主操作界面。注：按急停按钮再次启动后，必须初始化，否则系统所有坐标参数都发生偏移，不能正常操作。

图 12-27　开机界面

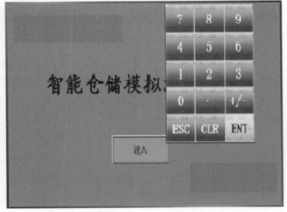

图 12-28　登录界面

③ 主界面。主界面如图 12-30 所示，可在这个界面选择需要的操作，但是在系统调试过程中要先进入"手动界面"对各个气缸进行调试，再返回主界面，对其他部分进行调试。

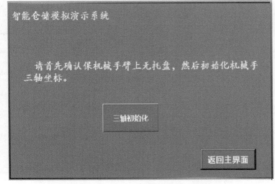

图 12-29　三轴初始化界面

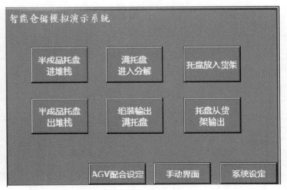

图 12-30　主界面

④ 手动界面。在主界面下，点击"手动界面"按钮，进入手动操作界面，如图 12-31 所示，在这个界面中，可以手动控制各个气缸的动作，也可以控制传输线电机的运行方向，实现传输带进托盘、出托盘的动作。

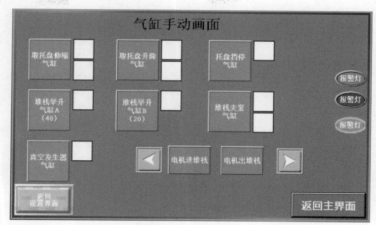

图 12-31 手动界面

如按下"取托盘伸缩气缸"按钮，取托盘伸缩气缸没有动，说明托盘放置区域托盘的伸缩气缸没有安装到位或者是漏气，依次按下手动界面上各个气缸按钮，可以把每一个气缸都试一遍，把有问题的气缸记下来后停止操作，返回主界面，退出系统，然后关机，关掉所有的电源、所有的气缸等，然后到托盘放置区域对记录下有问题的气缸进行重新安装、调整。对气缸重新调整后，要再次打开系统进入主界面，然后进入手动界面，对电机进行调整，如果电机能够正常运转，说明电机安装正确；如果按下按钮后电机不动，说明电机安装有问题，要关掉系统，关闭电源、气缸，重新检查、调整。

⑤ 系统设定界面。在操作主界面下，点击"系统设定"按钮，会弹出一个需要输入密码的操作界面，输入密码后，会进入系统设定界面，如图 12-32 所示。按"步进电机手动运动"按钮，进入界面如图 12-33 所示。

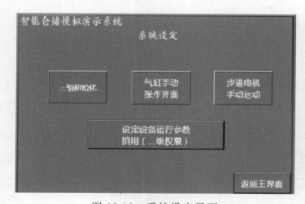

图 12-32 系统设定界面

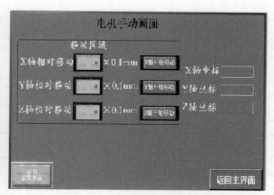

图 12-33 电机手动运动界面

在数据框中输入相应的数字，然后按"＊轴开始移动"按钮，则电机按照指定方向运行。右侧的数据框反映了当前机械手的坐标位置。Y、Z 轴的坐标参数的单位乘以 0.1 即为真实距离，X 轴乘以 0.085 为真实距离。如果电机不能正常运转，说明电机安装有问题，要停止操作，返回主界面，退出系统，切断电源，切断气源，对电机重新连接。

⑥ 半成品托盘进堆栈。在操作主界面下，点击"半成品托盘进堆栈"进入进堆栈操作界面，如图 12-34 所示。

图 12-34　托盘进堆栈演示界面

点击"开始演示"后，设备工作流程如图 12-35 所示。

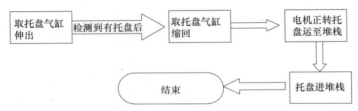

图 12-35　半成品托盘进堆栈流程

操作人员可以观察智能仓储系统半成品托盘进堆栈的整个运行过程，当运行完成后，塔灯开始闪烁，可以按"返回主界面"完成其他的操作，也可以点击"开始演示"重复进堆栈操作几次来确保系统的正确性。但是如果当取托盘气缸伸出后，系统就不动了，说明伸出气缸旁边的检测传感器出现问题，检查检测传感器是否安装，如果已安装，适当调整传感器的位置。返回主界面重新进入手动界面，再进入托盘进堆栈界面进行演示，直至成功。

⑦ 半成品托盘出堆栈。在操作主界面下，点击"半成品托盘出堆栈"进入出堆栈操作界面，如图 12-36 所示。

图 12-36　半成品托盘出堆栈界面

点击"开始演示"后，设备工作流程如图 12-37 所示。

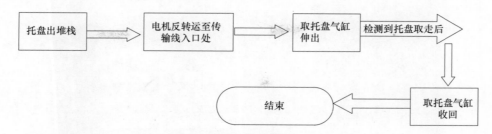

图 12-37　半成品托盘出堆栈工作流程

操作人员可以观察智能仓储系统半成品托盘出堆栈的整个运行过程，当运行完成后，塔灯开始闪烁，可以按"返回主界面"完成其他的操作，也可以点击"开始演示"重复出堆栈操作几次来确保系统的正确性。但是如果当取托盘气缸伸出后，系统就不动了，说明伸出气缸旁边的检测传感器出现问题，检查检测传感器是否安装，如果已安装，适当调整传感器的位置。返回主界面重新进入手动界面，再进入托盘出堆栈界面进行演示，直至成功。

⑧ 满托盘进入分解。在操作主界面下，点击"满托盘进入分解"，进入操作界面，如图 12-38 所示。

在此界面下，选择工件需要放置的位置编号，如选择"7"，则工件将放入如 A7、B7、…、F7 位置；选择托盘位置编号，如选择"3 号托盘"，机械手在完成工件分解后将空托盘放入 3 号托盘位置。选择工件位置编号和托盘位置编号可以直接点击图片上的相应位置，选中后相应指示灯变色，数字框内数字发生变化。输入完成后点击"开始演示"，设备会从外部取托盘后，自动将工件和空托盘放入相应的位置。如果机械手操作过

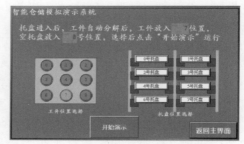

图 12-38　满托盘进入分解界面

程中没有在预定的位置停止，机械手的位置检测传感器有问题，需要适当调整传感器。

a. 放工件异常界面。如果将工件放入货架的过程中出现异常，则出现放入工件异常界面，红灯亮，蜂鸣器响 2s。出现此状况的原因可能是：托盘方向错误；所选位置已经放置了工件；设备坐标发生偏移。问题排除后，按"确认"继续，如果坐标出现异常，需要进入系统设置界面，或者系统重新断电开机，完成三轴初始化动作。

b. 放托盘异常界面。如果将托盘放入货架过程中出现异常，则出现放托盘异常界面，红灯亮，蜂鸣器响 2s。出现这种状况，检查所选的托盘位置是否已经存放托盘。如果有，则取走后按"确认"重试。

⑨ 组装输出满托盘。在操作主界面下，点击"组装输出满托盘"进入操作演示界面，如图 12-39 所示。在此界面下，选择需要选择的托盘的位置编号，如"5 号托盘"，机械手运行时会从 5 号托盘位置取出托盘，然后放置在传输带上；选择工件位置编号，如选择"3"，则将从 A3、B3、…、F3 位置取出工件放入托盘的 A、B、…、F 位置。运行过程中仔细观察各个传感器是否正常。

a. 取托盘异常界面。如果取托盘过程中，选定的托盘位置没有托盘，则出现取托盘异常界面，红灯亮，蜂鸣器响 2s。解决的办法是将一个空托盘放入相应的位置，然后点击

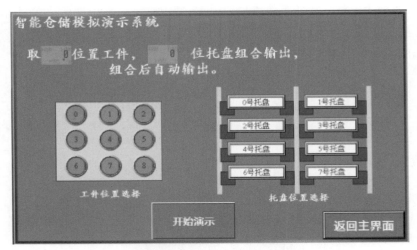

图 12-39　组装输出满托盘界面

"确认"，设备运行。

　　b. 取工件异常界面。如果取工件过程中，选定的工件位置没有工件，则出现取工件异常界面，红灯亮，蜂鸣器响 2s。解决的办法是将一个工件放入相应的位置，然后点击"确认"，设备运行。

　　⑩ 托盘放入货架、托盘从货架输出和 AGV 配合设定。

　　a. 托盘放入货架。在操作主界面下，点击"托盘放入货架"，进入操作界面，如图 12-40 所示，选择要将托盘放入的位置的编号，点击"开始演示"，设备会从外部取托盘，传输线把托盘运至操作位置，机械手开始运行，将托盘放入指定区域。并观察传感器是否正常。

　　如果将托盘放入货架过程中出现异常，则出现货架上有托盘异常界面，红灯亮，蜂鸣器响 2s。出现这样的状况，检测所选的托盘位置是否已经存放托盘。如果是，将托盘取走，然后按"确认"重试。

　　b. 托盘从货架输出。在操作主界面下，点击"托盘从货架输出"按钮，进入如图 12-41 所示界面。选择要移出的托盘位置编号，点击"开始演示"，机械手开始运行，将取出指定位置托盘，从传输带运出，观察传感器是否正常。

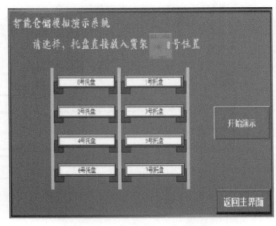

图 12-40　托盘放入货架界面

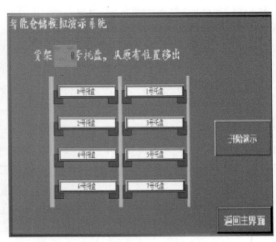

图 12-41　托盘从货架输出界面

如果选择的货架上没有托盘，则过程中出现异常，则出现货架上无托盘异常界面，红灯亮，蜂鸣器响 2s。出现这样的状况，检测所选的托盘位置是否有托盘，如果没有，则放置一个托盘后按"确认"重试。

c. AGV 配合设定。在操作主界面下，点击"AGV 配合设定"按钮，进入操作界面，如图 12-42 所示。电气箱中，KA10、KA11、KA12 为外部信号输入继电器，外部的设备的动作可以通过控制 3 个继电器的通断实现。信号输入的采集是在第一个信号输入 0.5s 后，尽可能保证信号的同时性。通过设置界面中的参数，实现对托盘位置编号和工件位置的选择。设备完成动作后，会由 KA6 输出 1s 脉冲信号，外部设备可以采集信号后作为驱动指令。设置完成后，按"返回"键，回到主界面。

图 12-42　AGV 配合设定界面

(3) 生产线系统调试

当机器人和智能仓储系统调试完毕后，要对整个机器人智能制造生产线系统进行调试，主要使用主控制面板中的触摸屏进行调试。

① 操作顺序：

a. 接通气源，接通主电源，空压正常值为 7kg，不得低于 6kg。

b. 电控柜内空气开关送电；第一次上电和初始化后，需要确保安全门关好，供料台有产品。相机软件打开，处于开始测试的状态。

c. 机器人系统上电初始化完成后，清除所有故障报警信息。

d. 确认示教器与机器人控制柜是否是手动模式。

e. 确认示教器专用外部信号是否启用，示教器是否切换到单步模式。

f. 确认触摸屏无气缸异常报警。

g. 主画面有 ROBOT 程序选择。

取料：机器人从供料台取料放至流线料盘。

补料：机器人从 AGV 小车取料放至供料台。

特别注意：一定要在触摸屏选择 ROBOT 程序后才可长按复位键 5s，使 PLC 程序复位，机器人回原点，如果手爪有料必须手动关掉 DO 或 RO 吸气信号。

h. 供料台的产品必须放满 6 个。

i. 触摸屏控制盒手/自动开关旋转至自动模式，按下闪烁的启动按钮启动设备。

j. 料盘放入流线上必须注意料盘方向，否则会影响整个系统运行。

② 登录主画面。触摸屏的开机通过登录进入主画面，如图 12-43 所示。

③ 手动运行调试。从主页面进入手动画面，如图 12-44 所示。

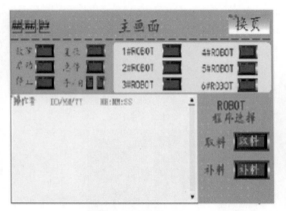

图 12-43　主画面

图 12-44　手动画面

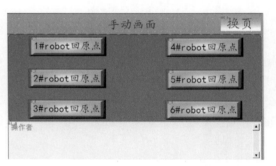

图 12-45　回原点画面

通过手动画面可以对输送线上的气缸进行调试，调试方法同仓储系统气缸调试。当调试过程中出现故障并清除故障后，重新进入手动画面，在进行调试前要操作机器人回原点。首先进入回原点画面，如图 12-45 所示。

在手动画面里，点击"换页"进入回原点页面，在该页面中点击"1♯robot 回原点"可以使机器人 1 回原点，其他机器人使用同样的方法。

通过手动的方法把所有的气缸、传感器、电机等都调试没有问题后，可以回主页面，然后根据给定的程序，采用自动运行的方法运行，通过观察运行情况，优化程序，改进生产节拍等。

习　　题

12.1　机器人应用生产线安装的步骤和注意事项分别是什么？

12.2　机器人应用生产线调试的基本步骤有哪些？

12.3　机器人调试的方法有哪些？

12.4　机器人本体的安装环境有什么要求？

12.5　工具的快换装置都有哪些？使用工具的快换装置有哪些优点？

12.6　机器人本体搬运有哪些步骤？

12.7　在什么情况下，气缸可能出现故障？如何排除气缸故障？

12.8　在什么情况下，检测传感器可能出现故障？如何排除传感器故障？

12.9　在什么情况下，机器人需要回原点？

参 考 文 献

[1] 张宪民，杨丽新，黄沿江. 工业机器人应用基础 [M]. 北京：机械工业出版社，2016.

[2] 杨杰忠，王振华. 工业机器人操作与编程 [M]. 北京：机械工业出版社，2017.

[3] 张爱红. 工业机器人操作与编程技术 [M]. 北京：机械工业出版社，2016.

[4] 蔡自兴. 机器人学基础 [M]. 北京：机械工业出版社，2009.

[5] 刘芳君. 六轴工业机器人的运动学分析与轨迹规划研究 [D]. 重庆：重庆邮电大学，2019.

[6] 雷扎·N. 贾扎尔. 应用机器人学　运动学、动力学与控制技术 [M]. 周高峰，译. 北京：机械工业出版社，2018.